Trial Evaluation on the Carrying Capacity of Resources and

ENVIRONMENT IN INNER MONGOLIA

Autonomous Region

内蒙古自治区资源环境承载能力试评价

玉　山　包玉海　迟文峰　等◎著

中国财经出版传媒集团
经济科学出版社
Economic Science Press

图书在版编目（CIP）数据

内蒙古自治区资源环境承载能力试评价／玉山等著.
—北京：经济科学出版社，2022.3
ISBN 978-7-5218-3468-0

Ⅰ.①内… Ⅱ.①玉… Ⅲ.①自然资源-环境承载力-研究报告-内蒙古 Ⅳ.①X372.26

中国版本图书馆CIP数据核字（2022）第037311号

责任编辑：杨 洋 卢玥丞
责任校对：李 建
责任印制：范 艳

内蒙古自治区资源环境承载能力试评价
玉 山 包玉海 迟文峰 等著
经济科学出版社出版、发行 新华书店经销
社址：北京市海淀区阜成路甲28号 邮编：100142
总编部电话：010-88191217 发行部电话：010-88191522
网址：www.esp.com.cn
电子邮箱：esp@esp.com.cn
天猫网店：经济科学出版社旗舰店
网址：http://jjkxcbs.tmall.com
北京季蜂印刷有限公司印装
710×1000 16开 16.5印张 260000字
2022年9月第1版 2022年9月第1次印刷
ISBN 978-7-5218-3468-0 定价：62.00元
（图书出现印装问题，本社负责调换。电话：010-88191510）

资助项目：

1. 内蒙古自治区发展和改革委员会委托项目“内蒙古自治区资源环境承载能力试评价”

2. 内蒙古自治区“十四五”社会公益领域重点研发和成果转化计划项目《森林草原火灾风险快速评估技术研究与防控系统应用示范》（2022YFSH0027）

3. 内蒙古“科技兴蒙”行动重点专项“阿尔山森林草原防火监测预警系统研发与集成示范”（2020ZD0028）

4. 中央引导地方科技发展资金“阿尔山生态保护与资源综合利用技术集成示范”

5. 内蒙古师范大学引进高层次人才项目“中蒙克鲁伦河流域水—草资源协同演变过程研究”（2020YJRC050）

《内蒙古自治区资源环境承载能力试评价》
著者名单

主著： 玉　山　包玉海　迟文峰

参著： 都瓦拉　金额尔德木吐　郭恩亮

包玉龙　包　刚　来　全　包山虎

董　瑞　黄晓君　青　松　董　茜

孟凡浩　萨楚拉　佟斯琴　贾柏川

前 言

2016年秋季，国家发展改革委、国家海洋局等13部委联合印发《资源环境承载能力监测预警技术方法（试行）》（以下简称《技术方法（试行）》）。明确了资源环境承载能力等基本概念，提出了资源环境承载能力监测预警的指标体系、指标算法、集成方法与类型划分、超载成因解析及政策预研分析方法等技术要点。

2016年底，全国各省市自治区逐步落实《技术方法（试行）》，内蒙古自治区组织区内各厅局、高校专家学者抓紧开展全区资源环境承载能力监测预警工作，同时为尽快落实《技术方法（试行）》，各自治区及各厅局向区内各盟市、旗县管理单位收集索要、汇总整理截至2015年底全区的各类相关数据。

2017年，自治区监测预警工作《技术方法（试行）》内各项指标计算工作均开始稳步进行。历时一年的充分分析研讨与扎实工作努力，全区资源环境承载能力监测预警工作于2018年初宣告完成。

本书依据《技术方法（试行）》作为指导，以监测预警工作中汇总的数据与结果作为资料，在不违反相关保密协议的前提下，将监测预警的成果及分析结果整理成册。

目 录

CONTENTS

第一章

概　述

第一节　项目背景

为深入贯彻落实党的十八届三中全会通过的《中共中央关于全面深化改革若干重大问题的决定》和中共中央办公厅、国务院办公厅印发的《关于建立资源环境承载能力监测预警长效机制的若干意见》等文件中关于“建立资源环境承载力监测预警机制”的部署要求，深化内蒙古自治区生态文明体制改革，推进全区资源环境承载能力预警规范化、常态化、制度化，引导和约束全区社会经济与资源环境协同可持续发展。按照“立足区域功能，兼顾发展阶段；注重区域统筹，突出过程调控；服从总量约束，满足管控要求；预警目标引导，完善监测体系”的工作原则，以“通过对资源环境超载状况的监测和评价，对区域可持续发展状态进行诊断和预判，为制定差异化、可操作的限制性措施奠定基础”为工作目标，遵循国家发展改革委等13个部委联合印发的《资源环境承载能力监测预警技术方法（试行）》（以下简称《技术方法（试行）》）中资源环境承载能力监测预警技术方法，结合内蒙古实际情况，形成本监测预警评价结果。

一、党中央高度重视加快生态文明体制改革与美丽中国建设

党的十九大报告中习近平总书记指出，加快生态文明体制改革，建设美丽中国；人与自然是生命共同体，人类必须尊重自然、顺应自然、保护自然。抓好生态文明建设、构筑我国北方重要的生态安全屏障是习近平总

书记和党中央对内蒙古提出的要求[①]。习近平总书记在2014年1月考察内蒙古时强调“任何地方的发展都要综合考虑资源环境承载能力，决不能以牺牲环境为代价去换取一时的经济增长。”[②] 必须坚持节约优先、保护优先、自然恢复为主的方针，形成节约资源和保护环境的空间格局、产业结构、生产方式、生活方式，还自然以宁静、和谐、美丽。

内蒙古自治区林草等生态系统脆弱、退化严重，水土流失、沙漠化等生态问题突出，特别是近年来受气候干暖化加剧，荒漠化日趋严重，造成扬沙、沙尘暴等灾害频发，已严重威胁国家生态安全，给全区乃至社会经济可持续发展带来了严重危害。因此，亟须引导全区生态环境建设从“科学量测”向“科学调控”的方向发展，加快全区生态主体功能区规划、生态红线划定及资源环境承载力监测预警机制建设，为美丽中国建设与打造祖国北部边疆亮丽风景线作出新的更大贡献。

二、内蒙古经济已由高速增长向高质量发展阶段转型

内蒙古是我国最早成立的民族自治区，是党的民族区域自治制度最早付诸实施的地方，地处祖国北疆，战略地位十分重要。针对内蒙古发展问题，2018年3月5日下午，中共中央总书记习近平在参加第十三届全国人大一次会议内蒙古代表团审议时，给内蒙古的经济发展开出了良方：内蒙古产业发展不能只盯着羊、煤、土、气，要大力培育新产业、新动能、新增长极[③]。内蒙古经济高质量发展要综合考虑资源环境承载能力，注重生态保护和污染防控，加强生态环境保护建设；要把重点放在推动产业结构转型升级上，提高能源资源综合利用效率，优化资源要素配置和生产力空间布局。中国明确把生态环境保护摆在更加突出的位置，而且秉承“绿水青山就是金山银山”理念[④]。

---

① 习近平在学习贯彻党的十九大精神研讨班开班式上发表重要讲话［EB/OL］. 新华社，2018-01-05.

② 内蒙古自治区党委关于深入学习贯彻习近平总书记考察内蒙古重要讲话精神的决定［EB/OL］. 共产党员网，2014-05-05.

③ 习近平参加内蒙古代表团的审议［EB/OL］. 新华网，2018-03-05.

④ “绿水青山就是金山银山”是时任浙江省委书记习近平于2005年8月在浙江湖州安吉考察时提出的科学论断。

内蒙古作为祖国北疆的民族地区，在新常态下既面临新机遇，也面临新挑战。内蒙古经济在由高速增长向高质量发展阶段的过程中，要求创新驱动、激发全社会的创新活力和创造潜能。内蒙古应深入探索实施创新驱动发展战略，着力推动资源优势向产业配套优势转变，着力培育发展新动力和新兴产业，着力培育新优势、拓展形成发展新空间，着力加快要素集约和优势整合步伐。为在"一带一路"建设中，对接蒙古国"草原之路"倡议和俄罗斯跨欧亚大铁路计划及欧亚联盟战略，坚持平等合作、共建共赢，创新合作模式，共同打造基于政治互信和文化包容的高水平区域经济一体化新格局。

三、全区资源环境与社会经济协同发展问题备受关注

当前，随着内蒙古工业化和城市化的加速发展和科学技术的不断进步，资源环境问题已经成为制约全区社会经济发展的瓶颈，并危及全区的健康和谐和安全发展。保护和改善自然环境，是社会生存和发展的重要前提，自然资源、生态环境为发展提供必要的支撑，是任何技术都无法替代的基础。经济发展总是伴随着土地、矿产、能源、水等资源的大量消耗，经济的快速发展也导致资源利用和生态环境保护面临严峻的挑战，资源短缺、水污染严重、水生态环境恶化等问题日益突出。而如何在促进社会经济快速发展过程中有效改善生态环境，促进全区社会经济发展与资源环境两者间的协调发展，成为社会关注和研究的重要课题。通过科学测量资源禀赋、评估资源环境利用状况及存在的问题，可为社会经济发展规划和可持续发展提供重要的科学依据。

四、资源环境承载力是衡量区域可持续发展的重要指标之一

实施"可持续发展战略"是社会经济发展的核心目标，是实现经济发展、资源保护和生态环境保护相协调统一的必然选择。只有准确衡量区域的资源环境承载力，才能从整体上以承载力为约束对地域空间进行科学规划，引导社会经济活动在资源节约和环境保护的基础上科学发展，从而实

现区域的可持续发展。资源与环境是人类赖以生存的基础，而资源环境承载能力是衡量区域人地关系协调发展的重要依据，已成为衡量区域可持续发展的重要指标之一。对其实现监测预警已成为解决可持续发展问题和中国推进新型城镇化的主要应用基础研究方向，对支持政府决策具有重要意义。因此，对内蒙古自治区资源环境承载力进行综合评价与监测预警，诊断全区范围及典型功能区范围内可持续发展状况，预判并评估其支撑社会经济发展的效率及潜力，同时监控资源损耗环境损害、生态质量变化过程等，可为遏制资源环境恶化程度、稳定资源环境承载能力、改善区域人类生存发展条件提供科学的决策支撑。

五、生态环境保护与资源可持续利用的矛盾亟待加强科学评价

生态环境是社会赖以生存和发展的各种自然条件的总和，环境整体及其各组成要素都是人类生存与发展的基础，生态环境保护在社会发展中起着重要作用，资源环境承载能力评价是实现生态环境保护与资源可持续利用的有效途径和重要手段。而资源环境承载力是一个动态变化过程，受到人口规模、开发程度、城镇化规模、产业发展、基础设施建设、空间布局、气候和自然条件等多重因素的影响。因此，亟须建立长期的监测预警机制，以有利于实时掌握当前的资源环境承受能力，并制定符合当前资源环境形势的决策部署和相关政策，进而找准承载力的制约因素和薄弱环节进行补充强化，避免过度开发，突破资源环境承载力的底线，加强对生态环境保护与资源可持续利用的科学评价与应用。

第二节　评价地域范围

本书以内蒙古自治区全域为评价范围，参考《内蒙古统计年鉴 2016》公布数据，全区总行政区划面积为 118.79 万平方公里，全区共辖 12 个盟市和 103 个旗县（市、区）。其中，截至 2015 年底，全区总人口 2517.97

万人，人口总密度为839人/平方公里；2015年全区全年GDP为20559.32亿元（见表1-1）。

表1-1　　　　评价范围基本情况

行政区	下辖县级行政区	2015年			
		人口（万人）	面积（万平方公里）	GDP（亿元）	人口密度（人/平方公里）
呼和浩特市	回民区、新城区、玉泉区、赛罕区、土默特左旗、托克托县、和林格尔县、武川县、清水河县（共9个）	305.96	1.72	3090.52	178
包头市	昆都仑区、东河区、青山区、石拐区、白云矿区、九原区、土默特右旗、固阳县、达尔罕茂明安联合旗（共9个）	282.93	2.77	3721.93	102
呼伦贝尔市	扎兰屯市、阿荣旗、鄂温克族自治旗、海拉尔区、扎赉诺尔区、满洲里市、新巴尔虎左旗、新巴尔虎右旗、莫力达瓦达斡尔族自治旗、陈巴尔虎旗、牙克石市、鄂伦春自治旗、根河市、额尔古纳市（共14个）	252.65	25.30	1596.01	10
兴安盟	乌兰浩特市、阿尔山市、科尔沁右翼前旗、科尔沁右翼中旗、扎赉特旗、旗突泉县（共6个）	159.91	5.98	502.31	27
通辽市	科尔沁区、霍林郭勒市、科尔沁左翼中旗、科尔沁左翼后旗、开鲁县、库伦旗、奈曼旗、扎鲁特旗（共8个）	312.08	5.95	1877.44	52
赤峰市	红山区、元宝山区、区松山区、阿鲁科尔沁旗、巴林左旗、巴林右旗、林西县、克什克腾旗、翁牛特旗、喀喇沁旗、宁城县、敖汉旗（共12个）	429.95	9.00	1861.27	48
锡林郭勒盟	锡林浩特市、二连浩特市、阿巴嘎旗、苏尼特左旗、苏尼特右旗、东乌珠穆沁旗、西乌珠穆沁旗、太仆寺旗、镶黄旗、正镶白旗、正蓝旗、多伦县（共12个）	104.26	20.26	1000.10	5

续表

行政区	下辖县级行政区	2015年			
		人口（万人）	面积（万平方公里）	GDP（亿元）	人口密度（人/平方公里）
乌兰察布市	集宁区、丰镇市、卓资县、化德县、商都县、兴和县、凉城县、察哈尔右翼前旗、察哈尔右翼中旗、察哈尔右翼后旗、四子王旗（共11个）	211.13	5.50	913.77	38
鄂尔多斯市	东胜区、达拉特旗、准格尔旗、鄂托克前旗、鄂托克旗、杭锦旗、乌审旗、伊金霍洛旗、康巴什新区（共9个）	204.51	8.68	4226.13	24
巴彦淖尔市	临河区、五原县、磴口县、乌拉特前旗、乌拉特中旗、乌拉特后旗、杭锦后旗（共7个）	174.66	6.44	887.43	27
乌海市	海勃湾区、海南区、乌达区（共3个）	55.58	0.17	559.83	327
阿拉善盟	阿拉善左旗、阿拉善右旗、额济纳旗（共3个）	24.35	27.02	322.58	1

注：人口和GDP数据来源于《内蒙古统计年鉴2016》。

第三节　国家和省级主体功能定位

内蒙古自治区地域空间划分为重点开发区域、限制开发区域和禁止开发区域三类主体功能区。内蒙古自治区内103个旗县（市、区）级行政区中，重点开发区域包括41个旗县（市、区），含列入国家重点开发区域呼包鄂的22个旗县（市、区）（新增康巴什新区）；限制开发区域包括62个旗县（市、区），含列入国家限制开发区域的重点生态功能区的43个旗县（市、区）、农产品主产区19个旗县（市、区）；还有若干自然保护区、风景名胜区、森林公园、地质公园、国际及国家重要湿地、国家湿地公园试点、重要饮用水水源保护区等禁止开发区域（见表1-2）。

表 1－2　　内蒙古自治区主体功能区划分结果

级别	主体功能类型	分布范围	面积		人口（2010 年）		人口（2015 年）	
			平方公里	占比（%）	万人	占比（%）	万人	占比（%）
国家级	重点开发区域	鄂托克前旗、乌审旗、伊金霍洛旗、东胜区、鄂托克旗、准格尔旗、达拉特旗、托克托县、东河区、和林格尔县、九原区、青山区、玉泉区、昆都仑区、杭锦旗、石拐区、土默特左旗、回民区、赛罕区、新城区、白云鄂博矿区、康巴什新区（共22个）	108827	9.20	492.45	19.95	517.67	20.62
	重点生态功能区	清水河县、固阳县、察哈尔右翼中旗、阿拉善左旗、察哈尔右翼后旗、太仆寺旗、化德县、乌拉特后旗、乌拉特中旗、多伦县、达尔罕茂明安联合旗、镶黄旗、正镶白旗、正蓝旗、库伦旗、四子王旗、翁牛特旗、奈曼旗、苏尼特右旗、科尔沁左翼后旗、开鲁县、克什克腾旗、巴林右旗、科尔沁左翼中旗、苏尼特左旗、阿鲁科尔沁旗、西乌珠穆沁旗、阿巴嘎旗、扎鲁特旗、科尔沁右翼中旗、东乌珠穆沁旗、阿尔山市、扎兰屯市、阿荣旗、新巴尔虎左旗、新巴尔虎右旗、莫力达瓦达斡尔族自治旗、牙克石市、鄂伦春自治旗、根河市、额尔古纳市、阿拉善右旗、额济纳旗（共43个）	917318	77.53	844.97	34.23	817.30	32.56
	农产品主产区	凉城县、土默特右旗、杭锦后旗、乌拉特前旗、五原县、敖汉旗、科尔沁区、林西县、巴林左旗、突泉县、科尔沁右翼前旗、扎赉特旗（共12个）	73992	6.25	459.03	18.60	458.36	18.25
	禁止开发区域	自然保护区、风景名胜区、森林公园、地质公园、国际及国家重要湿地、国家湿地公园试点、重要饮用水水源保护区等区域						
自治区级	重点开发区域	海南区、乌达区、海勃湾区、丰镇市、集宁区、临河区、宁城县、红山区、元宝山区、松山区、二连浩特市、锡林浩特市、霍林郭勒市、乌兰浩特市、鄂温克族自治旗、海拉尔区、扎赉诺尔区、满洲里市、陈巴尔虎旗（共19个）	80653	6.82	392.23	15.89	490.26	19.52
	农产品主产区	磴口县、察哈尔右翼前旗、卓资县、武川县、兴和县、商都县、喀喇沁旗（共7个）	95564	8.08	187.44	7.46	196.19	7.95
	禁止开发区域	自然保护区、风景名胜区、森林公园、地质公园、国际及国家重要湿地、国家湿地公园试点、重要饮用水水源保护区等区域						

资料来源：《全国主体功能区规划》。

第四节 技术路线与评价依据

一、技术路线

本部分以《全国主体功能区划（2010 年）》《全国生态功能区划（2015 年）》《内蒙古自治区生态环境保护“十三五”规划》等为参照基础，重点依据《技术方法（试行）》文件执行标准，结合内蒙古资源环境禀赋与开发利用现状，对区域可持续发展状态进行诊断和预判，测算资源类型、环境等要素指标的超载阈值，评价超过阈值造成的生态环境损害，预警承载力超载程度，提出资源环境承载状态解析与政策预研（见图 1－1）。

其中，以内蒙古自治区 103 个旗县（市、区）为评价单元，开展陆域评价（土地资源评价、水资源评价、环境评价、生态评价、城市化地区评价、农产品主产区评价、重点生态功能区评价），确定超载类型，划分预警等级，全面反映内蒙古地域空间资源承载能力状况，并分析超载成因、预研长效机制对策措施建议。评价具体内容包括以下 4 点。

（1）禀赋分析与区划解读。根据对内蒙古全域范围内资源与环境禀赋现状的分析，梳理生态状况、资源状况、环境状况和社会经济状况等，充分结合地域空间管制功能区划确定主体功能区类型，通过空间叠置分析方法，揭示不同主体功能区存在的问题。

（2）基础评价与专项评价。依据《技术方法（试行）》，参照和构建针对内蒙古地区评价的指标细则，完成以全域范围的基础评价和典型功能区的专项评价。基础评价包括土地资源评价、水资源评价、环境评价、生态评价；专项评价包括城市化地区评价、农产品主产区评价、重点生态功能区评价。

（3）集成评价与监测预警。在基础评价与专项评价完成的基础上，识别超载过程的加剧和趋缓程度，划分预警等级。通过确定区域资源环境约束上限等关键阈值的方式进行超载状态的预警，或通过自然基础条件的变

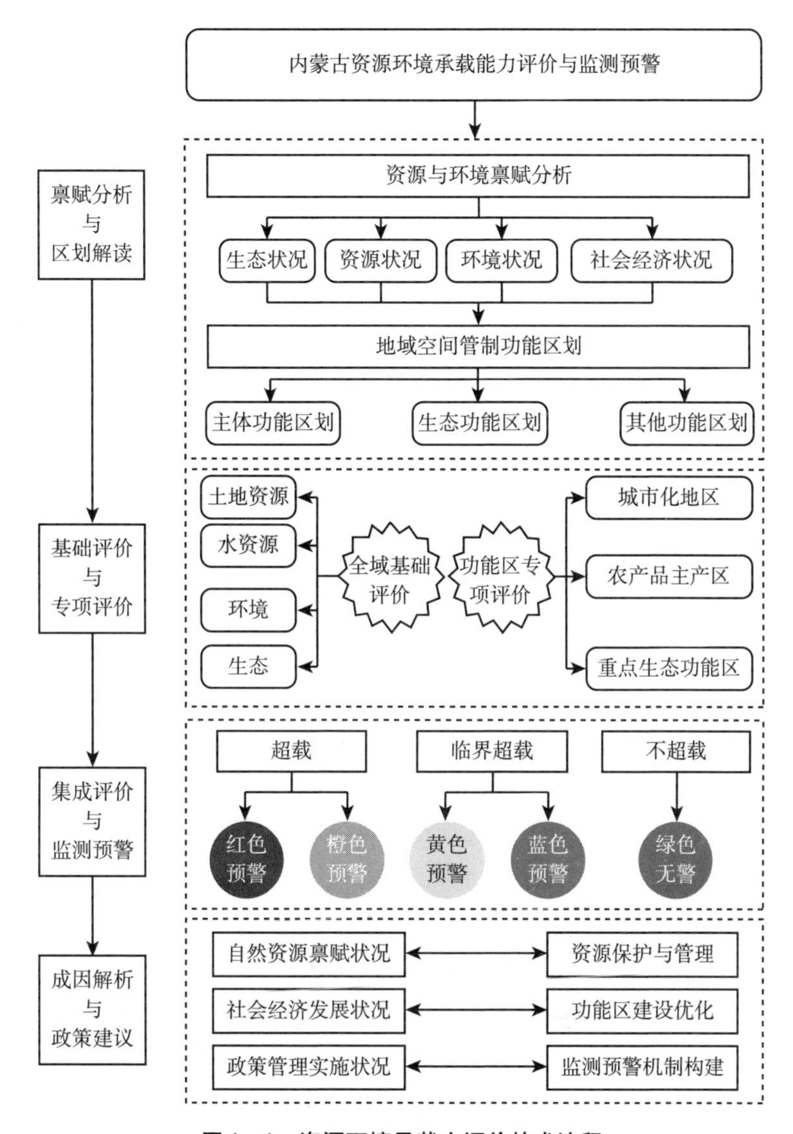

图1-1　资源环境承载力评价技术流程

化或资源利用和环境影响的变化态势进行可持续性的预警。主要监测指标包括资源环境质量、资源环境支撑社会经济发展的效率、社会经济发展的资源环境效应的历史变化特征值。

（4）成因解析与政策建议。识别和定量评价超载关键因子及其作用程度，解析不同预警等级区域资源环境存在原因。并从资源保护与管理、功能区建设优化及监控预警长效机制构建等方面进行政策建议的提出，为区域资源环境政策修订与实施方案的提出提供依据（各项因子计算方法见本书第二、第三、第四章）。

二、评价依据

（一）政策文件

（1）《资源环境承载能力监测预警技术方法（试行）》；

（2）《全国生态环境十年变化（2000—2010 年）调查评估报告》；

（3）《内蒙古自治区人民政府办公厅转发自治区发展改革委、农牧业厅关于加快转变东部地区农牧业发展方式建设现代农牧业实施意见的通知》；

（4）《三条红线》（2011 年中央一号文件提出）；

（5）《国务院关于实行最严格水资源管理制度的意见》；

（6）《国务院办公厅关于印发实行最严格水资源管理制度考核办法的通知》；

（7）《中共中央关于全面深化改革若干重大问题的决定》（于 2013 年 11 月 12 日中国共产党第十八届中央委员会第三次全体会议通过）；

（8）《中共中央 国务院关于加快推进生态文明建设的意见》；

（9）《内蒙古自治区人民政府关于自治区主体功能区规划的实施意见》；

（10）《生态文明体制改革总体方案》；

（11）《中共中央关于制定国民经济和社会发展第十三个五年规划的建议》（于 2015 年 10 月 29 日中国共产党第十八届中央委员会第五次全体会议通过）；

（12）《内蒙古自治区人民政府关于公布自治区地下水超采区及禁采区和限采范围的通知》；

（13）《内蒙古自治区人民政府办公厅关于印发〈内蒙古自治区实行最严格水资源管理制度考核办法〉的通知》；

（14）《内蒙古自治区人民政府办公厅关于印发自治区水功能区管理办法的通知》；

（15）《国务院关于同意新增部分县（市、区、旗）纳入国家重点生态功能区的批复》；

（16）《水利部办公厅关于印发〈全国水资源承载能力检测预警技术大纲〉（修订稿）的通知》；

（17）《内蒙古自治区人民政府关于全面推进土地资源节约集约利用的指导意见》；

（18）《内蒙古自治区人民政府关于划分水土流失重点预防区和重点治理区的通告》；

（19）《内蒙古自治区人民政府关于内蒙古自治区土地整治规划（2016-2020年）的批复》；

（20）《内蒙古自治区人民政府办公厅关于印发〈内蒙古自治区农牧业现代化第十三个五年发展规划〉的通知》；

（21）《内蒙古自治区人民政府办公厅关于印发〈内蒙古自治区林业发展“十三五”规划〉等三个规划的通知》；

（22）《内蒙古自治区人民政府办公厅关于印发〈内蒙古自治区生态环境保护“十三五”规划〉的通知》；

（23）《内蒙古自治区人民政府办公厅关于印发自治区能源发展“十三五”规划的通知》；

（24）《内蒙古自治区地方标准行业用水定额》；

（25）《国家发展改革委办公厅关于明确新增国家重点生态功能区类型的通知》。

（二）技术规范

（1）《环境空气质量标准》（GB 3095-2012）；

（2）《水域纳污能力计算规程》（GB/T 25173-2010）；

（3）《水文调查规范》（SL 196-2015）；

（4）《城市综合用水量标准+条文说明》（SL 367-2006）；

（5）《河湖生态环境需水计算规范》（SL/Z 712-2014）；

（6）《地表水环境质量标准》（GB 3838-2002）；

（7）《地表水资源质量评价技术规程》（SL 395-2007）；

（8）《开发建设项目水土流失防治标准》（GB 50434-2008）；

（9）《关于印发〈生态保护红线划定指南〉的通知》；

（10）《水资源可利用量估算方法（试行）》。

第五节　评价结果

遵循技术流程，评价各旗县超过阈值造成的生态环境损害，预警承载力超载程度。结合资源利用率变化指向、污染排放强度变化指向、生态质量变化指向与资源环境损耗过程评价，对各旗县资源环境承载力进行预警。

内蒙古评价出超载区域 6 个旗县（市、区），包括乌达区、海勃湾区、海南区、清水河县、凉城县、霍林郭勒市；临界超载区域 64 个旗县（市、区），包括玉泉区、土默特左旗、回民区、赛罕区、新城区、武川县、东河区、九原区、青山区、昆都仑区、土默特右旗、石拐区、固阳县、白云鄂博矿区、宁城县、喀喇沁旗、红山区、元宝山区、松山区、敖汉旗、翁牛特旗、克什克腾旗、库伦旗、奈曼旗、科尔沁区、扎鲁特旗、鄂托克前旗、乌审旗、东胜区、鄂托克旗、达拉特旗、杭锦旗、康巴什新区、扎兰屯市、阿荣旗、鄂温克族自治旗、海拉尔区、扎赉诺尔区、满洲里市、新巴尔虎左旗、莫力达瓦达斡尔族自治旗、陈巴尔虎旗、牙克石市、额尔古纳市、杭锦后旗、乌拉特前旗、五原县、临河区、乌拉特后旗、乌拉特中旗、丰镇市、察哈尔右翼前旗、集宁区、卓资县、化德县、科尔沁右翼中旗、乌兰浩特市、科尔沁右翼前旗、阿尔山市、锡林浩特市、西乌珠穆沁旗、阿巴嘎旗、东乌珠穆沁旗、阿拉善左旗；不超载区域 33 个旗县（市、区），包括托克托县、和林格尔县、达尔罕茂明安联合旗、林西县、巴林右旗、巴林左旗、阿鲁科尔沁旗、科尔沁左翼后旗、开鲁县、科尔沁左翼中旗、伊金霍洛旗、准格尔旗、新巴尔虎右旗、鄂伦春自治旗、根河市、磴口县、兴和县、察哈尔右翼中旗、察哈尔右翼后旗、商都县、四子王旗、突泉县、扎赉特旗、太仆寺旗、多伦县、镶黄旗、正镶白旗、正蓝旗、苏尼特右旗、二连浩特市、苏尼特左旗、阿拉善右旗、额济纳旗。

内蒙古 103 个旗县（市、区）资源环境超载预警等级涉及橙色预警 6 个、黄色预警 21 个、蓝色预警 43 个、绿色无警 33 个（见表 1－3）。橙色预警涉及旗县（市、区）分别为乌达区、海勃湾区、海南区、清水河县、凉城县、霍林郭勒市；黄色预警涉及旗县（市、区）分别为玉泉区、武川县、东河区、九原区、昆都仑区、固阳县、宁城县、喀喇沁旗、敖汉旗、翁牛特旗、克什克腾旗、奈曼旗、康巴什新区、扎赉诺尔区、五原县、乌拉特后旗、科尔沁右翼中旗、乌兰浩特市、锡林浩特市、东乌珠穆沁旗、阿拉善左旗；蓝色预警涉及旗县（市、区）分别为土默特左旗、回民区、赛罕区、新城区、青山区、土默特右旗、石拐区、白云鄂博矿区、红山区、元宝山区、松山区、库伦旗、科尔沁区、扎鲁特旗、鄂托克前旗、乌审旗、东胜区、鄂托克旗、达拉特旗、杭锦旗、扎兰屯市、阿荣旗、鄂温克族自治旗、海拉尔区、满洲里市、新巴尔虎左旗、莫力达瓦达斡尔族自治旗、陈巴尔虎旗、牙克石市、额尔古纳市、杭锦后旗、乌拉特前旗、临河区、乌拉特中旗、丰镇市、察哈尔右翼前旗、集宁区、卓资县、化德县、科尔沁右翼前旗、阿尔山市、西乌珠穆沁旗、阿巴嘎旗；绿色无警涉及旗县（市、区）托克托县、和林格尔县、达尔罕茂明安联合旗、林西县、巴林右旗、巴林左旗、阿鲁科尔沁旗、科尔沁左翼后旗、开鲁县、科尔沁左翼中旗、伊金霍洛旗、准格尔旗、新巴尔虎右旗、鄂伦春自治旗、根河市、磴口县、兴和县、察哈尔右翼中旗、察哈尔右翼后旗、商都县、四子王旗、突泉县、扎赉特旗、太仆寺旗、多伦县、镶黄旗、正镶白旗、正蓝旗、苏尼特右旗、二连浩特市、苏尼特左旗、阿拉善右旗、额济纳旗。

表1－3　　内蒙古各旗县（市、区）资源环境超载预警等级划分结果

盟市名称	旗县（市、区）名称	资源利用效率变化指向	污染排放强度变化指向	生态质量变化指向	资源环境损耗过程评价	超载类型划分	资源环境预警等级确定
呼和浩特市	玉泉区	变化趋良	变化趋差	变化趋差	加剧型	临界超载	黄色预警
	土默特左旗	变化趋良	变化趋良	变化趋差	趋缓型	临界超载	蓝色预警
	回民区	变化趋良	变化趋良	变化趋差	趋缓型	临界超载	蓝色预警
	赛罕区	变化趋良	变化趋良	变化趋差	趋缓型	临界超载	蓝色预警
	新城区	变化趋良	变化趋良	变化趋差	趋缓型	临界超载	蓝色预警
	武川县	变化趋良	变化趋差	变化趋差	加剧型	临界超载	黄色预警
	清水河县	变化趋良	变化趋良	变化趋差	趋缓型	超载	橙色预警
	托克托县	变化趋良	变化趋良	变化趋差	趋缓型	不超载	绿色无警
	和林格尔县	变化趋差	变化趋差	变化趋差	加剧型	不超载	绿色无警

续表

盟市名称	旗县（市、区）名称	资源利用效率变化指向	污染排放强度变化指向	生态质量变化指向	资源环境损耗过程评价	超载类型划分	资源环境预警等级确定
包头市	东河区	变化趋差	变化趋良	变化趋差	加剧型	临界超载	黄色预警
	九原区	变化趋差	变化趋差	变化趋良	加剧型	临界超载	黄色预警
	青山区	变化趋良	变化趋良	变化趋差	趋缓型	临界超载	蓝色预警
	昆都仑区	变化趋差	变化趋良	变化趋差	加剧型	临界超载	黄色预警
	土默特右旗	变化趋良	变化趋良	变化趋差	趋缓型	临界超载	蓝色预警
	石拐区	变化趋良	变化趋良	变化趋差	趋缓型	临界超载	蓝色预警
	固阳县	变化趋良	变化趋差	变化趋差	加剧型	临界超载	黄色预警
	白云鄂博矿区	变化趋良	变化趋良	变化趋差	趋缓型	临界超载	蓝色预警
	达尔罕茂明安联合旗	变化趋良	变化趋良	变化趋差	趋缓型	不超载	绿色无警
乌海市	海南区	变化趋良	变化趋良	变化趋差	趋缓型	超载	橙色预警
	乌达区	变化趋良	变化趋良	变化趋差	趋缓型	超载	橙色预警
	海勃湾区	变化趋良	变化趋良	变化趋差	趋缓型	超载	橙色预警
赤峰市	宁城县	变化趋良	变化趋差	变化趋差	加剧型	临界超载	黄色预警
	喀喇沁旗	变化趋良	变化趋差	变化趋差	加剧型	临界超载	黄色预警
	红山区	变化趋良	变化趋良	变化趋差	趋缓型	临界超载	蓝色预警
	元宝山区	变化趋良	变化趋良	变化趋差	趋缓型	临界超载	蓝色预警
	松山区	变化趋良	变化趋良	变化趋差	趋缓型	临界超载	蓝色预警
	敖汉旗	变化趋良	变化趋差	变化趋差	加剧型	临界超载	黄色预警
	翁牛特旗	变化趋良	变化趋差	变化趋差	加剧型	临界超载	黄色预警
	克什克腾旗	变化趋良	变化趋差	变化趋差	加剧型	临界超载	黄色预警
	林西县	变化趋良	变化趋良	变化趋差	趋缓型	不超载	绿色无警
	巴林右旗	变化趋良	变化趋良	变化趋良	趋缓型	不超载	绿色无警
	巴林左旗	变化趋良	变化趋良	变化趋差	趋缓型	不超载	绿色无警
	阿鲁科尔沁旗	变化趋良	变化趋差	变化趋差	加剧型	不超载	绿色无警
通辽市	库伦旗	变化趋良	变化趋良	变化趋差	趋缓型	临界超载	蓝色预警
	奈曼旗	变化趋良	变化趋差	变化趋差	加剧型	临界超载	黄色预警
	科尔沁区	变化趋良	变化趋良	变化趋差	趋缓型	临界超载	蓝色预警
	扎鲁特旗	变化趋良	变化趋良	变化趋差	趋缓型	临界超载	蓝色预警
	霍林郭勒市	变化趋良	变化趋良	变化趋差	趋缓型	超载	橙色预警
	科尔沁左翼后旗	变化趋良	变化趋良	变化趋差	趋缓型	不超载	绿色无警
	开鲁县	变化趋良	变化趋差	变化趋差	加剧型	不超载	绿色无警
	科尔沁左翼中旗	变化趋良	变化趋差	变化趋差	加剧型	不超载	绿色无警

续表

盟市名称	旗县（市、区）名称	资源利用效率变化指向	污染排放强度变化指向	生态质量变化指向	资源环境损耗过程评价	超载类型划分	资源环境预警等级确定
鄂尔多斯市	鄂托克前旗	变化趋良	变化趋良	变化趋差	趋缓型	临界超载	蓝色预警
	乌审旗	变化趋良	变化趋良	变化趋差	趋缓型	临界超载	蓝色预警
	东胜区	变化趋良	变化趋良	变化趋差	趋缓型	临界超载	蓝色预警
	鄂托克旗	变化趋良	变化趋良	变化趋差	趋缓型	临界超载	蓝色预警
	达拉特旗	变化趋良	变化趋良	变化趋差	趋缓型	临界超载	蓝色预警
	杭锦旗	变化趋良	变化趋良	变化趋差	趋缓型	临界超载	蓝色预警
	康巴什新区	变化趋差	变化趋良	变化趋差	加剧型	临界超载	黄色预警
	伊金霍洛旗	变化趋差	变化趋良	变化趋差	加剧型	不超载	绿色无警
	准格尔旗	变化趋差	变化趋良	变化趋差	加剧型	不超载	绿色无警
呼伦贝尔市	扎兰屯市	变化趋良	变化趋良	变化趋差	趋缓型	临界超载	蓝色预警
	阿荣旗	变化趋良	变化趋良	变化趋差	趋缓型	临界超载	蓝色预警
	鄂温克族自治旗	变化趋良	变化趋良	变化趋差	趋缓型	临界超载	蓝色预警
	海拉尔区	变化趋良	变化趋良	变化趋差	趋缓型	临界超载	蓝色预警
	扎赉诺尔区	变化趋差	变化趋良	变化趋差	加剧型	临界超载	黄色预警
	满洲里市	变化趋良	变化趋良	变化趋差	趋缓型	临界超载	蓝色预警
	新巴尔虎左旗	变化趋良	变化趋良	变化趋差	趋缓型	临界超载	蓝色预警
	莫力达瓦达斡尔族自治旗	变化趋良	变化趋良	变化趋差	趋缓型	临界超载	蓝色预警
	陈巴尔虎旗	变化趋良	变化趋良	变化趋差	趋缓型	临界超载	蓝色预警
	牙克石市	变化趋良	变化趋良	变化趋差	趋缓型	临界超载	蓝色预警
	额尔古纳市	变化趋良	变化趋良	变化趋差	趋缓型	临界超载	蓝色预警
	新巴尔虎右旗	变化趋良	变化趋良	变化趋差	趋缓型	不超载	绿色无警
	鄂伦春自治旗	变化趋良	变化趋良	变化趋差	趋缓型	不超载	绿色无警
	根河市	变化趋良	变化趋良	变化趋差	趋缓型	不超载	绿色无警
巴彦淖尔市	杭锦后旗	变化趋良	变化趋良	变化趋差	趋缓型	临界超载	蓝色预警
	乌拉特前旗	变化趋良	变化趋良	变化趋差	趋缓型	临界超载	蓝色预警
	五原县	变化趋差	变化趋差	变化趋良	加剧型	临界超载	黄色预警
	临河区	变化趋良	变化趋良	变化趋差	趋缓型	临界超载	蓝色预警
	乌拉特后旗	变化趋良	变化趋差	变化趋差	加剧型	临界超载	黄色预警
	乌拉特中旗	变化趋良	变化趋良	变化趋差	趋缓型	临界超载	蓝色预警
	磴口县	变化趋良	变化趋良	变化趋差	趋缓型	不超载	绿色无警

续表

盟市名称	旗县（市、区）名称	资源利用效率变化指向	污染排放强度变化指向	生态质量变化指向	资源环境损耗过程评价	超载类型划分	资源环境预警等级确定
乌兰察布市	丰镇市	变化趋良	变化趋良	变化趋差	趋缓型	临界超载	蓝色预警
	察哈尔右翼前旗	变化趋良	变化趋良	变化趋差	趋缓型	临界超载	蓝色预警
	集宁区	变化趋良	变化趋良	变化趋差	趋缓型	临界超载	蓝色预警
	卓资县	变化趋良	变化趋良	变化趋差	趋缓型	临界超载	蓝色预警
	化德县	变化趋良	变化趋良	变化趋差	趋缓型	临界超载	蓝色预警
	凉城县	变化趋良	变化趋良	变化趋差	趋缓型	超载	橙色预警
	兴和县	变化趋良	变化趋良	变化趋差	趋缓型	不超载	绿色无警
	察哈尔右翼中旗	变化趋良	变化趋良	变化趋差	趋缓型	不超载	绿色无警
	察哈尔右翼后旗	变化趋良	变化趋良	变化趋差	趋缓型	不超载	绿色无警
	商都县	变化趋良	变化趋良	变化趋差	趋缓型	不超载	绿色无警
	四子王旗	变化趋差	变化趋良	变化趋差	加剧型	不超载	绿色无警
兴安盟	科尔沁右翼中旗	变化趋良	变化趋差	变化趋差	加剧型	临界超载	黄色预警
	乌兰浩特市	变化趋良	变化趋差	变化趋差	加剧型	临界超载	黄色预警
	科尔沁右翼前旗	变化趋良	变化趋良	变化趋差	趋缓型	临界超载	蓝色预警
	阿尔山市	变化趋良	变化趋良	变化趋差	趋缓型	临界超载	蓝色预警
	突泉县	变化趋良	变化趋差	变化趋差	加剧型	不超载	绿色无警
	扎赉特旗	变化趋良	变化趋良	变化趋差	趋缓型	不超载	绿色无警
锡林郭勒盟	锡林浩特市	变化趋良	变化趋差	变化趋差	加剧型	临界超载	黄色预警
	西乌珠穆沁旗	变化趋良	变化趋良	变化趋差	趋缓型	临界超载	蓝色预警
	阿巴嘎旗	变化趋良	变化趋良	变化趋差	趋缓型	临界超载	蓝色预警
	东乌珠穆沁旗	变化趋良	变化趋差	变化趋差	加剧型	临界超载	黄色预警
	太仆寺旗	变化趋良	变化趋差	变化趋差	加剧型	不超载	绿色无警
	多伦县	变化趋良	变化趋差	变化趋差	加剧型	不超载	绿色无警
	镶黄旗	变化趋良	变化趋差	变化趋差	加剧型	不超载	绿色无警
	正镶白旗	变化趋良	变化趋良	变化趋差	趋缓型	不超载	绿色无警
	正蓝旗	变化趋良	变化趋良	变化趋差	趋缓型	不超载	绿色无警
	苏尼特右旗	变化趋差	变化趋差	变化趋差	加剧型	不超载	绿色无警
	二连浩特市	变化趋良	变化趋良	变化趋差	趋缓型	不超载	绿色无警
	苏尼特左旗	变化趋差	变化趋良	变化趋差	加剧型	不超载	绿色无警

续表

盟市名称	旗县（市、区）名称	资源利用效率变化指向	污染排放强度变化指向	生态质量变化指向	资源环境损耗过程评价	超载类型划分	资源环境预警等级确定
阿拉善盟	阿拉善左旗	变化趋良	变化趋差	变化趋差	加剧型	临界超载	黄色预警
	阿拉善右旗	变化趋差	变化趋良	变化趋差	加剧型	不超载	绿色无警
	额济纳旗	变化趋差	变化趋差	变化趋差	加剧型	不超载	绿色无警

注：表中数据均根据《技术方法（试行）》要求计算得出。

第六节　结果分析

一、资源环境承载能力临界超载突显，局部亟待优化调整

资源环境承载能力监测预警评价结果表明，当前全区 103 个旗县（市、区）资源环境承载力临界超载和超载旗县（市、区）所占比重较大（67.96%）。受内蒙古全区生态环境脆弱性及水、土资源空间供需不平衡因素影响及社会经济发展不可持续所致，资源环境开发利用已经出现较为严重的生态环境问题。整体而言，内蒙古全区资源环境超载与临界超载首先以生态环境敏感与脆弱性（生态健康度）指标为最重要因子，其次是区域水资源超标（用水总量指标、地下水开采量指标）问题突出，区域污染物浓度超标（$PM_{2.5}$和 PM_{10}指数超标）现象明显。临界超载地区应根据具体指标的超载原因，对资源环境现状进行改善，从而使得生态环境更加发挥社会经济建设中的重要作用和地位。

二、坚持落实主体功能区划，优化发展绿色民族特色产业

内蒙古主体功能区划以重点开发区［41 个旗县（市、区）］和重点生态功能区［43 个旗县（市、区）］为主，资源环境开发与保护并重。重点生态功能区涉及面积 87.13 万平方公里，占全区土地总面积的 73.65%①，

① 资料来源：内蒙古自治区政府官网。

生态系统类型以草地和荒漠为主，有丰富的森林资源。进入21世纪的近十年间，矿产资源开发促进内蒙古社会经济高速发展，但生态环境破坏严重，加重了环境污染；内蒙古应发挥地区生态资源优势，大力发展生态旅游产业，提升生态服务功能和自然景观资源品质，结合少数民族民俗和文化遗产，构建内蒙古生态和民族文化旅游体系，打造北疆亮丽风景线。扎实推进能源开发转型，重点推进产业集群建设，提升工业和旅游服务业水平，培育和壮大具有较高技术含量和制造业水平的企业，提升产业经济效益的同时减少对环境的污染。

三、加快高污染产业转型，改善全区空气环境质量

通过环境评价，内蒙古环境超标与接近超标旗县（市、区）共计79个，主要由于污染物 $PM_{2.5}$ 和 PM_{10} 浓度超标引起。应全面实施城市空气质量达标时间表，提高全区空气环境质量。建立大气污染区域联防联控机制，在县级以上城市开展细颗粒物实时监测，全面加强工业烟尘、粉尘、燃煤锅炉整治和城市扬尘抑制。重点解决包头、呼和浩特、赤峰、通辽等人口集聚区域的大气污染。构建机动车环保达标监管体系，大力开展机动车尾气污染防治；实施火电、钢铁、有色金属、水泥等重点行业脱硫脱硝、除尘设施改造升级工程；重点监察化工园区有毒有害气体监管力度，有效降低污染物排放；推进各盟市所在地城乡接合部大气复合污染综合治理，加快淘汰高污染的小企业及设备等。

四、严格实施水资源管理制度，促进水资源优化配置高效利用

内蒙古水资源较匮乏，水资源供需矛盾已成为制约经济社会可持续发展的主要因素。根据内蒙古水资源的分布特点和开发利用状况，通过计算水资源评价各项指标，了解内蒙古103个旗县（市、区）超标区域共计41个，重点受地下水开采指标影响。内蒙古水资源分布不均，存在与经济社会发展不协调问题，尤其农业及矿产资源地下水超标严重。水资源可持续开发利用应着力于社会经济可持续的观点统一规划，合理开发利用水资

源，协调水资源的供水、灌溉、发电、水产养殖、改善生态环境等功能的关系，发挥水资源最大或最佳效益；大力推行节水措施，努力建设节水型社会，尤其在农业方面应大力推广节水适用性技术，因地制宜地选择节水灌溉形式。

五、强化防治结合，巩固祖国北疆亮丽风景线

生态环境保护与资源可持续利用坚持预防为主、防治结合的原则，全面加强生态环境保护，构建网络化管理体系，实行资源环境承载能力监测预警，从源头、过程和结果全方位把控资源环境超载状况。针对环境问题的特点，吸取国内外环境与资源管理的经验和教训，不断完善环境保护管理体系。加强资源和能源的综合利用，优化城市经济和工业布局，合理规划环境资源的使用，制止以损害环境为代价的发展。对已经发生的环境污染和破坏，充分利用生态环境的自净能力，同时积极采取治理和恢复措施，避免环境进一步恶化。努力改善部分区域资源环境超载的状况，力争全区各项资源环境指标合格，实现绿色发展。

六、建立预警长效机制，构建高效协调可持续地域空间开发格局

随着经济社会的快速发展，资源约束趋紧，环境污染严重，生态系统退化的形势日趋严峻，一些地区资源环境承载能力已达到或接近上限。建立资源环境承载能力监测预警长效机制，对地域空间开发利用状况开展综合评价，是适应我国国情特点、推动绿色发展的必然要求，是化解资源环境瓶颈制约的现实选择，是提高空间开发管控水平的重要途径。在资源环境问题日益凸显的背景下，应合理控制矿产及城市建设开发强度，调整城市人口结构和分布，严格限制资源环境超载，促进资源环境承载能力提升。加强统筹协调，形成多位一体、“多规融合”的空间规划体系，杜绝相互冲突，确保横向纵向发展规划协调有序落实。

第二章

国内外研究进展

承载力概念的起源可以追溯到马尔萨斯时代。1798 年马尔萨斯在名著《人口原理》中首次提出承载力的概念。随后在 1838 年，费尔哈斯基于马尔萨斯的理论基础，提出著名的逻辑斯蒂方程，首次使用数学逻辑语言描述承载力概念①。但此时的承载力概念仅限于经济学范畴。直到 1921 年帕克和伯吉斯才将承载力概念拓展到人类生态学范畴。1922 年，海登等从草地生态学角度提出新的承载力概念，即在不破坏草场的前提下发挥草场的最大牲畜数量②。该观点首次从生态环境与自然资源之间相互作用的角度解释了承载力的概念，对后世承载力研究及 20 世纪可持续发展理论的建立起到启示作用。

20 世纪中叶，人类社会和工业生活进入高速发展的时代，自然资源的消耗与环境的破坏愈演愈烈。人们切身体会到承载力水平与生态、生活和生产之间的相互作用之强烈。承载力概念所包含的内容也迅速扩展到整个生态系统中去。1972 年，梅多斯和兰德斯等共同发表的《增长的极限》一书，将环境重要性与资源人口等联系在一起，为后来环境承载力、生态系统管理、环境规划等理念奠定了基础。

第一节　资源环境承载力的演化及发展

资源环境承载力以环境资源为主题，讨论在人为等因素影响下的发展

---

① Maltus T. R. An essay on the principle of population [M]. London: St. Paul's Church - Yard, 1798.

② Verhulst P. F. Notice sur la loi que la population suit dans son accroissement, correspondance mathématique et physique publiée par A [J]. Quetelet, 1838, 10: 113 - 121.

限制概念。UNESCO 为资源环境承载力提出了能够被广泛接受的定义：一个国家或地区的资源承载力是指在可以预见的期间内，利用本地能源及其他自然资源和智力、技术等条件，在保证符合其社会文化准则的物质生活水平下，该国家或地区所能持续供养的人口数量。

资源环境承载力从最开始的单一土地资源研究，逐步引入水资源、环境资源、生态资源。

第二节 土地资源承载力研究发展

土地资源为人类的生存和发展提供了最基本的支持，通过粮食、矿物、居住地等各个方面保障人类社会的持续与发展。伴随着土地、粮食与人口之间愈演愈烈的矛盾，平衡土地生产能力与社会粮食需求能力之间的相互作用成为土地资源承载力研究的焦点。以现有土地可承载多少人口为着眼点，帕克等在 1921 年首次提出了土地承载力概念，由此，土地资源承载力成为承载力研究中较早开始且最为成熟的研究领域①。

国外早期研究多是生态学承载力定义基础上的直接延伸，其中较有影响的是威廉·福格特的《生存之路》和威廉·阿伦的计算方法。1970 年以来，以协调人地关系为中心的承载力研究再度兴起，其间较有影响的有：20 世纪 70 年代初澳大利亚的土地资源承载力研究，1977 年联合国粮食及农业组织（FAO）开展的发展中国家土地的潜在人口支持能力研究，20 世纪 80 年代初 UNESCO 资助的基于 ECCO 模型的肯尼亚、毛里求斯、赞比亚等发展中国家资源承载力的研究等。除土地资源承载力之外，与之并用的概念还有区域人口承载量、土地负载力、地域容量、地域潜力等。

中国人口众多，土地、粮食与人口之间的矛盾尤为尖锐，受 FAO 的影响，土地资源承载力也是中国开展最早且应用最为广泛的资源环境承载力

---

① Park R. F., Burgoss E. W. An introduction to the science of sociology [M]. Chicago: The University of Chicago Press, 1921.

研究领域。1986 年以前，中国的土地资源承载力研究以理论引进和方法探索为主，研究工作主要集中于农业生产潜力方面，任美鄂、竺可桢先生是中国承载力研究的先驱。此后很多学者从不同角度对作物生产潜力进行了原创性的研究，在概念确定、机理分析和估算方法等方面做了大量工作，并采用各自的模型和方法对中国不同区域、不同作物的生产潜力进行了估算，还有部分学者从人口角度出发，综合考虑土地面积、农作物增产潜力和营养水平等对未来中国适宜人口规模进行了评估，这些都为以后开展的土地资源承载力研究奠定了科学基础。

中国土地资源承载力研究正式起步于 20 世纪 80 年代，截至 2000 年，我国先后进行过三次颇具代表性的、大规模的土地资源承载力研究工作：（1）1986～1990 年，中国科学院自然资源综合考察委员会主持完成了"中国土地资源生产能力及人口承载量研究"课题，开创了国内土地资源承载力系统研究的先河。（2）1989～1994 年，国家土地管理局在联合国开发计划署及国家科学委员会的资助下，与 FAO 合作完成了"中国土地的粮食生产潜力和人口承载潜力研究"这一课题。（3）1996～2000 年，中国科学院地理科学与资源研究所主持完成了"中国农业资源综合生产能力与人口承载能力"的相关研究工作。三次大规模的土地资源承载力研究均以生态区作为研究单元，着重评估了中国土地资源承载力的总量、地域类型和空间格局，为后来的土地资源承载力研究奠定了理论与方法基础。

尽管这一时期我国土地承载能力研究的方法和标准都存在较大差异，研究成果之间难以相互利用和推广，但是它对我国后续的相关研究有着突破性的价值与意义。

自 2000 年起，全球的经济与社会开始进入飞速发展的时代，随之而来的是人口、资源、环境与发展之间的矛盾日益加剧。加之先前土地资源承载力研究方法差异大、研究尺度不均，导致现有的研究成果综合性过高，横断性过大，难以验证与比较。但总体而言，当前的土地资源承载力研究依然认为，该研究是讨论土地、人口和食物之间关系，解决人口与资源、环境之间矛盾的主要途径。

第三节 水资源承载力研究发展

水资源的承载能力研究起步要晚于土地资源承载力。在国际上，水资源与土地等其他因素被共同作为可持续发展的重要因子进行研究，缺乏独立明确以水资源承载力为内容的研究成果。截至2022年，水资源承载力的概念也未取得广泛共识。

相较于国际研究发展缓慢不同，国内对于水资源承载力的研究更加重视。20世纪80年代初期，就有宋子成等根据中国水资源总量与人均耗水量等数据，估算了近百年后的中国淡水资源可承载人口数，这也是学术上公认的国内水资源承载力的早期探索[①]。1989年，国内的社会经济与水资源之间的关系日益紧张，为统筹规划、平衡矛盾与稳定增长，施雅风等人提出水资源的概念，即：某一地区的水资源，在一定社会和科学技术发展阶段，在不破坏社会和生态系统时，最大可承载的农业、工业、城市规模和人口水平，是一个随社会经济和科技水平发展变化的综合目标[②]。

20世纪90年代中期以后，国内水资源承载力研究取得空前进展，多个"九五"攻关项目和自然科学基金课题均涉及这一领域，水资源承载力的概念、内涵、特征、影响要素，以及相关研究理论和方法等得到快速发展。

除通过可供养人口数量反映水资源承载力外，部分学者讨论了从水资源开发规模或水资源开发容量等角度出发，强调了水资源可利用量。

虽然，目前水资源承载力的研究依旧存在着概念模糊、可操作性不强等问题，但是总体而言，越来越多的研究开始重视水资源承载对象的多样性和综合性，将水资源承载力理解为对"社会—经济—生态"复合系统的一种支撑力。

---

① 宋子成，孙以萍．从我国淡水资源看我国现代化后能养育的最高人口数量［J］．人口与经济，1981（4）：3－7.

② 施雅风，曲耀光．乌鲁木齐河流域水资源承载力及其合理利用［M］．北京：科学出版社，1992.

早期的水资源承载力研究方法多是以供需平衡法、层次分析法、模糊综合评价等侧重于静态研究的方法为主，忽略了人口发展和经济活动与水资源系统之间的相互作用与动态反馈关系。近年来，基于系统动力学、多目标情景规划的动态研究方法逐渐得到广泛应用。

进入21世纪，面对水资源承载力研究存在的诸如可操作性问题、指标不统一、结果不具可比性、缺乏实践性等问题，众多学者们开始重新思考对水资源承载力的研究方法。王浩等在对西北内陆干旱地区水资源承载力研究过程中，按照经典土地资源承载力研究的思路，从确定的人均消费水平入手，站在社会经济发展的角度，采用通过农产品价格交换比的平衡分析方法，将一定生活水平下区域水资源能够承载的最大人口数量用作水资源在社会经济方面的承载力表征与体现①。姚治君等从承载力研究的根本问题出发对水资源承载力的本质进行了讨论，认为水资源承载力不只是一个客观内在的值，而是受区域发展目标影响的，会随之变化的量②。

总体而言，水资源承载力研究的时间相对土地资源承载力更短，现有的理论方法也不够完善，仍然需要众多学者钻研探讨，实现从理论到实践的一步步探索。从发展趋势上看，水资源承载力的概念已经涉及了资源、环境、经济和社会等多种系统方向，成为了一个综合性的概念。研究探讨影响区域水资源承载力的因素，以水资源的可持续利用为中心，研究其相互关系已成为相关研究的重点问题。

在今后的发展中，水资源承载力研究应考虑水资源所具有的动态性、随机性和不确定性，在水资源承载力研究中需加强动态模拟等研究方向，利用能反映水资源作用本质的模拟系统实际的反映水资源承载力的估算与动态变化预测。水资源也不在是相对独立的自然属性，伴随着社会的发展，水资源开始制约、影响人类社会，同样被人类规划调入、调出，以及跨区占用。在多重条件与问题并存的开放系统中，水资源承载力的评价也将成为一个重要的课题。

---

① 王浩，秦大庸，王建华，等. 西北内陆干旱区水资源承载能力研究［J］. 自然资源学报，2004，19（2）：151－160.

② 姚治君，刘宝勤，高迎春. 基于区域发展目标下的水资源承载能力研究［J］. 水科学进展，2005，16（1）：109－113.

第四节　环境容量与环境承载力研究

环境容量是指区域自然环境和环境要素对人为干扰或污染物容纳的承受量或负荷量。该概念最早由比利时数学生物学家韦尔胡尔斯特（Verhulst）于1838年所提出：生物种群在环境中可以利用的食物量有一个最大值，动植物的增加相应也有一个极限，这个极限数值在生态学中被定义为环境容量①。

1968年，日本学者将其引入环境科学，并逐渐成为污染物总量控制的理论基础。与之相类似，欧美国家则多用“同化容量”“最大容许排污量”和“水体容许污染水平”等概念反映区域所能容纳的污染物最大负荷。

环境承载力概念由环境容量概念演化而来，与资源承载力相类似，环境承载力是区域环境与经济发展矛盾激化的结果，从本质上反映了两者的辩证关系。

1974年，毕晓普（Bishop）在其著作《区域环境管理中的承载力》一书中阐述了他所认为的环境承载力是“在维持一个可以接受的生活水平的前提下，一个区域能永久承载的人类活动的最强程度”。② 施耐德（Schneider）则认为环境承载力是“自然或人造环境系统在不会遭到严重退化的前提下，对人口增长的容纳能力”。③

1991年，由北京大学环境科学中心主持的“我国沿海新经济开发区环境的综合研究——福建省泥洲湾开发区环境综合研究”国家级课题中首次提出，环境承载力是指在某一时期、某种状态或条件下，某地区的环境所能承受人类活动作用的阈值这一概念。该概念指出，“某种状态或条件”是指现实的或者拟定的环境结构不发生明显不利于人类生存的方向改变的

① Verhulst P. F. Notice sur la loi que la population suit dans son accroissement, correspondance mathématique et physique publiée par A [J]. Quetelet, 1838, 10: 113 - 121.

② Bishop A. B. Carrying capacity in regional environment management [M]. Washington: Government Printing Office, 1974.

③ Schneider D., Godschalk D. R., Axler N. The carrying capacity concept as a planning tool [M]. Chicago: American Planning Association, 1978.

前提条件；所谓“能承受”是指不影响环境系统发挥其正常功能的状态。这一概念的提出，深刻地影响了之后国内相关工作的研究思路。

在国内，对环境承载力理论、方法认识上的不断深化带动了实例研究成果不断涌现，研究范围逐步扩展到大气、水、土壤、噪声、固废和辐射等单一环境要素的承载力，随后深入研究了环境对各种污染物的容纳能力，以及人类在不损害环境的前提下能够进行的最大活动限度，而该研究方向已成为环境承载力研究的核心。

进入 21 世纪后，环境承载力研究的方法之多样，研究之深入及可操作性日益完善，相关成果也在环境管理与规划、区划可持续发展等领域取得广泛应用。

环境承载力研究在中国经历了二三十年的发展，积累了很多有价值的经验成果，但在将区域环境系统与区域社会经济活动的发展方向、规模相互整合。

第三章

基础评价

第一节　土地资源评价

土地资源评价主要表征区域土地资源条件对人口集聚、工业化和城镇化发展的支撑能力。本章采用土地资源压力指数作为评价指标，该指数由现状建设开发程度与适宜建设开发程度的偏离程度来反映。

一、评价方法与指标

（一）数据基础

依据建设开发限制性评价、建设开发适宜性评价中所涉及的参数，从有关部门获取相应数据，所需数据如表 3－1 所示。

表 3－1　　　　内蒙古自治区土地资源评价数据

类型	名称	分辨率	说明
强限制因子	永久基本农田	1 千米×1 千米	利用高中产耕地数据
	踩空塌陷区	—	内蒙古自治区无踩空塌陷区
	自然保护区	1 千米×1 千米	内蒙古自治区生态保护红线还在划定阶段，所以采用环保厅的自然保护区数据来替换
	行洪通道	—	内蒙古自治区无行洪通道
	难以利用土地	1 千米×1 千米	采用全国第一次地理国情普查数据里的荒漠数据

续表

类型	名称	分辨率	说明
较强限制因子	地震活跃及地震断裂区	1千米×1千米	采用地震局地震断裂带数据外扩1千米
	一般农用地	1千米×1千米	采用全国第一次地理国情普查数据中的人工草地、耕地、天然草地、园地、林地数据
	坡度	1千米×1千米	从全国第一次国情普查数字高程模型（DEM）数据提取
	突发地质灾害	1千米×1千米	采用地域资源厅提供内蒙古自治区地质灾害易发程度分区图，比例尺为1：1500000
	蓄滞洪区	1千米×1千米	采用全国第一次地理国情普查数据中的常年河、常年湖、水库、时令河、时令湖、干涸河、干涸湖数据

（二）评价方法

1. 明确评价单元

评价范围覆盖内蒙古自治区103个旗县（市、区），其中基础评价的建设开发限制性及适宜性评价，采用评价时点所在年份的土地利用数据为评价底图，以第一次地理国情普查数据图斑为单元。自治区级评价分盟市、旗县（市、区）行政评价单元进行汇总分析。

2. 要素筛选与分级

筛选永久基本农田、自然保护区、行洪通道、难以利用土地、地震活跃及地震断裂区、一般农用地、地形坡度、突发性地质灾害、蓄滞洪区等影响土地建设开发的构成要素，并根据影响程度对要素进行评价分级。

3. 划定资源环境类型区

结合区域经济社会发展情况和生态文明建设要求，以及主体功能定位，将评价区域划分为城市工矿型、生态功能型和农畜产品主产型三种类型地区，以便针对不同类型地区发展定位确定指标阈值，得出科学的评价结果（见表3-2）。

表3-2 内蒙古自治区县级行政区域资源环境类型分类

类型	分布范围
城市工矿型（共40个）	国家级（共22个）： 呼和浩特市：新城区、回民区、玉泉区、赛罕区、托克托县、和林格尔县、土默特左旗； 包头市：东河区、昆都仑区、青山区、九原区、石拐区、白云鄂博矿区； 鄂尔多斯市：东胜区、伊金霍洛旗、准格尔旗、鄂托克旗、鄂托克前旗、乌审旗、达拉特旗、杭锦旗、康巴什新区 自治区级（共18个）： 呼伦贝尔市：海拉尔区、扎赉诺尔、满洲里市； 兴安盟：乌兰浩特市； 通辽市：科尔沁区、霍林郭勒市； 赤峰市：红山区、松山区、元宝山区、宁城县； 锡林郭勒盟：锡林浩特市、二连浩特市； 乌兰察布市：集宁区、丰镇市； 巴彦淖尔市：临河区； 乌海市：海勃湾区、海南区、乌达区
生态功能型（共45个）	呼和浩特市：清水河县； 呼伦贝尔市：阿荣旗、莫力达瓦达斡尔族自治旗、鄂伦春自治旗、牙克石市、额尔古纳、根河市、扎兰屯市、新巴尔虎左旗、新巴尔虎右旗、陈巴尔虎旗、鄂温克族自治旗 包头市：达尔罕茂明安联合旗、固阳县； 巴彦淖尔市：乌拉特中旗、乌拉特后旗； 乌兰察布市：四子王旗、察哈尔右翼中旗、察哈尔右翼后旗、化德县； 兴安盟：阿尔山市、科尔沁右翼中旗； 赤峰市：阿鲁科尔沁旗、巴林右旗、克什克腾旗、翁牛特旗； 通辽市：科尔沁左翼中旗、科尔沁左翼后旗、开鲁县、库伦旗、奈曼旗、扎鲁特旗； 锡林郭勒盟：阿巴嘎旗、苏尼特左旗、苏尼特右旗、太仆寺旗、镶黄旗、正镶白旗、正蓝旗、多伦县、东乌珠穆沁旗、西乌珠穆沁旗； 阿拉善盟：阿拉善左旗、阿拉善右旗、额济纳旗
农畜产品主产型（共18个）	呼和浩特市：武川县 包头市：土默特右旗； 乌兰察布市：凉城县、商都县、察哈尔右翼前旗、卓资县、兴和县； 巴彦淖尔市：杭锦后旗、五原县、乌拉特前旗、磴口县； 兴安盟：科尔沁右翼前旗、扎赉特旗、突泉县； 赤峰市：巴林左旗、林西县、敖汉旗、喀喇沁旗

4. 建设开发限制性评价

建设开发限制性评价根据对建设开发的限制程度将因素分为两类：强限制性因子与较强限制性因子。强限制性因子包括：永久基本农田、自然保护区以及永久冰川、戈壁荒漠等难以利用区域。较强限制性因子包括：地震活动及地震断裂带、一般农用地（耕地、园地、林地、草地等）、地形坡度、地质灾害、蓄滞洪区等要素（见表3-3）。

表3-3　　内蒙古自治区建设开发适宜性评价指标

因子类型	因子		分类	适宜性赋值
强限制性因子	永久基本农田		永久基本农田	0
			其他	1
	自然保护区		国家级、自治区级自然保护区	0
			其他	1
	难以利用土地		戈壁、荒漠等	0
			其他	1
较强限制性因子	地震活动及地震断裂		地震设防区	40
			其他	100
	一般农用地	林区	林地	20
			高于平均等耕地、人工草地	40
			低于平均等耕地、天然草地	60
			园地	80
			其他	100
		草原区	林地	10
			天然草地	30
			高于平均等耕地、人工草地	40
			低于平均等耕地	60
			园地	80
			其他	100
		农业区	高于平均等耕地、低于平均等耕地	20
			天然草地	30
			人工草地	40
			林地	60
			园地	80
			其他	100
		荒漠区	高于平均等耕地、低于平均等耕地	20
			人工草地、林地	40
			天然草地	60
			园地	80
			其他	100

续表

因子类型	因子	分类	适宜性赋值
较强限制性因子	坡度	15 度以上	40
		8 度~15 度	60
		2 度~8 度	80
		0 度~2 度	100
	突发地质灾害	高易发区	40
		中易发区	60
		低易发区	80
		无地质灾害风险	100
	蓄滞洪区	重要蓄滞洪区	40
		一般蓄滞洪区	60
		蓄滞洪保留区	80
		其他	100

5. 建设开发适宜性评价

根据建设开发适宜性程度对评价因子进行量化分级。采用专家打分法对各评价因子赋值。对于强限制性因子，进行 0 和 1 赋值；对于较强限制性因子，采用专家打分法，对不同限制等级进行 0~100 赋值。之后，采用限制系数法计算建设开发适宜性分值（见表 3-4）。

表 3-4　内蒙古自治区建设开发适宜性评价较强限制性因子按资源环境类型区权重

较强限制因子		权重		
		城市工矿型	农畜产品主产型	生态功能型
w_1	地震活跃及地震断裂	0.0816	0.0519	0.0953
w_2	一般农用地	0.4037	0.3519	0.4085
w_3	坡度	0.3357	0.3370	0.3076
w_4	突发地质灾害	0.0949	0.1111	0.0959
w_5	蓄滞洪区	0.0841	0.1481	0.0927

之后，采用限制系数法计算土地建设开发适宜性。计算公式如下：

$$E = \prod_{j=1}^{m} F_j \cdot \sum_{k=1}^{n} w_k f_k \qquad (3-1)$$

式（3－1）中，E 为建设开发适宜性综合得分；j 为强限制性因子的构成要素编号；k 为较强限制性因子的构成要素编号；m 为强限制性因子的构成要素个数；n 为较强限制性因子的构成要素个数；F_j 为第 j 个要素的适宜性赋值；f_k 为第 k 个要素的适宜性赋值；w_k 为第 k 个要素按资源环境类型区的权重。

根据适宜性评价分值结果，通过聚类分析等方法将建设开发适宜性划分为最适宜、基本适宜、不适宜和特别不适宜四类，其中不受强限制性因子约束、且非强限制性因子分值最高的区域为最适宜开发的区域。

最终算出的 E 值取值范围为 $37 < E \leqslant 100$，$E \geqslant 65$ 的区域定为最适宜、基本适宜开发区域。

6. 现状建设用地开发程度评价

分析现状建设用地与最适宜、基本适宜建设开发土地之间的空间关系，并计算区域现状建设开发程度。计算公式如下：

$$P = S/(S \cup E) \qquad (3-2)$$

式（3－2）中，P 为区域建设用地现状开发程度；S 为区域现状建设用地面积；E 为土地建设开发适宜性评价中的最适宜、基本适宜区域；$S \cup E$ 为二者空间的并集。

7. 适宜建设开发程度阈值测算

依据建设开发适宜性评价结果，综合考虑主体功能区定位、适宜建设开发空间集中连片情况等，进行适宜建设开发空间的聚集度分析，通过适宜建设开发空间聚集度指数确定离散型、一般聚集型和高度聚集型，并结合各区域主体功能定位，采用专家打分等方法确定各评价单元的适宜建设开发程度阈值。

8. 土地资源压力指数评价

对比分析现状建设开发程度与适宜建设开发程度阈值，通过二者的偏离度计算确定土地资源压力指数。计算公式如下：

$$D = (P - T)/T \qquad (3-3)$$

式（3－3）中，D 为土地资源压力指数；P 为现状建设开发程度；T 为适宜建设开发程度阈值。

（三）阈值与重要参数

1. 阈值参数

根据土地资源压力指数，将评价结果划分为土地资源压力大、压力中等和压力小三种类型。土地资源压力指数越小，即现状建设开发程度与适宜建设开发程度的偏离度越低，表明目前建设开发格局与土地资源条件趋于协调。当 $D>0$ 时，土地资源压力大；当 D 介于 $-0.3\sim0$ 时，土地资源压力中等；当 $D<-0.3$ 时，土地资源压力小。土地资源压力指数的划分标准可结合各类主体功能区对土地开发强度的管控要求进行差异化设置（见表3-5）。

表3-5　内蒙古自治区土地资源压力分级标准

土地资源压力指数	土地资源压力
>0	大
-0.3~0	中
<-0.3	小

2. 参数权重及阈值计算方法

（1）阈值参数主要从主体功能区和城市聚集度两个方面考虑，具体如表3-6所示。

表3-6　主体功能区和城市聚集度的权重值

类型	二级类型	取值范围	权重
主体功能区（A）	重点开发区	—	0.5
	农产品主产区	—	0.5
	重点生态功能区	—	0.25
城市聚集度（B）	离散型	0<P<0.4	-0.1
	一般聚集型	0≤P<0.7	0
	高度聚集型	0.7≤P	0.1

（2）算法。

根据主体功能区和城市聚集度的权重具体算法如下：

$$T=\frac{S}{S_t}(A_i+B_i) \tag{3-4}$$

其中，S 为适宜建设土地面积；S_1 为主体功能区面积；A、B 为权重。

二、评价结果

根据上述评价方法，得出以下结果：全区 103 个旗县（市、区）中，有新城区、回民区等 24 个旗县（市、区）的土地资源压力大；赛罕区、土默特左旗等 20 个旗县（市、区）土地资源压力中等；林西县、敖汉旗等 59 个旗县（市、区）的土地资源压力小（见表 3 – 7）。

表 3 – 7　内蒙古自治区土地资源压力指数评价结果

序号	盟市	旗县（市、区）	建设用地现状开发程度 P	阈值 T	土地资源压力状态指数 D	压力等级
1	呼和浩特市	新城区	0.6876	0.60	0.3753	压力大
2	呼和浩特市	回民区	0.9599	0.60	0.5999	压力大
3	呼和浩特市	玉泉区	0.7448	0.60	0.2413	压力大
4	呼和浩特市	赛罕区	0.4573	0.50	–0.0853	压力中等
5	呼和浩特市	土默特左旗	0.3196	0.50	–0.2009	压力中等
6	呼和浩特市	托克托县	0.2221	0.50	–0.4447	压力小
7	呼和浩特市	和林格尔县	0.4055	0.50	–0.1889	压力中等
8	呼和浩特市	清水河县	0.2060	0.25	1.0597	压力大
9	呼和浩特市	武川县	0.4619	0.60	0.1546	压力大
10	包头市	东河区	0.6820	0.60	0.3640	压力大
11	包头市	昆都仑区	0.7180	0.60	0.1967	压力大
12	包头市	青山区	0.7289	0.60	0.2149	压力大
13	包头市	石拐区	0.5046	0.50	0.0092	压力大
14	包头市	白云鄂博矿区	0.1730	0.40	–0.5676	压力小
15	包头市	九原区	0.6518	0.50	0.3037	压力大
16	包头市	土默特右旗	0.3214	0.50	0.0714	压力大
17	包头市	固阳县	0.4365	0.35	1.1825	压力大
18	包头市	达尔罕茂明安联合旗	0.0274	0.15	–0.7262	压力小
19	乌海市	海勃湾区	0.4201	0.50	–0.1599	压力中等
20	乌海市	海南区	0.2857	0.50	–0.2857	压力中等
21	乌海市	乌达区	0.6489	0.60	0.2977	压力大

续表

序号	盟市	旗县（市、区）	建设用地现状开发程度 P	阈值 T	土地资源压力状态指数 D	压力等级
22	赤峰市	红山区	0.7039	0.60	0.1732	压力大
23	赤峰市	元宝山区	0.5363	0.50	0.0726	压力大
24	赤峰市	松山区	0.2403	0.40	-0.3993	压力小
25	赤峰市	阿鲁科尔沁旗	0.0468	0.15	-0.5322	压力小
26	赤峰市	巴林左旗	0.1169	0.40	-0.6105	压力小
27	赤峰市	巴林右旗	0.0503	0.15	-0.4972	压力小
28	赤峰市	林西县	0.0800	0.40	-0.7332	压力小
29	赤峰市	克什克腾旗	0.0278	0.15	-0.7224	压力小
30	赤峰市	翁牛特旗	0.0850	0.15	-0.1497	压力中等
31	赤峰市	喀喇沁旗	0.2435	0.50	-0.1884	压力中等
32	赤峰市	宁城县	0.3225	0.50	-0.1937	压力中等
33	赤峰市	敖汉旗	0.1512	0.40	-0.4962	压力小
34	通辽市	科尔沁区	0.1457	0.40	-0.5144	压力小
35	通辽市	科尔沁左翼中旗	0.0647	0.15	-0.3531	压力小
36	通辽市	科尔沁左翼后旗	0.0485	0.15	-0.5145	压力小
37	通辽市	开鲁县	0.0680	0.15	-0.3202	压力小
38	通辽市	库伦旗	0.0878	0.15	-0.1221	压力中等
39	通辽市	奈曼旗	0.0642	0.15	-0.3580	压力小
40	通辽市	扎鲁特旗	0.0587	0.15	-0.4130	压力小
41	通辽市	霍林郭勒市	0.3315	0.50	-0.1712	压力中等
42	鄂尔多斯市	东胜区	0.2862	0.50	-0.2844	压力中等
43	鄂尔多斯市	康巴什新区	0.4938	0.50	-0.0125	压力中等
44	鄂尔多斯市	达拉特旗	0.1661	0.40	-0.5848	压力小
45	鄂尔多斯市	准格尔旗	0.2864	0.50	-0.2841	压力中等
46	鄂尔多斯市	鄂托克前旗	0.0141	0.40	-0.9647	压力小
47	鄂尔多斯市	鄂托克旗	0.0266	0.40	-0.9335	压力小
48	鄂尔多斯市	杭锦旗	0.0267	0.40	-0.9332	压力小
49	鄂尔多斯市	乌审旗	0.0177	0.40	-0.9556	压力小
50	鄂尔多斯市	伊金霍洛旗	0.1011	0.40	-0.7473	压力小
51	呼伦贝尔市	海拉尔区	0.3189	0.50	-0.2027	压力中等
52	呼伦贝尔市	扎赉诺尔区	0.3452	0.60	-0.1370	压力中等
53	呼伦贝尔市	阿荣旗	0.0351	0.15	-0.6493	压力小

续表

序号	盟市	旗县（市、区）	建设用地现状开发程度 P	阈值 T	土地资源压力状态指数 D	压力等级
54	呼伦贝尔市	莫力达瓦达斡尔族自治旗	0.0779	0.15	-0.2208	压力中等
55	呼伦贝尔市	鄂伦春自治旗	0.0129	0.15	-0.8706	压力小
56	呼伦贝尔市	鄂温克族自治旗	0.0236	0.40	-0.9409	压力小
57	呼伦贝尔市	陈巴尔虎旗	0.0085	0.40	-0.9788	压力小
58	呼伦贝尔市	新巴尔虎左旗	0.0026	0.15	-0.9735	压力小
59	呼伦贝尔市	新巴尔虎右旗	0.0032	0.15	-0.9679	压力小
60	呼伦贝尔市	满洲里市	0.3895	0.50	-0.0263	压力中等
61	呼伦贝尔市	牙克石市	0.0241	0.15	-0.7591	压力小
62	呼伦贝尔市	扎兰屯市	0.0496	0.15	-0.5040	压力小
63	呼伦贝尔市	额尔古纳市	0.0277	0.15	-0.7231	压力小
64	呼伦贝尔市	根河市	0.0226	0.15	-0.7736	压力小
65	巴彦淖尔市	临河区	0.1978	0.50	-0.5056	压力小
66	巴彦淖尔市	五原县	0.2174	0.50	-0.2754	压力中等
67	巴彦淖尔市	磴口县	0.0247	0.40	-0.9176	压力小
68	巴彦淖尔市	乌拉特前旗	0.1251	0.40	-0.5828	压力小
69	巴彦淖尔市	乌拉特中旗	0.0157	0.15	-0.8434	压力小
70	巴彦淖尔市	乌拉特后旗	0.0325	0.15	-0.6749	压力小
71	巴彦淖尔市	杭锦后旗	0.0664	0.40	-0.7787	压力小
72	乌兰察布市	集宁区	0.7908	0.60	0.3179	压力大
73	乌兰察布市	卓资县	0.4371	0.60	0.0926	压力大
74	乌兰察布市	化德县	0.2869	0.25	1.8693	压力大
75	乌兰察布市	商都县	0.2210	0.40	-0.2634	压力中等
76	乌兰察布市	兴和县	0.3799	0.50	0.2664	压力大
77	乌兰察布市	凉城县	0.3119	0.50	0.0396	压力大
78	乌兰察布市	察哈尔右翼前旗	0.3974	0.50	0.3245	压力大
79	乌兰察布市	察哈尔右翼中旗	0.2300	0.25	1.2998	压力大
80	乌兰察布市	察哈尔右翼后旗	0.1729	0.25	0.7295	压力大
81	乌兰察布市	四子王旗	0.0127	0.15	-0.8727	压力小
82	乌兰察布市	丰镇市	0.4624	0.50	-0.0752	压力中等
83	兴安盟	乌兰浩特市	0.1172	0.50	-0.7070	压力小
84	兴安盟	阿尔山市	0.0153	0.15	-0.8470	压力小

续表

序号	盟市	旗县（市、区）	建设用地现状开发程度 P	阈值 T	土地资源压力状态指数 D	压力等级
85	兴安盟	科尔沁右翼前旗	0.0457	0.40	-0.8478	压力小
86	兴安盟	科尔沁右翼中旗	0.0510	0.15	-0.4904	压力小
87	兴安盟	扎赉特旗	0.0548	0.40	-0.8172	压力小
88	兴安盟	突泉县	0.2035	0.50	-0.3215	压力小
89	锡林郭勒盟	二连浩特市	0.0194	0.50	-0.9516	压力小
90	锡林郭勒盟	锡林浩特市	0.0330	0.50	-0.9175	压力小
91	锡林郭勒盟	阿巴嘎旗	0.0037	0.15	-0.9630	压力小
92	锡林郭勒盟	苏尼特左旗	0.0013	0.15	-0.9875	压力小
93	锡林郭勒盟	苏尼特右旗	0.0132	0.15	-0.8676	压力小
94	锡林郭勒盟	东乌珠穆沁旗	0.0044	0.15	-0.9560	压力小
95	锡林郭勒盟	西乌珠穆沁旗	0.0143	0.15	-0.8572	压力小
96	锡林郭勒盟	太仆寺旗	0.1465	0.25	0.4648	压力大
97	锡林郭勒盟	镶黄旗	0.0182	0.15	-0.8182	压力小
98	锡林郭勒盟	正镶白旗	0.0304	0.15	-0.6964	压力小
99	锡林郭勒盟	正蓝旗	0.0178	0.15	-0.8215	压力小
100	锡林郭勒盟	多伦县	0.0639	0.15	-0.3609	压力小
101	阿拉善盟	阿拉善左旗	0.0097	0.15	-0.9026	压力小
102	阿拉善盟	阿拉善右旗	0.0026	0.15	-0.9740	压力小
103	阿拉善盟	额济纳旗	0.0041	0.15	-0.9595	压力小

资料来源：根据《技术方法（试行）》要求计算得到。

三、特征分析

（一）土地建设开发适宜性分析

根据建设用地适宜性的评价结果，内蒙古东部、西部建设用地适宜性较好。通辽市、赤峰市、巴彦淖尔市农田质量较高，不适宜开发的面积比较大。

（二）现状建设开发程度分析

分析现状建设用地与最适宜、基本适宜建设开发土地之间的空间关系，获取全区的土地资源现状开发程度。呼和浩特市、包头市、乌海市现状开发程度比较大，盟市驻地的开发程度较高。

（三）土地资源压力分析

内蒙古有24个旗县（市、区）的土地资源压力大，主要分布在呼和浩特市、包头市、乌海市、乌兰察布市及各盟市驻地；土地资源压力中等的有20个旗县（市、区），主要分布在巴彦淖尔市南部、鄂尔多斯市东部、锡林郭勒盟南部、赤峰市南部；土地资源压力等级为小的有59个旗县（市、区），主要分布在阿拉善盟、鄂尔多斯市、巴彦淖尔市北部、通辽市、兴安盟及呼伦贝尔市。

四、成因解析

建设开发适宜性影响因素较多，而且具有复杂性和系统综合性，限制建设用地开发的主导约束条件各不相同。内蒙古西部地区自然环境以荒漠生态系统为主，建设开发利用率受限制。呼和浩特市地处水源和大青山自然保护区，人口密度较大，建设用地开发比较大，土地资源压力大。乌兰察布市土地沙化比较严重、土地贫瘠；赤峰市、通辽市大部分旗县以农业为主，耕地面积比较多，土地沙漠化面积大，生态环境比较脆弱，土地资源压力大。

五、政策建议

（一）转变内蒙古土地利用方式，明确区域土地利用方向

内蒙古在全国土地利用综合分区中位于西北区和东北区，其土地利用方向与调控政策要求是：合理安排基础设施、生态建设、优势特色产业的用地，重点支持依托中心城市和交通干线的开发；适度增加年均新增建设用地规模，加快城镇工矿建设用地整合，盘活利用存量建设用地，逐步提高土地集约利用水平；加强矿产资源开发，建设国家能源基地；大力推进耕地和基本农田整理和建设，强化天然林和牧草地保护，积极支持沙化、

荒漠化、水土流失、草场退化等土地综合治理，促进可持续发展。

（二）在土地利用中提高土地资源节约集约化水平

严格控制建设用地总量，全区建设用地总量不得突破土地利用总体规划确定的建设用地总规模，坚守耕地红线，提升节约集约用地水平。

（三）协调土地利用与生态环境建设，促进生态文明发展

本书在调查研究和总结经验基础上，进一步完善监管制度，建立促进生态改善、农牧民增收和经济发展的长效机制，巩固生态退耕和退牧还草成果，促进退耕还林和退牧还草地区经济社会可持续发展。推进矿山生态恢复和环境治理，加强对采矿废弃地的复垦利用，在逐步消化历史旧账的同时，及时、全面复垦新增工矿废弃地。加强和改进复垦的生物技术和系统工程，提高土地生态系统自我修复能力。

（四）加强对土地资源质量保护

实行土地保护策略，保护土地质量。在土地利用中要保护整体的土地利用，加强以耕地为基准的土地质量保护，减少水土流失，保障整体水土流失中的土地控制，这样在整体水土流失的建设中，不仅能够维护粮食建设，还能从根本上进行综合性调控，提高经济作物的实用能力，保证农田的整体控制措施，最终要求达到退耕还林、退耕还草、休耕的长远控制土地资源的利用方式。并最终进行综合性调整工作，保证生态环境建设。提高土地利用效率。随着经济的不断增长，我国的耕地质量处于明显下滑趋势，为满足不断增长的人口需要，在整体的生态退耕建设中，集约利用土地、提高耕地的生产水平、加大农田生产建设、提高高质量农田的比例，进行投入使用。改造那些低质量农田，挖掘土地生产能力，并将耕地的再使用以及废弃土地的合理开发等进行综合性的调整工作。

六、评价存在问题与完善建议

内蒙古地处祖国的北疆，东西跨度大，自然地理与社会经济环境差异

大，评价的指标内容具有一定的限制性，如大兴安岭原始森林地区计算结果为适宜建设开发，因此本书对其评价的指标和内容进行了调整和完善，以期达到最佳的评价效果。

第二节　水资源评价

水资源评价主要是表征水资源可支撑经济社会发展的最大负荷。根据《全国水资源承载能力检测预警技术大纲（修订稿）》，本书的水资源承载状况评价采用实物量指标进行单因素评价，评价方法为对照各实物量指标度量标准直接判断其承载状况，评价指标为用水总量指标、地下水开采量指标（评价其超采情况）、水质要素指标。

一、评价方法与指标

（一）数据来源

经济社会发展相关指标数据主要参照《内蒙古统计年鉴 2016》和各盟市 2016 年统计年鉴。内蒙古自治区统计年鉴中成果与各地级市不一致时，以各地级市统计年鉴为准。水资源及其开发利用数据主要来自《内蒙古水资源公报》及附表等，适当考虑城镇、农业等用水统计数据，少量数据来源于补充调查。

（二）评价方法

1. 用水总量指标承载能力核算

（1）用水总量指标分解。

根据《国务院办公厅关于印发实行最严格水资源管理制度考核办法的通知》，《内蒙古自治区行业用水定额标准》《内蒙古自治区水资源费征收标准及相关规定》《内蒙古自治区水功能区划》和《全国地下水污染防治规划》《内蒙古自治区地下水管理办法》《内蒙古以呼包鄂为核心沿黄河沿交通干线经济带重点产业发展规划（2010—2020 年）》和《自治区盟市间黄河干流水权转让试点实施意见（试行）》；《内蒙古自治区节约用水条例》《内蒙古自治区实行最严格水资源管理制度考核办法》《内蒙古西辽河流域水量调度管理办法（试行）》，确立用水效率控制红线，到 2015 年用水效率水平进一步提高，万元工业增加值用水量比 2010 年下降 27%，农田灌溉水有效利用系数提高到 0.501 以上；确立水功能区限制纳污红线，到 2015 年、2020 年和 2030 年重要江河湖泊水功能区水质达标率分别达到 52%、71% 和 95% 以上；确立水资源开发利用控制红线，到 2020 年和 2030 年全区用水总量分别控制在 199 亿立方米（不包括黑河水量，下同）、211.57 亿立方米和 236.25 亿立方米以内，切实保障生态用水，加快地下水超采治理步伐，实现地下水超采区的采补平衡。各盟市的用水总量控制指标（2015 年）如表 3－8 所示。

表 3－8　　内蒙古自治区各旗县最严格水资源管理制度控制指标

序号	盟市名称	县级行政区	用水总量控制指标
1	呼和浩特市	新城区	1.66
2		回民区	1.00
3		玉泉区	0.85
4		赛罕区	0.76
5		土默特左旗	1.54
6		托克托县	0.86
7		和林格尔县	1.28
8		清水河县	1.98
9		武川县	0.73
10	包头市	东河区	2.08
11		昆都仑区	0.54
12		青山区	0.60
13		石拐区	0.49
14		白云鄂博矿区	0.09
15		九原区	0.81
16		土默特右旗	1.79
17		固阳县	1.01
18		达尔罕茂明安联合旗	0.55

续表

序号	盟市名称	县级行政区	用水总量控制指标
19	乌海市	海勃湾区	1.65
20		海南区	0.63
21		乌达区	0.85
22	赤峰市	红山区	1.67
23		元宝山区	1.52
24		松山区	2.69
25		阿鲁科尔沁旗	1.40
26		巴林左旗	1.63
27		巴林右旗	0.86
28		林西县	15.05
29		克什克腾旗	1.78
30		翁牛特旗	2.24
31		喀喇沁旗	1.64
32		宁城县	1.77
33		敖汉旗	2.85
34	通辽市	科尔沁区	8.44
35		科尔沁左翼中旗	1.16
36		科尔沁左翼后旗	4.04
37		开鲁县	3.93
38		库伦旗	2.51
39		奈曼旗	2.88
40		扎鲁特旗	3.00
41		霍林郭勒市	0.81
42	鄂尔多斯市	东胜区	2.96
43		康巴什新区	0
44		达拉特旗	3.84
45		准格尔旗	3.42
46		鄂托克前旗	0.83
47		鄂托克旗	1.03
48		杭锦旗	1.50
49		乌审旗	1.18
50		伊金霍洛旗	1.83

续表

序号	盟市名称	县级行政区	用水总量控制指标
51	呼伦贝尔市	海拉尔区	2.09
52		扎赉诺尔区	0
53		阿荣旗	2.38
54		莫力达瓦达斡尔族自治旗	4.42
55		鄂伦春自治旗	1.90
56		鄂温克族自治旗	1.04
57		陈巴尔虎旗	0.42
58		新巴尔虎左旗	0.31
59		新巴尔虎右旗	0.26
60		满洲里市	2.37
61		牙克石市	2.53
62		扎兰屯市	3.06
63		额尔古纳市	0.60
64		根河市	1.06
65	巴彦淖尔市	临河区	1.27
66		五原县	8.11
67		磴口县	3.36
68		乌拉特前旗	9.62
69		乌拉特中旗	4.10
70		乌拉特后旗	1.70
71		杭锦后旗	8.57
72	乌兰察布市	集宁区	0.72
73		卓资县	0.47
74		化德县	0.38
75		商都县	0.27
76		兴和县	0.73
77		凉城县	1.10
78		察哈尔右翼前旗	0.50
79		察哈尔右翼中旗	0.47
80		察哈尔右翼后旗	0.48
81		四子王旗	2.69
82		丰镇市	0.73

续表

序号	盟市名称	县级行政区	用水总量控制指标
83	兴安盟	乌兰浩特市	4.00
84		阿尔山市	0.40
85		科尔沁右翼前旗	3.20
86		科尔沁右翼中旗	2.80
87		扎赉特旗	4.70
88		突泉县	1.90
89	锡林郭勒盟	二连浩特市	0.21
90		锡林浩特市	1.24
91		阿巴嘎旗	0.30
92		苏尼特左旗	0.23
93		苏尼特右旗	0.46
94		东乌珠穆沁旗	0.55
95		西乌珠穆沁旗	0.54
96		太仆寺旗	1.42
97		镶黄旗	0.21
98		正镶白旗	0.49
99		正蓝旗	0.56
100		多伦县	0.74
101	阿拉善盟	阿拉善左旗	3.27
102		阿拉善右旗	0.55
103		额济纳旗	0.40

资料来源：2015 年各个盟（市）上报至内蒙古水利厅的《内蒙古自治区各旗县用水总量控制指标》。

（2）用水总量指标核算。

根据相关文件，需要结合地区规划未生效工程、外流域调水、地表水挤占、地下水超采情况，对用水总量指标进行核定（见表 3－9）。

表 3-9 用水总量指标核算

序号	盟市	县级行政区	农田灌溉用水量		林牧渔畜用水量		工业用水量		城镇公共用水量		居民生活用水量		生态环境用水量		总用水量	
			小计	地下水	小计	地下水	小计	地下水	小计	地下水	小计	地下水	小计	地下水	合计	地下水
1	呼和浩特市	新城区	0.49	0.39	0.04	0.04	0.20	0.08	0.14	0.10	0.19	0.15	0.06	0.01	1.12	0.78
2		回民区	0.30	0.23	0.03	0.03	0.12	0.05	0.08	0.06	0.12	0.09	0.04	0	0.68	0.47
3		玉泉区	0.25	0.20	0.02	0.02	0.10	0.04	0.07	0.05	0.10	0.08	0.03	0	0.58	0.40
4		赛罕区	0.58	0.46	0.05	0.05	0.24	0.10	0.17	0.12	0.23	0.18	0.07	0.01	1.34	0.92
5		土默特左旗	2.49	1.44	0.12	0.12	0.08	0.07	0.01	0.01	0.09	0.09	0.25	0.01	3.04	1.73
6		托克托县	1.21	0.05	0.08	0.02	0.47	0.03	0.02	0.02	0.04	0.02	0.02	0.02	1.83	0.15
7		和林格尔县	0.65	0.40	0.03	0.03	0.07	0.07	0.01	0.01	0.07	0.07	0.01	0.01	0.84	0.60
8		清水河县	0.22	0.18	0.03	0.02	0.01	0.01	0	0	0.02	0.02	0.03	0.02	0.31	0.25
9		武川县	0.41	0.41	0.02	0.02	0.10	0.10	0.01	0.01	0.06	0.06	0	0	0.60	0.60
10	包头市	东河区	0.18	0.18	0.10	0.06	0.76	0.06	0.06	0.01	0.18	0.04	0.07	0.01	1.35	0.35
11		昆都仑区	0.21	0.21	0.12	0.07	0.91	0.07	0.08	0.01	0.22	0.05	0.09	0.01	1.62	0.42
12		青山区	0.15	0.15	0.08	0.05	0.64	0.05	0.05	0.01	0.15	0.04	0.06	0	1.14	0.30
13		石拐区	0.06	0.06	0	0	0.04	0.04	0.01	0.01	0	0	0	0	0.11	0.11
14		白云鄂博矿区	0.01	0.01	0	0	0.03	0	0	0	0.01	0	0	0	0.06	0.01
15		九原区	0.70	0.32	0.16	0.16	0.02	0.02	0.01	0	0.04	0.02	0	0	0.93	0.51
16		土默特右旗	3.97	0.55	0.17	0.17	0.04	0.03	0.02	0.02	0.05	0.05	0.06	0.06	4.32	0.89
17		固阳县	0.40	0.37	0.04	0.04	0.08	0.08	0	0	0.04	0.04	0.01	0.01	0.57	0.54
18		达尔罕茂明安联合旗	0.13	0.13	0.30	0.30	0.03	0.03	0	0	0.05	0.05	0	0	0.52	0.51

续表

序号	盟市	县级行政区	农田灌溉用水量		林牧渔畜用水量		工业用水量		城镇公共用水量		居民生活用水量		生态环境用水量		总用水量	
			小计	地下水	小计	地下水	小计	地下水	小计	地下水	小计	地下水	小计	地下水	合计	地下水
19	乌海市	海勃湾区	0.29	0.08	0.09	0	0.28	0.10	0.05	0.05	0.18	0.18	0.32	0.06	1.21	0.47
20		海南区	0.31	0	0.04	0	0.30	0.26	0.01	0.01	0.06	0.06	0.16	0.05	0.87	0.38
21		乌达区	0.03	0.02	0.03	0	0.27	0.19	0.01	0.01	0.09	0.09	0.13	0.04	0.56	0.34
22	赤峰市	红山区	0.20	0.12	0.06	0.06	0.29	0.20	0.08	0.08	0.17	0.17	0.04	0.04	0.84	0.66
23		元宝山区	0.67	0.57	0.03	0.03	0.39	0.39	0.06	0.06	0.10	0.10	0.01	0.01	1.25	1.15
24		松山区	1.83	0.98	0.13	0.13	0.04	0.04	0.08	0.08	0.15	0.15	0.03	0.01	2.27	1.39
25		阿鲁科尔沁旗	0.82	0.57	0.46	0.41	0.11	0.11	0.01	0.01	0.07	0.07	0.05	0	1.52	1.17
26		巴林左旗	0.98	0.31	0.15	0.12	0.21	0.21	0.06	0.06	0.08	0.08	0.01	0.01	1.50	0.79
27		巴林右旗	0.79	0.24	0.21	0.06	0.07	0.03	0.02	0.02	0.06	0.06	0.03	0	1.18	0.41
28		林西县	0.90	0.40	0.05	0.04	0.10	0.09	0	0	0.06	0.06	0	0	1.11	0.58
29		克什克腾旗	0.65	0.30	0.30	0.08	0.16	0.12	0.01	0.01	0.07	0.07	0.39	0	1.58	0.58
30		翁牛特旗	2.14	0.57	0.33	0.22	0.14	0.14	0.14	0.14	0.16	0.16	0.15	0.15	3.05	1.37
31		喀喇沁旗	0.52	0.24	0.09	0.07	0.10	0.10	0.03	0.02	0.10	0.10	0.09	0.02	0.93	0.56
32		宁城县	1.03	0.68	0.34	0.07	0.21	0.20	0.08	0.08	0.10	0.10	0	0	1.77	1.13
33		敖汉旗	1.46	0.71	0.14	0.11	0.18	0.18	0.03	0.03	0.11	0.11	0.02	0	1.96	1.14
34	通辽市	科尔沁区	4.00	4.00	0.33	0.33	1.23	1.23	0.13	0.13	0.37	0.37	0.09	0.04	6.14	6.09
35		科尔沁左翼中旗	4.55	4.55	0.35	0.35	0.14	0.14	0.03	0.03	0.12	0.12	0	0	5.20	5.20
36		科尔沁左翼后旗	2.53	2.48	0.45	0.45	0.16	0.16	0.10	0.10	0.11	0.11	0.01	0.01	3.37	3.32
37		开鲁县	3.65	3.65	0.67	0.67	0.07	0.07	0.04	0.04	0.08	0.08	0	0	4.52	4.52
38		库伦旗	0.26	0.14	0.04	0.04	0.08	0.08	0	0	0.02	0.02	0.01	0.01	0.41	0.29
39		奈曼旗	3.52	3.50	0.41	0.41	0.15	0.15	0.06	0.06	0.07	0.07	0.05	0.05	4.26	4.24
40		扎鲁特旗	1.69	1.57	0.56	0.46	0.27	0.27	0.05	0.05	0.08	0.08	0.06	0	2.70	2.42
41		霍林郭勒市	0.01	0.01	0.01	0	0.26	0.16	0.05	0.05	0.05	0.05	0.04	0.02	0.41	0.29

续表

序号	盟市	县级行政区	农田灌溉用水量		林牧渔畜用水量		工业用水量		城镇公共用水量		居民生活用水量		生态环境用水量		总用水量	
			小计	地下水	小计	地下水	小计	地下水	小计	地下水	小计	地下水	小计	地下水	合计	地下水
42	鄂尔多斯市	东胜区	0.03	0.03	0.01	0.01	0.15	0.07	0.03	0.03	0.22	0.22	0.21	0.01	0.65	0.36
43		康巴什新区	0	0	0	0	0	0	0	0	0	0	0	0	0	0
44		达拉特旗	3.17	1.78	0.07	0.05	0.53	0.09	0	0	0.11	0.11	0.01	0.01	3.89	2.03
45		准格尔旗	0.36	0.17	0.07	0.07	0.79	0.21	0.02	0.02	0.11	0.11	0.05	0.05	1.40	0.63
46		鄂托克前旗	0.90	0.85	0.03	0.03	0.03	0.02	0.01	0.01	0.02	0.02	0.04	0.03	1.02	0.95
47		鄂托克旗	1.18	0.99	0.24	0.05	0.43	0.08	0.01	0.01	0.05	0.05	0.06	0	1.96	1.18
48		杭锦旗	2.53	0.39	0.44	0.41	0.03	0.01	0	0	0.03	0.03	0.12	0.12	3.14	0.94
49		乌审旗	1.18	1.01	0.78	0.75	0.25	0.18	0.01	0.01	0.03	0.03	0.07	0.07	2.33	2.06
50		伊金霍洛旗	0.66	0.53	0.18	0.18	0.28	0.21	0.02	0.02	0.08	0.08	0.08	0.03	1.29	1.05
51	呼伦贝尔市	海拉尔区	0.21	0.13	0.03	0.03	0.48	0.45	0.03	0.03	0.12	0.12	0	0	0.88	0.76
52		扎赉诺尔区	0	0	0	0	0	0	0	0	0	0	0	0	0	0
53		阿荣旗	1.05	0.01	0.10	0.08	0.16	0.16	0.03	0.03	0.09	0.09	0	0	1.44	0.39
54		莫力达瓦达斡尔族自治旗	2.16	0.50	0.49	0.06	0.07	0.07	0.01	0.01	0.08	0.08	0.01	0	2.81	0.72
55		鄂伦春自治旗	0	0	0.05	0.05	0.02	0.02	0.05	0.04	0.13	0.12	0	0	0.25	0.23
56		鄂温克族自治旗	0	0	0.21	0.18	0.38	0.31	0.03	0.03	0.05	0.05	0	0	0.66	0.56
57		陈巴尔虎旗	0	0	0.21	0.20	0.53	0.53	0	0	0.02	0.02	0	0	0.77	0.76
58		新巴尔虎左旗	0	0	0.19	0.16	0.04	0.04	0	0	0.01	0.01	5.02	0	5.27	0.21
59		新巴尔虎右旗	0.02	0.01	0.13	0.12	0.17	0.04	0.01	0.01	0.01	0.01	0.02	0.01	0.36	0.20
60		满洲里市	0.12	0.08	0.04	0.03	0.07	0.07	0.04	0.04	0.11	0.11	0.02	0.01	0.41	0.34
61		牙克石市	0.05	0.05	0.14	0.12	0.74	0.74	0.03	0.03	0.13	0.13	0.19	0	1.28	1.07
62		扎兰屯市	0.74	0.13	0.52	0.35	0.20	0.09	0.04	0.03	0.11	0.11	0.01	0	1.62	0.71
63		额尔古纳市	0.11	0.01	0.07	0.06	0.04	0.04	0.01	0.01	0.02	0.02	0	0	0.25	0.13
64		根河市	0.06	0.06	0.04	0.04	0.02	0.02	0.01	0.01	0.05	0.05	0	0	0.19	0.18

续表

序号	盟市	县级行政区	农田灌溉用水量		林牧渔畜用水量		工业用水量		城镇公共用水量		居民生活用水量		生态环境用水量		总用水量	
			小计	地下水	小计	地下水	小计	地下水	小计	地下水	小计	地下水	小计	地下水	合计	地下水
65	巴彦淖尔市	临河区	9.56	0.31	0.69	0.18	0.29	0.28	0.03	0.03	0.18	0.09	0.05	0.02	10.8	0.91
66		五原县	9.84	0.15	0.50	0.12	0.05	0.04	0.01	0.01	0.08	0.08	0.03	0.01	10.52	0.42
67		磴口县	5.61	0.29	0.45	0.11	0.07	0.06	0.01	0.01	0.03	0.03	0.03	0.01	6.20	0.51
68		乌拉特前旗	7.34	1.57	0.88	0.65	0.24	0.20	0.02	0.02	0.07	0.07	0.02	0.01	8.57	2.51
69		乌拉特中旗	3.19	1.34	0.34	0.09	0.10	0.08	0.01	0.01	0.05	0.05	0.02	0	3.72	1.56
70		乌拉特后旗	0.41	0.17	0.27	0.20	0.15	0.10	0.01	0.01	0.02	0.02	0.03	0	0.88	0.50
71		杭锦后旗	9.37	0.33	0.42	0.13	0.08	0.07	0.02	0.02	0.08	0.08	0.04	0.01	9.99	0.64
72	乌兰察布市	集宁区	0.05	0.05	0.01	0.01	0.07	0.02	0.03	0.03	0.09	0.09	0.03	0.03	0.27	0.22
73		卓资县	0.29	0.17	0.04	0.04	0.06	0.06	0.02	0.02	0.04	0.04	0	0	0.46	0.34
74		化德县	0.15	0.15	0	0	0.01	0.01	0	0	0.04	0.04	0	0	0.21	0.21
75		商都县	0.51	0.51	0	0	0.01	0.01	0.01	0.01	0.10	0.10	0.02	0.02	0.64	0.64
76		兴和县	0.52	0.50	0.02	0.02	0.05	0.05	0	0	0.06	0.06	0	0	0.65	0.62
77		凉城县	0.46	0.44	0.02	0.02	0.16	0.05	0	0	0.03	0.03	0	0	0.68	0.55
78		察哈尔右翼前旗	0.40	0.39	0.04	0.04	0.02	0.02	0	0	0.05	0.05	0	0	0.51	0.50
79		察哈尔右翼中旗	0.57	0.57	0.02	0.02	0.01	0.01	0	0	0.02	0.02	0	0	0.62	0.62
80		察哈尔右翼后旗	0.30	0.30	0.04	0.04	0.04	0.04	0	0	0.04	0.04	0	0	0.42	0.42
81		四子王旗	0.59	0.59	0.01	0.01	0.01	0.01	0.01	0.01	0.06	0.06	0.02	0.01	0.70	0.69
82		丰镇市	0.26	0.17	0.05	0.05	0.07	0.07	0.01	0.01	0.09	0.09	0	0	0.48	0.38
83	兴安盟	乌兰浩特市	1.65	0.38	0.03	0.03	0.36	0.36	0.03	0.03	0.07	0.0671	0.04	0.035	2.18	0.91
84		阿尔山市	0.03	0.03	0.03	0.03	0	0	0.03	0.03	0.03	0.03	0.01	0.01	0.13	0.13
85		科尔沁右翼前旗	2.34	0.49	0.20	0.20	0.11	0.11	0.01	0.01	0.05	0.05	0.01	0.01	2.71	0.87
86		科尔沁右翼中旗	1.71	0.71	0.22	0.22	0.11	0.11	0.02	0.02	0.06	0.06	0.01	0.01	2.12	1.12
87		扎赉特旗	3.50	0.95	0.20	0.20	0.20	0.20	0.03	0.03	0.12	0.12	0.50	0	4.55	1.50
88		突泉县	1.09	0.69	0.04	0.04	0.09	0.09	0	0	0.03	0.03	0	0	1.25	0.85

续表

序号	盟市	县级行政区	农田灌溉用水量		林牧渔畜用水量		工业用水量		城镇公共用水量		居民生活用水量		生态环境用水量		总用水量	
			小计	地下水	小计	地下水	小计	地下水	小计	地下水	小计	地下水	小计	地下水	合计	地下水
89	锡林郭勒盟	二连浩特市	0	0	0	0	0.04	0.04	0	0	0.02	0.02	0.02	0	0.08	0.07
90		锡林浩特市	0.01	0.01	0.34	0.33	0.12	0.10	0.05	0.05	0.09	0.09	0.06	0.03	0.66	0.61
91		阿巴嘎旗	0	0	0.09	0.07	0.03	0.03	0	0	0.01	0.01	0	0	0.14	0.12
92		苏尼特左旗	0	0	0.11	0.11	0.02	0.02	0	0	0.01	0.01	0.01	0	0.15	0.14
93		苏尼特右旗	0.01	0.01	0.17	0.17	0.06	0.06	0	0	0.02	0.02	0.02	0.02	0.29	0.29
94		东乌珠穆沁旗	0	0	0.31	0.31	0.17	0.17	0.05	0.05	0.03	0.03	0.14	0.05	0.69	0.60
95		西乌珠穆沁旗	0	0	0.21	0.21	0.09	0.08	0	0	0.03	0.03	0.01	0.01	0.34	0.33
96		太仆寺旗	0.45	0.45	0.04	0.04	0.01	0.01	0	0	0.03	0.03	0	0	0.53	0.53
97		镶黄旗	0	0	0.08	0.08	0.05	0.05	0	0	0	0	0.04	0.04	0.18	0.18
98		正镶白旗	0.02	0.02	0.11	0.11	0.01	0.01	0	0	0.02	0.02	0.02	0.02	0.18	0.18
99		正蓝旗	0.04	0.04	0.26	0.26	0.07	0.01	0	0	0.01	0.01	0	0	0.38	0.32
100		多伦县	0.29	0.29	0.07	0.07	0.10	0.03	0.01	0.01	0.03	0.03	0.10	0	0.59	0.42
101	阿拉善盟	阿拉善左旗	0	0	1.51	1.49	0.30	0.30	0.03	0.03	0.08	0.07	0.05	0.02	1.97	1.90
102		阿拉善右旗	0	0	0.28	0.28	0.07	0.07	0	0	0.01	0.01	0.01	0.01	0.37	0.37
103		额济纳旗	0	0	0.27	0.27	0.05	0.05	0.01	0.01	0.01	0.01	6.47	0	6.81	0.35

资料来源：2015 年各个盟（市）上报至内蒙古水利厅的《水资源公报》。

2. 地下水开采量指标承载能力核算

地下水超采量直接与水资源承载状况密切相关，是评价水资源承载状况的重要参考性因素。根据水利部关于落实《国务院关于实行最严格水资源管理制度的意见》实施方案和《内蒙古自治区实行最严格水资源管理制度考核办法》及《内蒙古自治区地下水管理办法》要求，在全区地下水超采区评价基础上，针对地下水超采区进行地下水禁采区和限采区划分。

划分标准如下：

（1）地下水超采区划分标准。

一是地下水实际开采量超过可开采量，造成地下水水位呈持续下降趋势的区域；二是地下水开采引发了地面沉降、地面塌陷、土裂缝、土地沙化、名泉泉水流量衰减、水质恶化等生态与环境地质问题的区域。

（2）严重超采区划分标准。

依照《地下水超采区评价导则 GB/T 34968－2017》规定，对内蒙古自治区超采区的划分标准是以地下水开采系数为评判指标进行超采区划分。

$$K=\frac{Q_{实开}-Q_{可开}}{Q_{可开}} \tag{3-5}$$

式（3－5）中：

K——年均地下水开采系数；

$Q_{实开}$——评价期内年均地下水实际开采量（万立方米）；

$Q_{可开}$——评价期内年均地下水可开采量（万立方米）。

在地下水超采区中，评价期内年均地下水开采系数 $K>1.3$ 的区域划分为严重超采区，$1<K\leq 1.3$ 的区域划分为一般超采区。

（3）地下水超采区分级。

根据超采区面积大小，将其划分为下列四级：

第一级，地下水超采区面积不小于5000平方千米为特大型地下水超采区；第二级，地下水超采区面积小于5000平方千米且不小于1000平方千米为大型地下水超采区；第三级，地下水超采区面积小于1000平方千米且不小于100平方千米为中型地下水超采区；第四级，地下水超采区面积小于100平方千米为小型地下水超采区。

本次地下水禁采区和限采区划分主要依据《内蒙古自治区地下水超采区评价》成果，同时采用了呼和浩特市水务局2013年完成的呼和浩特市（城区）地下水超采区划分成果。较2010年2月自治区人民政府批复的《内蒙古自治区地下水保护行动计划》中的地下水超采区划分成果减少了2个超采区，一个是鄂尔多斯市东胜区城区超采区，由于东胜区在达拉特旗西柳沟等地建设了新的供水工程，基本替代了城区原有地下水供水水源，供水井基本关闭，因此，此次不再划分为超采区。另一个是由于鄂尔多斯市鄂托克旗赛乌素草业公司超采区和白绒山羊场超采区距离较近，实为一个水文地质单元，经实地核查分析后，合并成为一个地下水超采区。

（三）阈值与重要参数

1. 水量要素评价

根据现状年用水总量、地下水开采量等，进行水量要素评价，划定超标、临界状态、不超标。

（1）单指标评价。

对于用水总量：

$W_0 \leqslant W$ 为超标

$0.95 \times W_0 \leqslant W < W_0$ 为临界状态

$W < 0.95 \times W_0$ 为不超标。

（2）水量要素评价。

超标：任一评价指标为超标[①]；

临界状态：任一评价指标为临界状态；

不超标：任一评价指标均不超标。

2. 地下水超标评价

根据内蒙古自治区实际情况，将地下水超采区、禁采区和限采范围所在旗县划定为超标，并将存在深层承压水开采现象的旗县划定为超标

① 任一指标是指最不利的评价指标：即一个指标为超标、另一个指标为临界状态，则应判定为“超标”。

等级。

3. 水质要素评价

根据水质要素评价标准，对县域进行水质要素评价，划定超标、临界状态、不超标。

（1）将地级行政区范围内跨县域水功能区、水功能区水质达标要求、入河污染物限排量分解到县域单元，并根据“水功能区限制纳污红线”考核目标要求，确定各县域单元水功能区水质达标率控制指标，根据县域各水功能区水质达标情况，评价各县域水功能区水质达标率。如果某一水功能区全部在单个县域内，则该水功能区达标情况直接归到其所属县域内。如果某一水功能区跨过几个县域单元，则需分别按各县域水质监测数据评价该水功能区各县所属部分的水质达标情况。如果各县域缺乏水质监测数据，则各县域需选择合适监测断面，进行补充监测后评价。

（2）县域水资源承载能力水质要素评价标准为：

将各县域水功能区水质达标率 Q 与水功能区水质达标率控制指标 Q_0 按以下比较结果划分评价等级：

$Q \leqslant 0.6 \times Q_0$ 为超标；

$0.6 \times Q_0 < Q \leqslant 0.8 \times Q_0$ 为临界状态；

$Q > 0.8 \times Q_0$ 为不超标。

结合各县域水质现状、废污水排放量、污水处理率等因素对评价结果进行合理性分析。

4. 综合评价

根据水量、水质要素、地下水超标评价结果，评价水资源承载状况，判别标准如下：

（1）超标：水量、水质要素、地下水任一要素为超标；

（2）临界状态：水量、水质要素、地下水任一要素为临界状态；

（3）不超标：水量、水质要素、地下水均不超标。

根据《全国水资源承载能力监测预警技术大纲（修订稿）》，水量要素评价及水质要素评价结果应予以修正，具体修正方法如下。

水量部分：在评价过程中，应根据流域与区域水资源条件、水资源配置能力等实际情况，加强对用水总量指标的复合，部分区域存在用水总量指标分解不平衡问题，不能将全区分解的用水总量指标直接作为水资源承载能力的唯一评判标准。同时，评价成果应与当地地表水、地下水开发利用率进行符合性分析，以免造成评价成果脱离当地实际。

水质部分：县域单元水质要素评价指标可同时采用水功能水质达标率 Q/Q_0 进行评价，对于水功能区水质达标率控制目标偏高或者偏低等造成评价结果与实际不相符的情况，两个指标可互相佐证，合理确定评价结果。

第一，对于人烟稀少区、源头区水质评价结果不合理的情况，由于水质本底条件差，造成水质不达标，而现状污染物入河量远小于限排量的水功能区，可采用化学需氧量（COD）、氨氮排放量这个指标判定评价成果不超标。

第二，对于单个水功能区或单个排污口超限排，影响整个地市评价结果的情况，建议结合水功能区纳污限排空间分布特点和情况，进行评价结果合理性调整，可采用水功能区水质达标率控制指标进行评价，并对单个超限排水功能区和排污口提出调控措施建议。

第三，对于因县域单元水功能区水质达标率控制目标偏高或污染物超限排程度过高导致评价单元超标的情况，县域单元现状年水功能区水质达标率高于90%的，可酌情判定为不超标或临界状态。

第四，对于因县域单元水功能区个数较少，评价结果受个别水功能区影响导致超标的情况，可结合该县域单元其他水功能区水质评价结果，考虑县域单元所在地级市或上下游县域承载状况评价结果，视实际情况酌情调整。按照上述评价方法及《全国水资源承载能力监测预警流域技术工作会会议纪要》评价结果修正方法，逐一分析评价县域单元的水资源承载状况，并结合区域水资源条件、开发利用状况、经济社会发展现状与趋势，分析评价结果的合理性。

二、评价结果

根据上述评价方法，得出以下结果：全区103个旗县（市、区）中，超标区域共计41个旗县（市、区），其余62个旗县（市、区）不超标。

（一）用水总量指标的承载状况评价

将核定后的用水总量指标与评价口径用水总量指标进行对比，判别评价内蒙古各县域单元的水资源承载状况。从旗县（市、区）角度出发，其中25个旗县（市、区）为超标，其他地区皆为不超标。处于超标等级的旗县主要位于重工业区和牧业发达的旗县（见表3－10）。

表3－10　用水总量指标的承载状况评价

序号	盟市名称	县级行政区	用水总量指标（亿立方米）			承载状况
			核定的用水总量	评价口径的现状用水量	用水总量控制指标	
1	呼和浩特市	新城区	1.12	1.14	1.30	不超标
2		回民区	0.68	0.13	0.49	不超标
3		玉泉区	0.58	0.37	0.55	不超标
4		赛罕区	1.34	1.97	3.27	不超标
5		土默特左旗	3.04	3.04	1.50	超标
6		托克托县	1.83	0.94	2.38	不超标
7		和林格尔县	0.84	1.59	2.85	不超标
8		清水河县	0.31	0.33	0.90	不超标
9		武川县	0.60	1.30	1.63	不超标
10	包头市	东河区	1.35	0.60	0.90	不超标
11		昆都仑区	1.62	0.42	0.48	不超标
12		青山区	1.14	0.51	0.50	超标
13		石拐区	0.11	0.11	0.07	超标
14		白云鄂博矿区	0.06	0.06	0.42	超标
15		九原区	0.93	0.93	1.00	不超标
16		土默特右旗	4.32	3.88	3.84	超标
17		固阳县	0.57	0.33	3.36	不超标
18		达尔罕茂明安联合旗	0.52	0.52	2.08	不超标
19	乌海市	海勃湾区	1.21	1.20	0.60	超标
20		海南区	0.87	0.87	0.55	超标
21		乌达区	0.56	0.56	0.40	超标

续表

序号	盟市名称	县级行政区	用水总量指标（亿立方米）			
			核定的用水总量	评价口径的现状用水量	用水总量控制指标	承载状况
22	赤峰市	红山区	0. 84	0. 84	0. 20	超标
23		元宝山区	1. 25	1. 25	0. 20	超标
24		松山区	2. 27	2. 27	2. 90	不超标
25		阿鲁科尔沁旗	1. 52	1. 52	1. 96	不超标
26		巴林左旗	1. 50	1. 01	1. 20	不超标
27		巴林右旗	1. 18	1. 18	1. 24	不超标
28		林西县	1. 11	1. 11	1. 21	不超标
29		克什克腾旗	1. 58	1. 58	1. 73	不超标
30		翁牛特旗	3. 05	3. 05	3. 06	不超标
31		喀喇沁旗	0. 93	0. 54	1. 01	不超标
32		宁城县	1. 77	1. 21	1. 50	不超标
33		敖汉旗	1. 96	1. 96	2. 09	不超标
34	通辽市	科尔沁区	6. 14	6. 10	6. 89	不超标
35		科尔沁左翼中旗	5. 20	5. 20	5. 43	不超标
36		科尔沁左翼后旗	3. 37	3. 37	4. 24	不超标
37		开鲁县	4. 52	4. 50	5. 03	不超标
38		库伦旗	0. 41	0. 40	0. 92	不超标
39		奈曼旗	4. 26	4. 20	4. 32	不超标
40		扎鲁特旗	2. 70	2. 70	3. 62	不超标
41		霍林郭勒市	0. 41	0. 76	0. 70	超标
42	鄂尔多斯市	东胜区	0. 65	0. 27	0. 72	超标
43		康巴什新区	0. 93	0. 93	1. 00	不超标
44		达拉特旗	3. 89	3. 89	4. 00	不超标
45		准格尔旗	1. 40	1. 40	4. 80	不超标
46		鄂托克前旗	1. 02	1. 02	2. 50	超标
47		鄂托克旗	1. 96	1. 96	5. 00	超标
48		杭锦旗	3. 14	3. 14	3. 49	不超标
49		乌审旗	2. 33	2. 33	0. 20	超标
50		伊金霍洛旗	3. 37	3. 37	4. 04	不超标

续表

序号	盟市名称	县级行政区	用水总量指标（亿立方米）			
			核定的用水总量	评价口径的现状用水量	用水总量控制指标	承载状况
51	呼伦贝尔市	海拉尔区	0.88	0.88	1.25	不超标
52		扎赉诺尔区	1.58	1.58	1.40	超标
53		阿荣旗	1.44	1.44	2.01	不超标
54		莫力达瓦达斡尔族自治旗	2.81	2.81	3.11	不超标
55		鄂伦春自治旗	0.25	0.25	0.41	不超标
56		鄂温克族自治旗	0.66	0.64	0.92	不超标
57		陈巴尔虎旗	0.77	0.77	1.11	不超标
58		新巴尔虎左旗	5.27	0.25	0.35	不超标
59		新巴尔虎右旗	0.36	0.36	0.62	不超标
60		满洲里市	0.41	3.56	0.65	超标
61		牙克石市	1.28	1.28	1.95	不超标
62		扎兰屯市	1.62	1.64	2.21	不超标
63		额尔古纳市	0.25	0.25	0.41	不超标
64		根河市	0.19	0.19	0.31	不超标
65	巴彦淖尔市	临河区	10.80	10.80	9.27	超标
66		五原县	10.80	10.80	14.49	不超标
67		磴口县	6.20	6.20	6.69	不超标
68		乌拉特前旗	8.57	8.57	8.69	不超标
69		乌拉特中旗	3.72	0.29	0.46	不超标
70		乌拉特后旗	0.88	0.15	0.23	不超标
71		杭锦后旗	9.99	0.52	1.42	不超标
72	乌兰察布市	集宁区	0.27	1.25	3.19	不超标
73		卓资县	0.46	0.43	0.50	不超标
74		化德县	0.21	1.50	1.50	超标
75		商都县	0.64	0.70	0.60	超标
76		兴和县	0.65	0.65	3.50	不超标
77		凉城县	0.68	0.68	0.50	超标
78		察哈尔右翼前旗	0.51	0.51	1.70	不超标
79		察哈尔右翼中旗	0.62	0.62	8.50	不超标
80		察哈尔右翼后旗	0.42	0.42	3.90	不超标
81		四子王旗	2.18	2.18	3.35	不超标
82		丰镇市	2.33	2.33	2.50	不超标

续表

序号	盟市名称	县级行政区	用水总量指标（亿立方米）			
			核定的用水总量	评价口径的现状用水量	用水总量控制指标	承载状况
83	兴安盟	乌兰浩特市	2.18	2.18	4.00	不超标
84		阿尔山市	0.13	0.13	0.40	不超标
85		科尔沁右翼前旗	2.71	2.71	3.20	不超标
86		科尔沁右翼中旗	2.12	2.12	2.80	不超标
87		扎赉特旗	4.55	4.55	4.70	不超标
88		突泉县	1.25	1.25	1.90	不超标
89	锡林郭勒盟	二连浩特市	0.08	0.08	0.01	超标
90		锡林浩特市	0.66	0.66	0.50	超标
91		阿巴嘎旗	0.14	0.14	0.73	不超标
92		苏尼特左旗	0.15	0.15	1.20	不超标
93		苏尼特右旗	0.29	0.29	1.36	不超标
94		东乌珠穆沁旗	0.69	0.69	0.60	不超标
95		西乌珠穆沁旗	0.34	0.34	1.52	不超标
96		太仆寺旗	0.53	0.53	0.60	不超标
97		镶黄旗	0.18	0.18	4.10	不超标
98		正镶白旗	0.18	0.18	3.06	不超标
99		正蓝旗	0.38	0.38	3.00	不超标
100		多伦县	0.59	0.59	0.60	不超标
101	阿拉善盟	阿拉善左旗	1.97	1.97	1.00	超标
102		阿拉善右旗	0.37	0.37	0.10	超标
103		额济纳旗	6.81	6.34	6.47	不超标

资料来源：2015 年各个盟（市）上报至内蒙古水利厅的《水资源公报》。

（二）地下水总体评价

根据《内蒙古自治区人民政府关于公布自治区地下水超采区及禁采区和限采范围的通知》及实地调研情况可知，全区现有地下水超采区的地下水超采问题基本得到了控制，地下水位总体较为稳定或有所回升。根据2015 年地下水开采现状，获取内蒙古地下水评价结果如表 3－11 所示。其中深层超采旗县（市、区）个数为 18 个。而存在地下水过度开采的旗县

（市、区）为33个，即存在深层超采现象又存在地下水过度开采的旗县（市、区）共计15个。主要是位于呼和浩特市和巴彦淖尔境内。总体上内蒙古自治区处于超标等级的旗县（市、区）有35个。

表3-11　　地下水开采量指标的承载状况评价

序号	盟市名称	县级行政区	深层承压水开采量（亿立方米）	存在深层承压水开采量	存在地下水过度开采	地下水总体评价
1	呼和浩特市	新城区	0.20	超标	超标	超标
2		回民区	0.20	超标	超标	超标
3		玉泉区	0.20	超标	超标	超标
4		赛罕区	0.20	超标	超标	超标
5		土默特左旗	0	不超标	超标	超标
6		托克托县	0	不超标	不超标	不超标
7		和林格尔县	0	不超标	不超标	不超标
8		清水河县	0	不超标	不超标	不超标
9		武川县	0	不超标	不超标	不超标
10	包头市	东河区	0	不超标	不超标	不超标
11		昆都仑区	0	不超标	超标	超标
12		青山区	0.07	超标	不超标	超标
13		石拐区	0	不超标	不超标	不超标
14		白云鄂博矿区	0.42	超标	不超标	超标
15		九原区	0	不超标	超标	超标
16		土默特右旗	0	不超标	超标	超标
17		固阳县	0	不超标	不超标	不超标
18		达尔罕茂明安联合旗	0	不超标	不超标	不超标
19	乌海市	海勃湾区	0	不超标	超标	超标
20		海南区	0	不超标	不超标	不超标
21		乌达区	0.40	超标	超标	超标
22	赤峰市	红山区	0	不超标	超标	超标
23		元宝山区	0.16	超标	超标	超标
24		松山区	0.70	超标	超标	超标
25		阿鲁科尔沁旗	0	不超标	不超标	不超标
26		巴林左旗	0	不超标	不超标	不超标
27		巴林右旗	0	不超标	不超标	不超标

续表

序号	盟市名称	县级行政区	深层承压水开采量（亿立方米）	存在深层承压水开采量	存在地下水过度开采	地下水总体评价
28	赤峰市	林西县	0	不超标	不超标	不超标
29		克什克腾旗	0	不超标	不超标	不超标
30		翁牛特旗	0	不超标	不超标	不超标
31		喀喇沁旗	0	不超标	不超标	不超标
32		宁城县	0	不超标	不超标	不超标
33		敖汉旗	0	不超标	不超标	不超标
34	通辽市	科尔沁区	0.15	超标	超标	超标
35		科尔沁左翼中旗	0	不超标	不超标	不超标
36		科尔沁左翼后旗	0	不超标	不超标	不超标
37		开鲁县	0	不超标	不超标	不超标
38		库伦旗	0	不超标	不超标	不超标
39		奈曼旗	0	不超标	不超标	不超标
40		扎鲁特旗	0	不超标	不超标	不超标
41		霍林郭勒市	0	不超标	超标	超标
42	鄂尔多斯市	东胜区	0	不超标	不超标	不超标
43		康巴什新区	0	不超标	不超标	不超标
44		达拉特旗	0	不超标	超标	超标
45		准格尔旗	0	不超标	不超标	不超标
46		鄂托克前旗	0	不超标	超标	超标
47		鄂托克旗	0	不超标	超标	超标
48		杭锦旗	0	不超标	不超标	不超标
49		乌审旗	0	不超标	超标	超标
50		伊金霍洛旗	0	不超标	不超标	不超标
51	呼伦贝尔市	海拉尔区	0	不超标	不超标	不超标
52		扎赉诺尔区	0	不超标	超标	超标
53		阿荣旗	0	不超标	不超标	不超标
54		莫力达瓦达斡尔族自治旗	0	不超标	不超标	不超标
55		鄂伦春自治旗	0	不超标	不超标	不超标
56		鄂温克族自治旗	0	不超标	不超标	不超标
57		陈巴尔虎旗	0	不超标	不超标	不超标

续表

序号	盟市名称	县级行政区	深层承压水开采量（亿立方米）	存在深层承压水开采量	存在地下水过度开采	地下水总体评价
58	呼伦贝尔市	新巴尔虎左旗	0	不超标	不超标	不超标
59		新巴尔虎右旗	0	不超标	不超标	不超标
60		满洲里市	0. 12	超标	超标	超标
61		牙克石市	0	不超标	不超标	不超标
62		扎兰屯市	0	不超标	不超标	不超标
63		额尔古纳市	0	不超标	不超标	不超标
64		根河市	0	不超标	不超标	不超标
65	巴彦淖尔市	临河区	0	不超标	超标	超标
66		五原县	0	不超标	不超标	不超标
67		磴口县	0	不超标	不超标	不超标
68		乌拉特前旗	0. 12	超标	超标	超标
69		乌拉特中旗	0. 15	超标	超标	超标
70		乌拉特后旗	0. 16	超标	超标	超标
71		杭锦后旗	0. 12	超标	超标	超标
72	乌兰察布市	集宁区	0. 07	超标	不超标	超标
73		卓资县	0	不超标	不超标	不超标
74		化德县	0	不超标	超标	超标
75		商都县	0	不超标	超标	超标
76		兴和县	0	不超标	不超标	不超标
77		凉城县	0	不超标	超标	超标
78		察哈尔右翼前旗	0	不超标	不超标	不超标
79		察哈尔右翼中旗	0	不超标	不超标	不超标
80		察哈尔右翼后旗	0	不超标	不超标	不超标
81		四子王旗	0. 21	超标	超标	超标
82		丰镇市	0	不超标	不超标	不超标
83	兴安盟	乌兰浩特市	0. 25	超标	不超标	超标
84		阿尔山市	0	不超标	不超标	不超标
85		科尔沁右翼前旗	0	不超标	不超标	不超标
86		科尔沁右翼中旗	0	不超标	不超标	不超标
87		扎赉特旗	0	不超标	不超标	不超标
88		突泉县	0	不超标	不超标	不超标

续表

序号	盟市名称	县级行政区	深层承压水开采量（亿立方米）	存在深层承压水开采量	存在地下水过度开采	地下水总体评价
89	锡林郭勒盟	二连浩特市	0	不超标	不超标	不超标
90		锡林浩特市	0.32	超标	超标	超标
91		阿巴嘎旗	0	不超标	不超标	不超标
92		苏尼特左旗	0	不超标	不超标	不超标
93		苏尼特右旗	0	不超标	不超标	不超标
94		东乌珠穆沁旗	0	不超标	不超标	不超标
95		西乌珠穆沁旗	0	不超标	不超标	不超标
96		太仆寺旗	0	不超标	不超标	不超标
97		镶黄旗	0	不超标	不超标	不超标
98		正镶白旗	0	不超标	不超标	不超标
99		正蓝旗	0	不超标	不超标	不超标
100		多伦县	0	不超标	不超标	不超标
101	阿拉善盟	阿拉善左旗	0	不超标	超标	不超标
102		阿拉善右旗	0	不超标	超标	超标
103		额济纳旗	0	不超标	不超标	不超标

资料来源：2015 年各个盟（市）上报至内蒙古水利厅的《水资源公报》及《内蒙古自治区超采区禁采区限采区划》。

（三）水质要素承载状况评价

根据 2015 年现状水质达标率，可得到内蒙古各县域单元的水质要素评价结果，如表 3－12 所示。由表 3－12 可知内蒙古水质超标主要是位于包头市和鄂尔多斯市，旗县（市、区）个数分别为 5 个和 2 个。

表 3－12　县域单元水质要素评价结果　单位：%

序号	盟市名称	县级行政区	水质达标率	水质达标率控制指标	评价等级
1	呼和浩特市	新城区	100.00	100.00	不超标
2		回民区	89.00	80.00	不超标
3		玉泉区	100.00	100.00	不超标
4		赛罕区	100.00	100.00	不超标
5		土默特左旗	60.00	60.00	不超标
6		托克托县	60.00	60.00	不超标
7		和林格尔县	70.00	60.00	不超标
8		清水河县	90.00	90.00	不超标
9		武川县	70.00	90.00	不超标

续表

序号	盟市名称	县级行政区	水质达标率	水质达标率控制指标	评价等级
10	包头市	东河区	25.00	100.00	超标
11		昆都仑区	36.00	100.00	超标
12		青山区	35.00	100.00	超标
13		石拐区	30.00	100.00	超标
14		白云鄂博矿区	30.00	100.00	不超标
15		九原区	60.00	100.00	超标
16		土默特右旗	71.00	75.00	不超标
17		固阳县	81.00	100.00	不超标
18		达尔罕茂明安联合旗	50.00	60.00	不超标
19	乌海市	海勃湾区	100.00	100.00	不超标
20		海南区	100.00	100.00	不超标
21		乌达区	100.00	100.00	不超标
22	赤峰市	红山区	100.00	100.00	不超标
23		元宝山区	100.00	100.00	不超标
24		松山区	65.00	70.00	不超标
25		阿鲁科尔沁旗	60.00	75.00	不超标
26		巴林左旗	64.00	75.00	不超标
27		巴林右旗	65.00	75.00	不超标
28		林西县	100.00	100.00	不超标
29		克什克腾旗	57.00	50.00	不超标
30		翁牛特旗	54.00	50.00	不超标
31		喀喇沁旗	67.00	50.00	不超标
32		宁城县	64.00	60.00	不超标
33		敖汉旗	93.00	75.00	不超标
34	通辽市	科尔沁区	80.00	80.00	不超标
35		科尔沁左翼中旗	79.00	75.00	不超标
36		科尔沁左翼后旗	80.00	75.00	不超标
37		开鲁县	73.00	75.00	不超标
38		库伦旗	75.00	75.00	不超标
39		奈曼旗	50.00	50.00	不超标
40		扎鲁特旗	79.00	75.00	不超标
41		霍林郭勒市	80.00	80.00	不超标

续表

序号	盟市名称	县级行政区	水质达标率	水质达标率控制指标	评价等级
42	鄂尔多斯市	东胜区	75.00	100.00	超标
43		康巴什新区	75.00	100.00	超标
44		达拉特旗	100.00	100.00	不超标
45		准格尔旗	82.00	80.00	不超标
46		鄂托克前旗	100.00	100.00	不超标
47		鄂托克旗	50.00	50.00	不超标
48		杭锦旗	100.00	100.00	不超标
49		乌审旗	77.00	75.00	不超标
50		伊金霍洛旗	74.00	30.00	不超标
51	呼伦贝尔市	海拉尔区	100.00	100.00	不超标
52		扎赉诺尔区	100.00	100.00	不超标
53		阿荣旗	78.00	75.00	不超标
54		莫力达瓦达斡尔族自治旗	66.00	70.00	不超标
55		鄂伦春自治旗	100.00	100.00	不超标
56		鄂温克族自治旗	100.00	100.00	不超标
57		陈巴尔虎旗	81.00	90.00	不超标
58		新巴尔虎左旗	100.00	100.00	不超标
59		新巴尔虎右旗	100.00	100.00	不超标
60		满洲里市	100.00	100.00	不超标
61		牙克石市	75.00	75.00	不超标
62		扎兰屯市	73.00	70.00	不超标
63		额尔古纳市	100.00	100.00	不超标
64		根河市	100.00	100.00	不超标
65	巴彦淖尔市	临河区	100.00	100.00	不超标
66		五原县	100.00	100.00	不超标
67		磴口县	63.00	75.00	不超标
68		乌拉特前旗	57.00	50.00	不超标
69		乌拉特中旗	92.00	90.00	不超标
70		乌拉特后旗	100.00	100.00	不超标
71		杭锦后旗	100.00	100.00	不超标

续表

序号	盟市名称	县级行政区	水质达标率	水质达标率控制指标	评价等级
72	乌兰察布市	集宁区	75.00	85.00	不超标
73		卓资县	67.00	60.00	不超标
74		化德县	100.00	100.00	不超标
75		商都县	100.00	100.00	不超标
76		兴和县	68.00	60.00	不超标
77		凉城县	82.00	80.00	不超标
78		察哈尔右翼前旗	78.00	80.00	不超标
79		察哈尔右翼中旗	78.00	80.00	不超标
80		察哈尔右翼后旗	100.00	100.00	不超标
81		四子王旗	100.00	100.00	不超标
82		丰镇市	76.00	75.00	不超标
83	兴安盟	乌兰浩特市	83.00	80.00	不超标
84		阿尔山市	100.00	100.00	不超标
85		科尔沁右翼前旗	75.00	85.00	不超标
86		科尔沁右翼中旗	70.00	70.00	不超标
87		扎赉特旗	82.00	80.00	不超标
88		突泉县	56.00	50.00	不超标
89	锡林郭勒盟	二连浩特市	100.00	100.00	不超标
90		锡林浩特市	100.00	100.00	不超标
91		阿巴嘎旗	100.00	100.00	不超标
92		苏尼特左旗	100.00	100.00	不超标
93		苏尼特右旗	71.00	60.00	不超标
94		东乌珠穆沁旗	50.00	50.00	不超标
95		西乌珠穆沁旗	67.00	60.00	不超标
96		太仆寺旗	100.00	100.00	不超标
97		镶黄旗	100.00	100.00	不超标
98		正镶白旗	100.00	100.00	不超标
99		正蓝旗	100.00	100.00	不超标
100		多伦县	92.00	95.00	不超标
101	阿拉善盟	阿拉善左旗	75.00	70.00	不超标
102		阿拉善右旗	67.00	65.00	不超标
103		额济纳旗	100.00	100.00	不超标

注：表内数据根据《技术方法（试行）》要求计算得到。

（四）水资源承载状况综合评价

以最严格的水资源管理“三条红线”——用水总量指标、地下水指标及水质要素指标为基准，进行内蒙古县域单元水资源承载状况评价。从县域单元承载状况评价成果可以看出（见表3－13），全区103个县域单元有41个旗县（市、区）为超标状态，占全区总旗县（市、区）个数的39.8%，其中除了兴安盟以外，其他11个盟（市）皆分布着超标旗县，其中呼包鄂经济区总计18个旗县（市、区）处于超标等级，所占比重高达超标旗县（市、区）的41.90%，说明了内蒙古地区水资源承载能力主要还是受经济发展和水资源匮乏的影响，而其他西部地区超标主要原因是由于水资源总量较少，导致该地区存在地下水超采现象。

表3－13　　　　水资源承载状况综合评价

序号	盟市名称	县级行政区	用水总量评价	水质要素评价	地下水总体评价	水资源综合评价
1	呼和浩特市	新城区	不超标	不超标	超标	超标
2		回民区	不超标	不超标	超标	超标
3		玉泉区	不超标	不超标	超标	超标
4		赛罕区	不超标	不超标	超标	超标
5		土默特左旗	超标	不超标	超标	超标
6		托克托县	不超标	不超标	不超标	不超标
7		和林格尔县	不超标	不超标	不超标	不超标
8		清水河县	不超标	不超标	不超标	不超标
9		武川县	不超标	不超标	不超标	不超标
10	包头市	东河区	不超标	超标	不超标	超标
11		昆都仑区	不超标	超标	超标	超标
12		青山区	超标	超标	超标	超标
13		石拐区	超标	超标	不超标	超标
14		白云鄂博矿区	超标	不超标	超标	超标
15		九原区	不超标	超标	超标	超标
16		土默特右旗	超标	不超标	超标	超标
17		固阳县	不超标	不超标	不超标	不超标
18		达尔罕茂明安联合旗	不超标	不超标	不超标	不超标

续表

序号	盟市名称	县级行政区	用水总量评价	水质要素评价	地下水总体评价	水资源综合评价
19	乌海市	海勃湾区	超标	不超标	超标	超标
20		海南区	超标	不超标	不超标	不超标
21		乌达区	超标	不超标	超标	超标
22	赤峰市	红山区	超标	不超标	超标	超标
23		元宝山区	超标	不超标	超标	超标
24		松山区	不超标	不超标	超标	超标
25		阿鲁科尔沁旗	不超标	不超标	不超标	不超标
26		巴林左旗	不超标	不超标	不超标	不超标
27		巴林右旗	不超标	不超标	不超标	不超标
28		林西县	不超标	不超标	不超标	不超标
29		克什克腾旗	不超标	不超标	不超标	不超标
30		翁牛特旗	不超标	不超标	不超标	不超标
31		喀喇沁旗	不超标	不超标	不超标	不超标
32		宁城县	不超标	不超标	不超标	不超标
33		敖汉旗	不超标	不超标	不超标	不超标
34	通辽市	科尔沁区	不超标	不超标	超标	超标
35		科尔沁左翼中旗	不超标	不超标	不超标	不超标
36		科尔沁左翼后旗	不超标	不超标	不超标	不超标
37		开鲁县	不超标	不超标	不超标	不超标
38		库伦旗	不超标	不超标	不超标	不超标
39		奈曼旗	不超标	不超标	不超标	不超标
40		扎鲁特旗	不超标	不超标	不超标	不超标
41		霍林郭勒市	超标	不超标	超标	超标
42	鄂尔多斯市	东胜区	不超标	超标	不超标	超标
43		康巴什新区	不超标	超标	不超标	超标
44		达拉特旗	不超标	不超标	超标	超标
45		准格尔旗	不超标	不超标	不超标	不超标
46		鄂托克前旗	超标	不超标	超标	超标
47		鄂托克旗	超标	不超标	超标	超标
48		杭锦旗	不超标	不超标	不超标	不超标
49		乌审旗	超标	不超标	超标	超标
50		伊金霍洛旗	不超标	不超标	不超标	不超标

续表

序号	盟市名称	县级行政区	用水总量评价	水质要素评价	地下水总体评价	水资源综合评价
51	呼伦贝尔市	海拉尔区	不超标	不超标	不超标	不超标
52		扎赉诺尔区	超标	不超标	超标	超标
53		阿荣旗	不超标	不超标	不超标	不超标
54		莫力达瓦达斡尔族自治旗	不超标	不超标	不超标	不超标
55		鄂伦春自治旗	不超标	不超标	不超标	不超标
56		鄂温克族自治旗	不超标	不超标	不超标	不超标
57		陈巴尔虎旗	不超标	不超标	不超标	不超标
58		新巴尔虎左旗	不超标	不超标	不超标	不超标
59		新巴尔虎右旗	不超标	不超标	不超标	不超标
60		满洲里市	超标	不超标	超标	超标
61		牙克石市	不超标	不超标	不超标	不超标
62		扎兰屯市	不超标	不超标	不超标	不超标
63		额尔古纳市	不超标	不超标	不超标	不超标
64		根河市	不超标	不超标	不超标	不超标
65	巴彦淖尔市	临河区	超标	不超标	超标	超标
66		五原县	不超标	不超标	不超标	不超标
67		磴口县	不超标	不超标	不超标	不超标
68		乌拉特前旗	不超标	不超标	超标	超标
69		乌拉特中旗	不超标	不超标	超标	超标
70		乌拉特后旗	不超标	不超标	超标	超标
71		杭锦后旗	不超标	不超标	超标	超标
72	乌兰察布市	集宁区	不超标	不超标	超标	超标
73		卓资县	不超标	不超标	不超标	不超标
74		化德县	超标	不超标	超标	超标
75		商都县	超标	不超标	超标	超标
76		兴和县	不超标	不超标	不超标	不超标
77		凉城县	超标	不超标	超标	超标
78		察哈尔右翼前旗	不超标	不超标	不超标	不超标
79		察哈尔右翼中旗	不超标	不超标	不超标	不超标
80		察哈尔右翼后旗	不超标	不超标	不超标	不超标
81		四子王旗	不超标	不超标	超标	超标
82		丰镇市	不超标	不超标	不超标	不超标

续表

序号	盟市名称	县级行政区	用水总量评价	水质要素评价	地下水总体评价	水资源综合评价
83	兴安盟	乌兰浩特市	不超标	不超标	不超标	不超标
84		阿尔山市	不超标	不超标	不超标	不超标
85		科尔沁右翼前旗	不超标	不超标	不超标	不超标
86		科尔沁右翼中旗	不超标	不超标	不超标	不超标
87		扎赉特旗	不超标	不超标	不超标	不超标
88		突泉县	不超标	不超标	不超标	不超标
89	锡林郭勒盟	二连浩特市	超标	不超标	不超标	超标
90		锡林浩特市	超标	不超标	超标	超标
91		阿巴嘎旗	不超标	不超标	不超标	不超标
92		苏尼特左旗	不超标	不超标	不超标	不超标
93		苏尼特右旗	不超标	不超标	不超标	不超标
94		东乌珠穆沁旗	不超标	不超标	不超标	不超标
95		西乌珠穆沁旗	不超标	不超标	不超标	不超标
96		太仆寺旗	不超标	不超标	不超标	不超标
97		镶黄旗	不超标	不超标	不超标	不超标
98		正镶白旗	不超标	不超标	不超标	不超标
99		正蓝旗	不超标	不超标	不超标	不超标
100		多伦县	不超标	不超标	不超标	不超标
101	阿拉善盟	阿拉善左旗	超标	不超标	不超标	超标
102		阿拉善右旗	超标	不超标	超标	超标
103		额济纳旗	不超标	不超标	不超标	不超标

三、特征分析

资源环境承载力强弱与区域产业结构、土地利用方式和农牧业耗水量有关，从空间分布上看，全区水资源承载能力的空间分布与水资源量的空间分布上较为一致，水资源超标主要有三个原因：一是水资源总量较少，用水只能通过区外调水和深层地下水开采，造成水资源短缺的地区出现超标或者严重超标现象；二是农业以需水量较大的春玉米和小麦为主；三是人口和城市化速率，城市化越高，城市居民生活用水量越大，社会经济水平越高的地区，水资源压力越大。

截至2016年，依据各旗县上报至自治区水利厅《水资源公报》数据，全区各盟市水资源结构和用水量特征分析如下：

呼和浩特市用水特征：呼和浩特市用水量主要是以地下水为主，占用水总量的57%以上，与内蒙古自治区东北部相比，地下水用水总量所占比重较大，武川县地下用水总量占全县用水总量的99.75%，其中托克托县主要以地表水为主要用水量来源，土默特左旗的农业用水量占该旗用水总量的82%，用水总量高达3.04亿立方米。其中城镇用水和农村用水主要供水量主要来自地下水。呼和浩特市除了托克托县、和林格尔县、清水河县和武川县以外，其他地区皆有深层水开采情况，说明该地区超标现象严重。

包头市用水特征：包头市用水量为10.61亿立方米，其中地下水所占比例较小，占用水总量的34.26%，和内蒙古自治区东北部相比，地下水用水总量所占比重相当，其中石拐区地下用水总量占该地区用水总量的100%，主要是地下水为主要用水量来源，土默特右旗的农业用水量占该旗用水总量的92%，用水总量高达3.97亿立方米，包头市所辖范围内昆都仑区、九原区和土默特右旗皆有深层水开采情况，说明上述地区有超标现象。

乌海市用水特征：乌海市用水量为2.64亿立方米，其中地下用水量为1.19亿立方米，占全市用水总量的45.01%，主要用水为工业用水和农业用水，分别为0.85亿立方米和0.63亿立方米。其中供水主要来自提水和浅层水。

赤峰市用水特征：赤峰市用水量为18.94亿立方米，其中地下用水量为10.94亿立方米，占全区用水总量的57.77%，主要用水为工业用水和农业用水，分别为12.00亿立方米和2.28亿立方米。翁牛特旗、敖汉旗的农业用水量位居赤峰市前两位。其中供水主要来自提水和浅层水，其中翁牛特旗引水量高达1.6817亿立方米。

通辽市用水特征：通辽市用水量主要是以地下水为主，占用水总量的97.63%，和内蒙古自治区东北部相比，地下水用水总量所占比重较大，开鲁县和科尔沁左翼中旗的地下用水总量全部来自地下水，其中奈曼旗、开鲁县及科尔沁左翼后旗主要是地下水为主要用水量来源，农业用水量高达20.21亿立方米。水源主要是来自蓄水、引水及浅层水。

鄂尔多斯市用水特征：用水量为15.68亿立方米，其中地下用水量为9.21亿立方米，占全区用水总量的58.73%，农业用水量高达10.01亿立方米。其中乌审旗、准格尔旗存在深层地下水开采现象。

呼伦贝尔市用水特征：用水量为15.68亿立方米，其中地下用水量为9.21亿立方米，占全区用水总量的58.73%，农业用水量高达10.01亿立方米。

巴彦淖尔市用水特征：用水量为50.67亿立方米，其中地下用水量为9.21亿立方米，占全区用水总量的58.73%，农业用水量高达10.01亿立方米。其中乌拉特前旗、乌拉特中旗、乌拉特后旗、杭锦后旗存在着超采现象。

乌兰察布市用水特征：用水量为5.63亿立方米，其中地下用水量为5.19亿立方米，占全区用水总量的92.13%，农业用水量高达4.09亿立方米。其中集宁区和四子王旗存在深层地下水开采现象。

兴安盟用水特征：用水量为12.95亿立方米，其中地下用水量为5.38亿立方米，占全区用水总量的41.56%，农业用水量高达10.32亿立方米。水源主要是来自蓄水、引水及浅层水。

锡林郭勒盟用水特征：用水量为4.60亿立方米，其中地下用水量为3.62亿立方米，占全区用水总量的78.40%，林牧渔畜用水量高达1.6824亿立方米。其中锡林浩特市存在深层地下水开采现象。

阿拉善盟用水特征：用水量为9.15亿立方米，其中地下用水量为2.61亿立方米，占全区用水总量的28.54%，林牧渔畜用水量高达2.0633亿立方米。其中额济纳旗生态用水量高达6.47亿立方米。

四、成因解析

水资源承载能力是多个因素造成的结果，可以从自然因素和人为因素，例如，水资源利用率，人口分布特征、产业结构等角度出发进行超标成因的分析。空间水资源量和水资源利用率在空间上存在着不均衡现象，并且工农牧业需水量迅速增加，尤其是锡林郭勒盟、呼伦贝尔市和乌海市等个别旗县存在着和以矿产资源开采、煤电化工产品为支柱产业的区域。农牧业用水效率较低，存在着种植区中水浇地面积突增，加之地下水资源供水量严重不足，水资源浪费现象也普遍存在，形成一方面缺水，另一方面又浪费水的现象。总体来说，内蒙古东北部地区水资源丰富，而中西部地区属于资源型缺水和生态缺水并存。包头市目前水资源开发利用主要以地表水（黄河）为主；呼和浩特市水资源以地下水为主，地下水可开采资源相对较低，但地下水开采程度高，因此主要城市地下水出现超采现象。

五、政策建议

水资源优化配置是实现水资源合理开发利用的基础，是水资源可持续利用的根本保证，是由工程措施和非工程措施组成的综合体系，其基本功能是以改变水资源的天然时空分布来适应生产力布局，或以调整生产力布局来适应水资源的天然时空分布，协调生活、生产、生态用水，达到抑制需求，保障供给、协调供需矛盾和保护生态环境的目的，在水资源短缺的情况下，进行跨区域调水，在不同的国民经济用水部门间，按照各部门协调发展的投入产出计划供水，在扩大供给能力的同时要积极开展节水，控制需水的过度增长，在水资源的开发利用模式上，不仅重视原水的开发，更要注重污废水的处理回用，在除害兴利上注重化害为利，将洪水转化为可用的水资源。

（一）加强地表水开发利用工程规划

根据全区水资源开发现状，工农牧业等各业发展对水资源的需求和全区水利发展的长远规划，重点考虑水资源时空分配不均匀特点，在科学规划管理开发有限水资源的基础上，为满足今后长期发展对水资源的需求：一是规划一些支撑全区经济社会发展的跨流域和区域调水的重要水源工程；二是规划建设一批废污水处理回用、矿井水等非常规水源利用工程；三是搞好一批重要城市、城镇应急备用水源工程，主要以旗县

（市、区）所在地为主；四是规划建设一批水库、塘坝、枢纽等拦蓄工程，增加地表水和雨水、洪水资源蓄积量；五是在海深河流域充分利用好已建的西水利枢纽工程，为经济社会发展提供水资源支撑和保障；六是有条件的地区积极推进水权转换试点工作，加快用水结构调整，充分满足当地发展的需求。

（二）农村牧区饮水安全工程巩固提升规划

遵循“节水优先、空间均衡、系统治理、两手发力”的新时期治水思路，按照统筹城乡发展和全面建成小康社会对农村饮水安全的总体要求，开展集中式及分散式农村牧区饮水安全巩固提升工程。

（三）开展农村水利工程建设

为发展避灾农牧业，有效提高农牧业生产力水平，保护好草原生态环境，应不断加大农区水浇地、牧区灌溉高产饲草料地建设力度，调整农民产业结构，实现少种、精种，集约化经营，改变广种薄收的方式，真正实现压缩耕地，退耕还林还草，达到改善生态环境的目标。

（四）健全水资源管理制度

全面落实最严格的水资源管理制度，充分发挥水资源的约束性引导作用，不断提高重点领域的节水水平，尤其是锡林郭勒盟、呼伦贝尔市等牧业发达及矿区密布区域的水资源利用效率及水资源重复利用效率。

六、评价存在问题与完善建议

内蒙古水资源的特点是分布不均，东部分布相对多、西部分布少，从东北向西南递减，东部多河流，降水分配不均，变化大，但大多都集中在夏季，总体来说水资源少，水资源和用水布局不匹配，属于水资源紧缺地区，采用满足水功能区水质达标要求的水资源开发利用量（包括用水总量和地下水供水量）作为评价指标，通过对比用水总量、地下水供水量和水质与实行最严格水资源管理制度确立的控制指标，并考虑地下水超采情况进行评价。该方法能够基本反映出内蒙古地区大多数旗县地区的空间分布态势，为揭示现阶段该地区资源环境超标成因提供了依据。

水资源既是基础性的自然资源，也是战略性的经济和社会资源。由于这种特殊情况，水资源安全不仅是生态环境问题，也是关系到国家安全的经济问题、社会问题和政治问题。水资源承载力作为评价水资源安全的一个基本度量，是衡量水资源短缺地区能否支撑人口、经济与环境协调发展的“瓶颈”指标，水资源系统内部各要素之间相互联系、相互作用，构成了一个复杂的大系统，水资源承载力研究生态经济系统中各组分的和谐共存关系，并不是单一的组分或子系统，需要率先构建切实反映水资源承载力的指标体系。对于内蒙古地区来说，由于地属内陆地区，大多数为内流河，并且由于近年来全球变暖和人类活动的加剧，造成河流断流、干枯的现象时有发生，因此河流断面监测点在内蒙古地区分布较少，并且内蒙古属于干旱少雨地区，对于中西部地区来说，降水量较少，蒸发量较大，造成可利用降水量有限，并且由于其大多数经济地区属于粗放型经济，污染严重，水资源利用率低，使得经济结构和人口分布的空间不均匀加剧了此种现象的发生，单一地从用水总量、超采、水质达标情况综合进行水资源评价，并不能将最真实的内蒙古地区水资源分布情况评价出来，因此本书认为将经济、社会发展、生态环境与水资源视为一个复合系统，构成这个复杂系统的 4 个子系统，然后选取水资源承载力综合评价指标，考虑多年的平均降水量、蒸发量，人口自然增长率、土地荒漠化比例、灌溉用水定额等指标进行水资源综合评价，结果可能更符合内蒙古地区的实际情况。

第三节　环境评价

环境评价主要表征区域环境系统对经济社会活动产生的各类污染物的承受与自净能力。采用污染物浓度超标指数作为评价指标，通过主要污染物年均浓度监测值与国家现行环境质量标准的对比值反映，由大气、水主要污染物浓度超标指数集成获得。

一、评价方法与指标

（一）数据来源

1. 大气环境评价范围及指标

《环境空气质量标准》于2016年1月1日起在全国实施，全部旗县统一执行该标准，同时考虑2016年全区环境空气质量自动监测站点建设更加完善，故本次环境评价采用2016年为基准年，根据其2016年环境空气监测站二氧化硫（SO_2）、二氧化氮（NO_2）、可吸入颗粒物（PM_{10}）、一氧化碳（CO）、臭氧（O_3）、细颗粒物（$PM_{2.5}$）六项指标的年均浓度监测数据，进行大气环境承载能力的监测预警评估工作，环境评价结果由大气污染物超标指数（$R_{气}$）反映。根据《内蒙古自治区2016年环境统计年报》数据及内蒙古自治区环境监测中心站及盟市环境监测站补充数据，其中42个旗县（市、区）的SO_2、NO_2、PM_{10}、CO、O_3和细颗粒物$PM_{2.5}$六个单项大气污染物浓度为实测数据，12个旗县（市、区）仅有SO_2、NO_2、PM_{10}三个单项大气污染物浓度为实测数据，部分数据缺失区县$PM_{2.5}$浓度超标指数结果来源于中国科学院遥感与数字地球研究所卫星遥感监测的2015年内蒙古自治区$PM_{2.5}$浓度图。

2016年，内蒙古54个旗县（市、区）SO_2、NO_2、PM_{10}、CO、O_3、$PM_{2.5}$六项指标的实测年均浓度如表3-14所示。

2. 水环境评价范围及指标

根据2016年内蒙古地表水国控断面、区控断面、市控断面（以国控、区控、市控为取值优先顺序）溶解氧（DO）、高锰酸盐指数（COD_{Mn}）、五日生化需氧量（BOD_5）、化学需氧量（COD_{Cr}）、氨氮（NH_3-N）、总氮（TN）和总磷（TP）七项指标的年均浓度监测数据，进行水环境承载能力的监测预警评估工作，环境评价结果由水污染物超标指数（$R_{水}$）反映。根据《内蒙古自治区2016年环境统计年报》数据及内蒙古自治区环境监测中心站及盟市环境监测站补充数据，全区各监测断面2016年DO、COD_{Mn}、BOD_5、COD_{Cr}、NH_3-N、TN、TP七项指标的年均浓度如表3-15所示。

表 3-14 2016 年内蒙古自治区 54 个旗县（市、区）六项指标年均浓度

序号	盟市	旗县（市、区）	一氧化硫（微克/立方米）	二氧化氮（微克/立方米）	PM_{10}（微克/立方米）	一氧化碳第 95 百分位（毫克/立方米）	臭氧第 90 百分位（微克/立方米）	$PM_{2.5}$（微克/立方米）
1	呼和浩特市	新城区	32	43	105	4.4	175	43
2	呼和浩特市	回民区	33	44	115	4.2	128	47
3	呼和浩特市	玉泉区	32	44	99	2.8	148	42
4	呼和浩特市	赛罕区	22	39	85	2.5	141	36
5	呼和浩特市	土默特左旗	31	43	89	2.5	150	44
6	包头市	东河区	32	39	121	3.0	145	46
7	包头市	昆都仑区	37	43	100	3.2	146	49
8	包头市	青山区	28	39	95	3.1	146	45
9	包头市	石拐区	27	18	63	2.4	158	20
10	包头市	白云鄂博矿区	74	19	78	1.9	139	22
11	包头市	九原区	29	36	90	2.4	158	46
12	包头市	土默特右旗	28	38	89	2.2	168	35
13	包头市	固阳县	27	26	67	2.2	150	28
14	包头市	达尔罕茂明安联合旗	24	9	48	1.2	130	20
15	乌海市	海勃湾区	56	28	112	2.2	143	46
16	乌海市	海南区	62	36	129	—	—	—
17	乌海市	乌达区	99	15	144	—	—	—
18	赤峰市	红山区	28	18	77	2.2	119	30

续表

序号	盟市	旗县（市、区）	一氧化硫（微克/立方米）	二氧化氮（微克/立方米）	PM_{10}（微克/立方米）	一氧化碳第 95 百分位（毫克/立方米）	臭氧第 90 百分位（微克/立方米）	$PM_{2.5}$（微克/立方米）
19	赤峰市	元宝山区	35	21	93	3.2	138	54
20	赤峰市	松山区	34	18	69	2.3	136	32
21	赤峰市	阿鲁科尔沁旗	4	2	54	3.0	49	31
22	赤峰市	巴林左旗	29	33	36	—	—	—
23	赤峰市	巴林右旗	19	19	61	0.3	94	22
24	赤峰市	林西县	13	18	58	—	—	—
25	赤峰市	克什克腾旗	14	20	50	0.7	37	21
26	赤峰市	喀喇沁旗	6	13	61	—	—	—
27	赤峰市	宁城县	41	29	97	—	—	—
28	赤峰市	敖汉旗	27	24	83	—	—	—
29	通辽市	科尔沁区	14	23	77	1.2	141	41
30	鄂尔多斯市	东胜区	19	25	68	1.3	156	26
31	鄂尔多斯市	康巴什新区	10	21	56	1.1	150	22
32	鄂尔多斯市	达拉特旗	32	15	83	1.4	—	51
33	鄂尔多斯市	准格尔旗	17	21	78	1.1	175	36
34	鄂尔多斯市	鄂托克前旗	12	15	83	0.9	159	32
35	鄂尔多斯市	鄂托克旗	14	14	50	0.6	180	37
36	鄂尔多斯市	杭锦旗	19	17	67	1.6	—	40
37	鄂尔多斯市	乌审旗	8	22	65	1.1	158	31
38	鄂尔多斯市	伊金霍洛旗	13	22	53	1.5	134	26

续表

序号	盟市	旗县（市、区）	一氧化硫（微克/立方米）	二氧化氮（微克/立方米）	PM_{10}（微克/立方米）	一氧化碳第95百分位（毫克/立方米）	臭氧第90百分位（微克/立方米）	$PM_{2.5}$（微克/立方米）
39	呼伦贝尔市	海拉尔区	6	20	56	1.0	104	29
40	呼伦贝尔市	满洲里市	5	21	52	—	—	30
41	呼伦贝尔市	牙克石市	12	19	44	—	—	—
42	巴彦淖尔市	临河区	25	27	94	1.5	133	43
43	巴彦淖尔市	磴口县	19	16	106	—	—	—
44	巴彦淖尔市	乌拉特前旗	25	28	81	1.7	39	47
45	巴彦淖尔市	乌拉特中旗	14	17	76	1.3	114	43
46	乌兰察布市	集宁区	28	31	65	1.3	143	33
47	兴安盟	乌兰浩特市	10	20	49	1.4	118	31
48	兴安盟	阿尔山市	18	15	52	—	—	—
49	锡林郭勒盟	二连浩特市	14	13	58	1.8	122	20
50	锡林郭勒盟	锡林浩特市	17	12	51	1.2	119	16
51	锡林郭勒盟	苏尼特右旗	11	12	59	—	—	28
52	锡林郭勒盟	太仆寺旗	22	19	58	1.0	117	17
53	锡林郭勒盟	多伦县	9	9	44	1.0	106	24
54	阿拉善盟	阿拉善左旗	15	12	71	1.0	152	32

注：大气基础数据说明：（1）目前，依据大气自动站点的设置情况，其中42个旗县（市、区）的SO_2、NO_2、PM_{10}、CO、O_3和$PM_{2.5}$六个单项大气污染物浓度为实测数据，12个旗县（市、区）仅有SO_2、NO_2、PM_{10}三个单项大气污染物浓度为实测数据，由于颗粒物为影响我区环境空气质量主要因子，部分数据缺失区县$PM_{2.5}$浓度超标指数结果来源于中国科学院遥感与数字地球研究所卫星遥感监测的2015年内蒙古自治区$PM_{2.5}$浓度图，待大气监测系统完善及卫星遥感反演等技术手段进一步补充实测数据，更新大气环境评价结果。（2）由于内蒙古西部地区的鄂尔多斯市、阿拉善盟、巴彦淖尔市等降雨量少、蒸发量大，地表植被覆盖度低，充分考虑环境空气质量背景情况，土壤风沙尘为颗粒物最主要的来源，故大气PM_{10}、$PM_{2.5}$年均浓度受自然源影响较大，待收集源解析相关数据，扣除自然源占比，进一步完善大气环境评价结果。

表 3-15 2016 年地表水（河流、湖泊）七项指标国控、区控、市控断面年均浓度

单位：毫克/升

序号	盟市	旗县（市、区）	断面名称	水环境功能分区目标/水环境功能区划	DO	COD_{Mn}	COD_{Cr}	BOD_5	NH_3-N	TP	TN
1	呼和浩特市	玉泉区	章盖营	Ⅴ	5.30	9.6	45.0	8.2	9.727	1.880	—
2		赛罕区	庆丰桥	Ⅴ	9.77	12.2	65.7	16.9	1.668	0.372	—
3			民生渠	Ⅴ	8.60	2.2	15.9	2.5	0.212	0.110	—
4		土默特左旗	浑津桥	Ⅴ	6.22	9.0	42.5	7.4	8.421	1.487	—
5			小入大前	Ⅴ	4.80	10.1	46.0	7.6	9.543	1.826	—
6		托克托县	头道拐	Ⅲ	7.50	3.7	17.6	3.2	0.188	0.078	—
7			河口镇	Ⅲ	8.14	3.0	17.3	3.2	0.271	0.083	—
8			大入黄口	Ⅴ	9.09	10.8	41.4	7.8	4.944	1.782	—
9		清水河县	浑河入黄口	Ⅲ	8.06	2.9	15.3	2.5	0.108	0.069	—
10			喇嘛湾	Ⅲ	8.76	3.4	17.2	3.1	0.239	0.089	—
11	包头市	东河区	磴口	Ⅲ	6.40	2.6	9.9	3.0	0.319	0.044	—
12			西河槽	Ⅴ	4.71	6.8	38.8	10.4	10.263	1.148	—
13			东河槽	Ⅴ	4.36	6.9	30.6	9.2	4.822	1.104	—
14			西河入黄口	Ⅴ	4.71	6.8	38.8	10.4	10.263	1.148	—
15			东河入黄口	Ⅴ	4.36	6.9	30.6	9.2	4.822	1.104	—
16		昆都仑区	三艮才入黄口	Ⅴ（其中氨氮≤8）	3.93	12.2	49.3	14.8	35.167	1.410	—
17		九原区	昭君坟	Ⅲ	6.34	2.5	9.5	2.9	0.288	0.047	—
18			画匠营子	Ⅲ	6.33	2.5	9.5	2.9	0.268	0.040	—

续表

序号	盟市	旗县（市、区）	断面名称	水环境功能分区目标/水环境功能区划	DO	COD_{Mn}	COD_{Cr}	BOD_5	NH_3-N	TP	TN
19	乌海市	海勃湾区	下海勃湾	Ⅲ	8.05	2.5	12.0	1.9	0.197	0.104	—
20		海南区	拉僧庙	Ⅲ	7.82	3.3	13.6	1.8	0.236	0.143	—
21	赤峰市	红山区	平双桥	Ⅳ	12.10	3.1	12.0	3.2	0.417	0.280	—
22		元宝山区	兴隆坡	Ⅳ	8.54	5.6	31.0	4.0	1.710	0.237	—
23			小南荒	Ⅳ	8.46	9.3	33.9	5.2	3.001	0.305	—
24		松山区	东八家	Ⅳ	6.50	3.8	29.0	4.4	0.124	0.100	—
25			东山湾大桥	Ⅲ	8.41	6.2	27.7	3.7	0.863	0.161	—
26			蒙古营子	Ⅲ	4.90	29.9	155.2	55.0	4.203	1.368	—
27			二道河水库入口	Ⅳ	8.03	5.3	24.5	6.2	1.118	0.153	—
28			山嘴子	Ⅳ	10.95	4.0	18.2	2.4	0.116	0.105	—
29		巴林左旗	蜘蛛山大桥南	Ⅲ	8.80	4.5	18.4	3.2	0.486	0.174	—
30			沙那水库4队	Ⅲ	7.50	2.2	13.0	2.0	0.037	0.130	—
31		克什克腾旗	达里诺尔湖湖左	Ⅲ	5.58	20.5	242.0	3.8	0.288	1.995	2.48
32			达里诺尔湖湖中	Ⅲ	5.08	18.0	254.5	2.8	0.298	1.925	2.54
33			达里诺尔湖湖右	Ⅲ	4.20	20.0	246.5	4.3	0.294	2.215	2.56
34		翁牛特旗	海日苏	Ⅳ	6.40	7.4	27.2	3.7	0.146	0.151	—
35			红山水库库右	Ⅲ	9.42	10.3	38.0	3.9	0.170	0.080	1.85
36		喀喇沁旗	锦东	Ⅳ	8.04	3.8	13.0	3.1	1.216	0.369	—

续表

序号	盟市	旗县（市、区）	断面名称	水环境功能分区目标/水环境功能区划	DO	COD_{Mn}	COD_{Cr}	BOD_5	NH_3-N	TP	TN
37	赤峰市	宁城县	甸子	Ⅲ	8.44	3.7	15.1	2.1	0.166	0.114	—
38		敖汉旗	红山水库库左	Ⅲ	9.30	10.3	41.2	4.0	0.205	0.070	1.84
39			侯杨丈子村西	Ⅲ	9.03	3.8	23.3	3.2	0.080	0.142	—
40	通辽市	科尔沁左翼中旗	大瓦房	Ⅳ	6.80	10.7	37.5	5.0	0.508	0.083	—
41		霍林郭勒市	宝日呼吉尔	Ⅲ	9.75	5.0	31.0	5.6	2.090	0.160	—
42	鄂尔多斯市	准格尔旗	龙王沟入黄口	Ⅳ	6.35	5.2	22.1	4.4	1.516	1.171	—
43		伊金霍洛旗	乌兰木伦河	Ⅳ	6.99	4.3	18.9	3.8	0.629	0.226	—
44	呼伦贝尔市	阿荣旗	新发	Ⅱ	9.15	1.8	5.6	0.9	0.083	0.030	—
45			音河水库	Ⅱ	9.46	2.3	8.7	0.8	0.100	0.079	—
46		莫力达瓦达斡尔族自治旗	尼尔基	Ⅲ	9.10	5.3	15.3	0.9	0.096	0.043	—
47			讷谟尔河口上	Ⅲ	9.97	4.7	14.3	1.0	0.102	0.027	—
48			李屯	Ⅱ	9.57	2.7	8.6	0.8	0.190	0.029	—
49			宝山	Ⅲ	9.34	2.9	8.2	1.0	0.058	0.022	—
50		鄂伦春自治旗	讷尔克气	Ⅲ	8.98	2.6	7.4	0.9	0.185	0.030	—
51		鄂温克族自治旗	五牧场	Ⅲ	7.60	5.8	16.5	1.4	0.061	0.048	—
52		陈巴尔虎旗	陶海	Ⅳ	7.55	5.4	19.0	2.5	0.240	0.112	—
53		新巴尔虎左旗	嵯岗	Ⅳ	8.18	5.2	17.5	1.6	0.165	0.087	—

续表

序号	盟市	旗县（市、区）	断面名称	水环境功能分区目标/水环境功能区划	DO	COD_{Mn}	COD_{Cr}	BOD_5	NH_3-N	TP	TN
54	呼伦贝尔市	新巴尔虎右旗	莫日根乌拉	Ⅱ	8.96	4.6	16.6	1.4	0.124	0.094	—
55			乌尔逊大桥	Ⅲ	9.12	7.0	32.4	1.4	0.145	0.047	—
56			甘珠花	Ⅴ（其中COD≤50）	8.80	9.1	56.5	2.4	0.122	0.092	1.16
57			小河口	Ⅴ（其中COD≤50）	9.34	11.4	84.0	1.4	0.046	0.119	1.61
58			贝尔湖	Ⅱ	9.65	7.2	34.2	2.6	0.219	0.046	1.43
59		牙克石市	大桥屯	Ⅲ	8.37	3.8	10.2	1.1	0.054	0.039	—
60			八号牧场	Ⅲ	8.20	4.6	13.0	1.1	0.040	0.046	—
61			牙克石	Ⅲ	8.35	4.3	11.9	1.2	0.069	0.072	—
62		扎兰屯市	扎兰屯	Ⅲ	9.54	1.7	5.2	0.7	0.028	0.012	—
63			成吉思汗	Ⅲ	9.72	2.8	11.6	1.2	0.462	0.106	—
64			济沁河	Ⅲ	9.50	1.9	5.2	0.7	0.045	0.012	—
65		额尔古纳市	根河口内	Ⅲ	8.25	2.8	6.7	0.8	0.031	0.011	—
66			嘎洛托	Ⅳ	8.76	4.8	18.1	1.8	0.203	0.085	—
67			黑山头	Ⅳ	8.31	6.3	29.3	1.5	0.201	0.089	—
68			室韦	Ⅳ	8.41	5.3	20.5	1.5	0.187	0.069	—
69			伊木河	Ⅴ	8.90	8.2	20.3	0.9	0.012	0.033	—
70			苏沁	Ⅳ	8.01	5.2	16.1	0.7	0.058	0.026	—
71			白鹿岛	Ⅳ	7.54	8.6	24.6	0.6	0.078	0.015	—
72		根河市	育良	Ⅲ	8.90	3.2	11.8	0.8	0.044	0.016	—

续表

序号	盟市	旗县（市、区）	断面名称	水环境功能分区目标/水环境功能区划	DO	COD_{Mn}	COD_{Cr}	BOD_5	NH_3-N	TP	TN
73	巴彦淖尔市	临河区	总干渠上游	Ⅴ	8.50	2.4	9.2	1.8	0.209	0.065	—
74			总干渠下游	Ⅴ	8.20	2.3	7.4	1.5	0.236	0.081	—
75			永济渠上游	Ⅴ	8.70	2.9	8.8	1.5	0.215	0.110	—
76			永济渠下游	Ⅴ	8.70	2.9	8.6	1.6	0.277	0.074	—
77			永刚渠下游	Ⅴ	8.60	2.4	9.1	2.0	0.189	0.131	—
78			章嘉庙海子东	Ⅴ	6.30	5.5	20.0	2.3	0.154	0.066	—
79			章嘉庙海子西	Ⅴ	6.80	4.7	16.0	2.4	0.194	0.067	—
80		五原县	银定图	Ⅴ	8.20	6.3	26.0	2.3	0.590	0.202	—
81			美林	Ⅴ	8.10	7.6	34.0	3.3	0.685	0.219	—
82			五排干入总排干口	Ⅴ	6.20	11.7	38.0	4.6	1.920	1.10	—
83			七排干入总排干口	Ⅴ	5.50	14.1	61.0	6.0	5.760	1.26	—
84		磴口县	三盛公	Ⅲ	8.05	2.8	12.4	2.1	0.265	0.076	—
85		乌拉特前旗	黑柳子	Ⅲ	7.42	3.1	12.4	2.0	0.274	0.092	—
86			总排干入黄口	Ⅴ	7.81	10.0	36.2	4.4	0.342	0.106	—
87			乌梁素海湖心	Ⅴ	6.54	10.2	36.3	3.2	0.176	0.059	1.59
88			乌梁素海进口区（西大滩）	Ⅳ	7.62	6.9	29.2	2.6	0.556	0.157	4.88
89			乌梁素海出口区（河口）	Ⅳ	6.10	9.7	38.7	3.4	0.254	0.061	1.87
90		杭锦后旗	四支	Ⅳ	8.40	5.5	25.0	2.8	0.241	0.108	—
91			三排干入总排干口	Ⅳ	8.40	7.2	29.0	4.3	2.830	0.277	—
92	乌兰察布市	卓资县	卧佛下	Ⅴ	8.05	4.3	23.9	5.8	1.906	0.275	—

续表

序号	盟市	旗县（市、区）	断面名称	水环境功能分区目标/水环境功能区划	DO	COD_{Mn}	COD_{Cr}	BOD_5	NH_3-N	TP	TN
93	乌兰察布市	凉城县	三苏木	Ⅲ	5.13	12.1	108.6	7.4	0.213	0.120	1.39
94			苜花河入海口	Ⅲ	5.31	11.8	108.0	8.3	0.203	0.110	1.11
95			石门水库入海口	Ⅲ	5.23	12.0	106.6	8.5	0.198	0.130	1.39
96			五苏木	Ⅲ	5.56	12.2	108.8	8.8	0.193	0.167	1.43
97			白庙子	Ⅲ	5.47	11.9	107.9	8.2	0.211	0.103	1.18
98		丰镇市	黄土沟	Ⅲ	8.22	4.3	18.4	4.5	1.054	0.333	—
99			新城湾	Ⅳ	6.73	5.9	27.1	5.4	1.692	0.624	—
100	兴安盟	乌兰浩特市	八里八	Ⅲ	10.46	2.9	12.1	2.3	0.156	0.069	—
101			斯力很	Ⅲ	10.08	3.2	14.2	2.4	0.471	0.077	—
102		阿尔山市	大山矿	Ⅲ	10.68	3.9	11.0	2.2	0.179	0.053	—
103		科尔沁右翼前旗	贾家街	Ⅲ	10.24	3.5	12.1	2.4	0.189	0.066	—
104			察尔森水库出库口	Ⅲ	9.57	3.6	11.2	2.5	0.172	0.045	0.76
105			察尔森水库东入口	Ⅲ	9.60	3.8	12.8	2.4	0.190	0.045	0.81
106			察尔森水库西入口	Ⅲ	9.58	3.8	13.8	2.4	0.140	0.047	0.88
107		科尔沁右翼中旗	高力板	Ⅲ	8.32	4.4	22.0	3.6	0.420	0.180	—
108		扎赉特旗	绰尔河口	Ⅲ	9.32	2.7	11.5	2.4	0.276	0.082	—
109		突泉县	宝泉	Ⅲ	10.61	2.4	11.6	2.1	0.254	0.073	—
110	锡林郭勒盟	锡林浩特市	锡林河	Ⅴ	6.93	6.2	16.8	3.6	0.181	0.105	—
111		多伦县	上都河	Ⅲ	6.52	4.4	15.8	2.1	0.264	0.060	—
112			大河口	Ⅲ	6.74	5.0	15.8	2.7	0.398	0.061	—
113	阿拉善盟	阿拉善左旗	乌斯太	Ⅲ	6.69	2.4	10.6	1.5	0.320	0.156	—
114		额济纳旗	五一大桥	Ⅲ	7.69	2.6	8.0	3.0	0.254	0.162	—
115			额济纳桥	Ⅲ	9.52	1.8	7.5	3.0	0.166	0.038	—
116			王家庄	Ⅲ	8.80	1.9	7.1	2.4	0.131	0.074	—

注：“—”表明区域内断面为河流控制断面，总氮浓度未进行监测。

资料来源：《内蒙古自治区2016年环境统计年报》、内蒙古自治区环境监测中心站及盟市环境监测站补充数据。

（二）评价方法

环境承载力评价主要表征区域环境系统对社会经济活动产生的各类污染物的承受与自净能力，采用污染物浓度超标指数作为评价指标，通过主要大气和水污染物的年均浓度监测值与国家现行的该污染物质量标准的对比反映。根据中国现行环境质量标准中的大气和水污染物监测指标，选取能反映环境质量状况的主要监测指标作为单项评价指标。其中，主要大气污染物指标包括二氧化硫（SO_2）、二氧化氮（NO_2）、一氧化碳（CO）、臭氧（O_3）、可吸入颗粒物（PM_{10}）和细颗粒物（$PM_{2.5}$）六项；主要水污染物指标包括溶解氧（DO）、高锰酸盐指数（COD_{Mn}）、五日生化需氧量（BOD_5）、化学需氧量（COD_{Cr}）、氨氮（NH_3-N）、总氮（TN）和总磷（TP）七项，考虑河流和湖库在区域地表水环境质量评价中的差异性，进一步选取相应评价指标，如对于评价区域中的河流选择除总氮（TN）以外的六项指标进行评价，湖库则选择上述七项指标进行评价（见图3-1）。

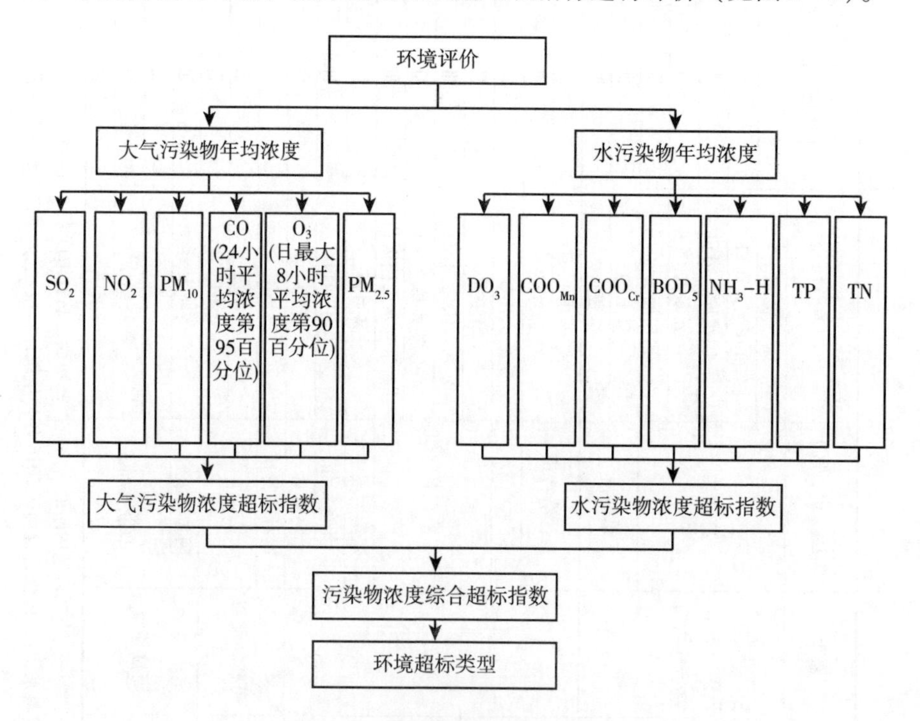

图3-1　环境超标类型评价流程

1. 区域大气环境状况评价

根据国家发改委下发的《技术方法（试行）》要求，大气环境承载能力监测预警评估大气环境评价以各项污染物的标准限值表征环境系统所能承受人类各种社会经济活动的阈值（限值采用《环境空气质量标准》中规定的各类大气污染物浓度限值二级标准），主要采用大气污染物浓度超标指数作为评价指标，通过主要大气污染物年均浓度监测值与国家现行环境质量标准的对比值反映。具体方法如下：

（1）汇总全区已建成运行的各旗县级行政单元环境空气监测站 SO_2、NO_2、PM_{10}、CO、O_3、$PM_{2.5}$六项指标的年均浓度监测数据。

（2）根据《环境空气质量标准》中规定的各类大气污染物浓度限值二级标准，采用《技术方法（试行）》中规定的计算公式进行各项污染指标的超标指数计算。

计算公式如下：

$$R_{气ij} = C_{ij}/S_i - 1 \quad (3-6)$$

式（3-6）中，$R_{气ij}$为区域 j 内第 i 项污染物浓度超标指数；C_{ij}为该污染物的年均浓度监测值（其中 CO 为 24 小时评价浓度第 95 百分位；O_3 为日最大 8 小时评价浓度第 90 百分位）；S_i 为该污染物浓度的二级标准限值。i=1，2，…，6，分别对应 SO_2、NO_2、PM_{10}、CO、O_3、$PM_{2.5}$。

上述各项污染指标的超标指数通过下述公式计算得到大气污染物浓度超标指数，计算公式如下：

$$R_{气j} = \max(R_{气ij}) \quad (3-7)$$

《环境空气质量标准》中规定 SO_2、NO_2、PM_{10}、CO、O_3、$PM_{2.5}$二级标准年均限值如表 3-16 所示。

表 3-16　《环境空气质量标准》二级标准年均限值

污染物项目	浓度限值	单位
SO_2	60	微克/立方米
NO_2	40	
PM_{10}	70	
CO	4	毫克/立方米
O_3	160	微克/立方米
$PM_{2.5}$	35	

资料来源：《环境空气质量标准》（GB 3095-2012）二级标准年均限值。

2. 区域水环境状况评价

以各控制断面 DO、COD_{Mn}、BOD_5、COD_{Cr}、NH_3-N、TN、TP 等主要污染物年均浓度与该项污染物一定水质目标下水质标准限值的差值作为水污染物超标量。标准限值采用水环境功能分区目标及水环境功能区划中确定的各类水污染物浓度的水质标准限值（具体限值采用《地表水环境质量标准》中规定的各类水污染物浓度不同水质类别下的限值）。计算公式如下：

当 $i=1$ 时：

$R_{水ijk}=1/(C_{ijk}/S_{ik})-1$

当 $i=2,\cdots,7$ 时：

$R_{水ijk}=C_{ijk}/S_{ik}-1$

$$R_{水ij}=\sum_{k=1}^{Nj}R_{水ijk}/N_j, i=1,2,\cdots,7 \quad (3-8)$$

式（3-8）中，$R_{水ijk}$为区域 j 第 k 个断面第 i 项水污染物浓度超标指数；$R_{水ij}$为区域 j 第 i 项水污染物浓度超标指数；C_{ijk}为区域 j 第 k 个断面第 i 项水污染物的年均浓度监测值；S_{ik}为第 k 个断面第 i 项水污染物的水质标准限值。$i=1,2,\cdots,7$，分别对应 DO、COD_{Mn}、BOD_5、COD_{Cr}、NH_3-N、TN、TP；k 为某一控制断面，$k=1,2,\cdots,N_j$，N_j 表示区域 j 内控制断面个数。这里，当 k 为河流控制断面时，计算 $R_{水ijk}$，$k=1,2,\cdots,5,7$；当 k 为湖库控制断面时，计算 $R_{水ijk}$，$k=1,2,\cdots,7$。

水污染物浓度超标指数，计算公式如下：

$$R_{水jk}=\max(R_{水ijk})$$

$$R_{水j}=\sum_{k=1}^{Nj}R_{水jk}/N_j \quad (3-9)$$

式（3-9）中，$R_{水jk}$为区域 j 第 k 个断面的水污染物浓度超标指数；$R_{水j}$为区域 j 的水污染物浓度超标指数（见表 3-17）。

表 3-17 地表水环境质量标准 单位：毫克/升

项目		Ⅰ类	Ⅱ类	Ⅲ类	Ⅳ类	Ⅴ类
溶解氧 DO	≥	7.5	6.0	5.0	3.0	2.0
高锰酸盐指数 COD_{Mn}	≤	2	4	6	10	15
化学需氧量 COD_{Cr}	≤	15	15	20	30	40

续表

项目		Ⅰ类	Ⅱ类	Ⅲ类	Ⅳ类	Ⅴ类
生化需氧量 BOD_5	≤	3	3	4	6	10
氨氮 NH_3-N	≤	0.15	0.50	1.00	1.50	2.00
总磷（以P计）TP	≤	0.02（湖、库0.01）	0.10（湖、库0.025）	0.20（湖、库0.05）	0.30（湖、库0.1）	0.40（湖、库0.2）
总氮 TN	≤	0.2	0.5	1.0	1.5	2.0

资料来源：《地表水环境质量标准》（GB 3838－2002）限值。

3. 污染物浓度超标指数

由于大气、水是不同的环境要素，不宜采用加权平均等综合方法进行综合评价，因此，采用极大值模型进行污染物浓度的综合超标指数计算。计算公式如下：

$$R_j = \max(R_{气j}, R_{水j}) \quad (3-10)$$

式（3－10）中，R_j 为区域 j 的污染物浓度综合超标指数；$R_{气j}$ 为区域 j 的大气污染物浓度超标指数；$R_{水j}$ 为区域 j 的水污染物浓度超标指数。

（三）阈值及重要参数

根据污染物浓度超标指数，将单要素及综合环境承载力评价结果划分为超标、接近超标和未超标三种类型。污染物浓度超标指数越小，表明区域环境系统对社会经济的支撑能力越强。当超标指数 $R_j > 0$ 时，污染物浓度处于超标状态；当 R_j 介于 $-0.2 \sim 0$ 时，污染物浓度处于接近超标状态；当 $R_j < -0.2$ 时，污染物浓度处于未超标状态。

二、评价结果

根据上述评价方法，得出以下结果：全区 103 个旗县（市、区）中，超标区域共计 43 个旗县（市、区），接近超标区域共计 36 个旗县（市、区），其余 24 个旗县（市、区）为未超标区域。

（一）大气污染物浓度超标指数评价结果

应用大气污染物浓度超标指数评价方法，对 2016 年内蒙古旗县（市、区）的单项大气污染物浓度超标指数进行计算。结果表明，2016 年内蒙古自治区 54 个旗县（市、区）实测大气污染物浓度，29 个旗县（市、区）为超标状态，20 个旗县（市、区）为接近超标状态，5 个旗县（市、区）为未超标状态。各盟市及旗县超标指数如下。

1. 呼和浩特市

呼和浩特市各旗县（市、区）实测大气污染物浓度超标指数如表 3 - 18 所示。各旗县（市、区）SO_2 均未超标，PM_{10}、$PM_{2.5}$ 均超标；NO_2 新城区、回民区、玉泉区、土默特左旗超标，赛罕区接近超标；CO 新城区、回民区超标，其余 3 个旗县（市、区）均未超标；O_3 新城区超标，其余 4 个旗县（市、区）均接近超标。总体而言，呼和浩特市 5 个旗县（市、区）的实测大气污染物浓度均处于超标状态。

表 3 - 18　　呼和浩特市各旗县（市、区）大气污染物浓度超标指数

序号	旗县（市、区）	$R_{气ij}$						$R_{气j}$
		SO_2	NO_2	PM_{10}	CO	O_3	$PM_{2.5}$	
1	新城区	-0.467	0.075	0.500	0.100	0.094	0.229	0.500
2	回民区	-0.450	0.100	0.643	0.050	-0.200	0.343	0.643
3	玉泉区	-0.467	0.100	0.414	-0.300	-0.075	0.200	0.414
4	赛罕区	-0.633	-0.025	0.214	-0.375	-0.119	0.029	0.214
5	土默特左旗	-0.483	0.075	0.271	-0.375	-0.063	0.257	0.271

资料来源：根据《技术方法（试行）》要求计算得到。

2. 包头市

包头市各旗县（市、区）实测大气污染物浓度超标指数如表 3 - 19 所示。各旗县（市、区）O_3 均接近超标；SO_2 除白云鄂博矿区处于超标状态外，其余 8 个旗县（市、区）均处于未超标状态；NO_2 昆都仑区超标，石拐区、白云鄂博矿区、固阳县、达尔罕茂明安联合旗未超标，其余 4 个旗县（市、区）均接近超标；PM_{10}达尔罕茂明安联合旗未超标，石拐区、固阳县接近超标，其余 6 个旗县（市、区）均处于超标状态；CO 昆都仑区接近超标，其余 8 个旗县（市、区）均未超标；$PM_{2.5}$石拐区、白云鄂博矿区、达尔罕茂明安联合旗处于未超标状态，土默特右旗、固阳县处于接近超标状态，其余 4 个旗县（市、区）均处于超标状态。总体而言，包头市

9个旗县（市、区）的实测大气污染物浓度除石拐区、固阳县、达尔罕茂明安联合旗处于接近超标状态外，其余6个旗县（市、区）均处于超标状态。

表3－19　　包头市各旗县（市、区）大气污染物浓度超标指数

序号	旗县（市、区）	$R_{气ij}$						$R_{气j}$
		SO_2	NO_2	PM_{10}	CO	O_3	$PM_{2.5}$	
1	东河区	-0.467	-0.025	0.729	-0.250	-0.094	0.314	0.729
2	昆都仑区	-0.383	0.075	0.429	-0.200	-0.088	0.400	0.429
3	青山区	-0.533	-0.025	0.357	-0.225	-0.088	0.286	0.357
4	石拐区	-0.550	-0.550	-0.100	-0.400	-0.013	-0.429	-0.013
5	白云鄂博矿区	0.233	-0.525	0.114	-0.525	-0.131	-0.371	0.233
6	九原区	-0.517	-0.100	0.286	-0.400	-0.013	0.314	0.314
7	土默特右旗	-0.533	-0.050	0.271	-0.450	0.050	0	0.050
8	固阳县	-0.550	-0.350	-0.042	-0.450	-0.063	-0.200	-0.042
9	达尔罕茂明安联合旗	-0.600	-0.775	-0.314	-0.700	-0.188	-0.429	-0.188

资料来源：根据《技术方法（试行）》要求计算得到。

3. 乌海市

乌海市各区实测大气污染物浓度超标指数如表3－20所示。各旗县（市、区）PM_{10}均超标；SO_2海勃湾区接近超标，乌达区、海南区超标；NO_2海南区接近超标，海勃湾区、乌达区未超标；海勃湾区CO未超标，O_3、$PM_{2.5}$均接近超标。总体而言，乌海市3个区的实测大气污染物浓度均处于超标状态。

表3－20　　乌海市各旗县（市、区）大气污染物浓度超标指数

序号	旗县（市、区）	$R_{气ij}$						$R_{气j}$
		SO_2	NO_2	PM_{10}	CO	O_3	$PM_{2.5}$	
1	海勃湾区	-0.067	-0.300	0.600	-0.450	-0.106	-0.080	0.600
2	海南区	0.033	-0.100	0.843	—	—	—	0.843
3	乌达区	0.650	-0.625	1.057	—	—	—	1.057

资料来源：根据《技术方法（试行）》要求计算得到。

4. 赤峰市

赤峰市各旗县（市、区）实测大气污染物浓度超标指数如表 3-21 所示。各旗县（市、区）SO_2 均未超标；NO_2 巴林左旗接近超标，其余 10 个旗县（市、区）均未超标；CO 除元宝山区接近超标外，其余 5 个旗县（市、区）均未超标；O_3 除元宝山区、松山区处于接近超标状态外，其余 4 个旗县（市、区）均处于未超标状态；PM_{10}红山区、元宝山区、宁城县、敖汉旗超标，阿鲁科尔沁旗、巴林左旗、克什克腾旗未超标，其余 4 个旗县（市、区）均接近超标；$PM_{2.5}$元宝山区超标，巴林右旗、克什克腾旗未超标，其余 3 个旗县（市、区）均接近超标。总体而言，赤峰市 11 个旗县（市、区）的实测大气污染物浓度，克什克腾旗未超标，松山区、阿鲁科尔沁旗、巴林左旗、巴林右旗、林西县、喀喇沁旗接近超标，元宝山区、红山区、宁城县、敖汉旗均超标。

表 3-21　　赤峰市各旗县（市、区）大气污染物浓度超标指数

序号	旗县（市、区）	$R_{气ij}$						$R_{气j}$
		SO_2	NO_2	PM_{10}	CO	O_3	$PM_{2.5}$	
1	红山区	-0.533	-0.550	0.100	-0.450	-0.256	-0.143	0.100
2	元宝山区	-0.417	-0.475	0.329	-0.200	-0.138	0.543	0.543
3	松山区	-0.433	-0.550	-0.014	-0.425	-0.150	-0.086	-0.014
4	阿鲁科尔沁旗	-0.933	-0.950	-0.229	-0.250	-0.694	-0.114	-0.114
5	巴林左旗	-0.517	-0.175	-0.486	—	—	—	-0.175
6	巴林右旗	-0.683	-0.525	-0.129	-0.925	-0.413	-0.371	-0.129
7	林西县	-0.783	-0.550	-0.171	—	—	—	-0.171
8	克什克腾旗	-0.767	-0.500	-0.286	-0.825	-0.769	-0.400	-0.286
9	喀喇沁旗	-0.900	-0.675	-0.129	—	—	—	-0.129
10	宁城县	-0.317	-0.275	0.386	—	—	—	0.386
11	敖汉旗	-0.550	-0.400	0.186	—	—	—	0.186

资料来源：根据《技术方法（试行）》要求计算得到。

5. 通辽市

通辽市科尔沁区的实测大气污染物浓度超标指数如表 3-22 所示。科尔沁区 SO_2、NO_2、CO 均未超标，PM_{10}、$PM_{2.5}$超标，O_3 接近超标。总体而言，通辽市科尔沁区的实测大气污染物浓度处于超标状态。

表 3 – 22　　通辽市各旗县（市、区）大气污染物浓度超标指数

序号	旗县（市、区）	$R_{气ij}$						$R_{气j}$
		SO_2	NO_2	PM_{10}	CO	O_3	$PM_{2.5}$	
1	科尔沁区	-0.767	-0.425	0.100	-0.700	-0.119	0.171	0.171

资料来源：根据《技术方法（试行）》要求计算得到。

6. 鄂尔多斯市

鄂尔多斯市各旗县（市、区）实测大气污染物浓度超标指数如表 3 – 23 所示。各旗县（市、区）SO_2、NO_2、CO 均未超标；PM_{10} 达拉特旗、准格尔旗、鄂托克前旗超标，鄂托克旗、伊金霍洛旗未超标，其余 4 个旗县（市、区）均未超标；O_3 除准格尔旗、鄂托克旗超标外，其余 7 个旗县（市、区）均接近超标；$PM_{2.5}$ 达拉特旗、鄂托克旗、杭锦旗、准格尔旗超标，鄂托克前旗、乌审旗接近超标，康巴什新区、东胜区、伊金霍洛旗未超标。总体而言，鄂尔多斯市 9 个旗县（市、区）的实测大气污染物浓度，除康巴什新区、东胜区、乌审旗、伊金霍洛旗处于接近超标状态外，其余 5 个旗县（市、区）均处于超标状态。

表 3 – 23　　鄂尔多斯市各旗县（市、区）大气污染物浓度超标指数

序号	旗县（市、区）	$R_{气ij}$						$R_{气j}$
		SO_2	NO_2	PM_{10}	CO	O_3	$PM_{2.5}$	
1	东胜区	-0.683	-0.375	-0.029	-0.675	-0.025	-0.257	-0.029
2	康巴什新区	-0.833	-0.475	-0.200	-0.725	-0.063	-0.371	-0.063
3	达拉特旗	-0.467	-0.625	0.186	-0.650	—	0.457	0.457
4	准格尔旗	-0.717	-0.475	0.114	-0.725	0.094	0.029	0.114
5	鄂托克前旗	-0.800	-0.625	0.186	-0.775	-0.006	-0.086	0.186
6	鄂托克旗	-0.767	-0.650	-0.286	-0.850	0.125	0.057	0.057
7	杭锦旗	-0.683	-0.575	-0.043	-0.600	—	0.143	0.143
8	乌审旗	-0.867	-0.450	-0.071	-0.725	-0.013	-0.114	-0.013
9	伊金霍洛旗	-0.783	-0.450	-0.243	-0.625	-0.163	-0.257	-0.163

资料来源：根据《技术方法（试行）》要求计算得到。

7. 呼伦贝尔市

呼伦贝尔海拉尔区、满洲里市、牙克石市实测大气污染物浓度超标指

数如表3－24所示。海拉尔区SO_2、NO_2、CO、O_3均未超标，PM_{10}、$PM_{2.5}$均接近超标；满洲里市SO_2、NO_2、PM_{10}均未超标，$PM_{2.5}$接近超标；牙克石市SO_2、NO_2、PM_{10}未超标。总体而言，呼伦贝尔市海拉尔区、满洲里市的实测大气污染物浓度处于接近超标状态，牙克石市的大气污染物浓度处于未超标状态。

表3－24　　呼伦贝尔市各旗县（市、区）大气污染物浓度超标指数

序号	旗县（市、区）	$R_{气ij}$						$R_{气j}$
		SO_2	NO_2	PM_{10}	CO	O_3	$PM_{2.5}$	
1	海拉尔区	－0.900	－0.500	－0.200	－0.750	－0.350	－0.171	－0.171
2	满洲里市	－0.917	－0.475	－0.257	—	—	－0.143	－0.143
3	牙克石市	－0.800	－0.525	－0.371	—	—	—	－0.371

资料来源：根据《技术方法（试行）》要求计算得到。

8. 巴彦淖尔市

巴彦淖尔市各旗县（市、区）实测大气污染物浓度超标指数如表3－25所示。各旗县（市、区）SO_2、NO_2、CO均未超标，PM_{10}、$PM_{2.5}$均超标；O_3乌拉特前旗、乌拉特中旗未超标，临河区、磴口县接近超标。总体而言，巴彦淖尔市4个旗县（市、区）的实测大气污染物浓度均处于超标状态。

表3－25　　巴彦淖尔市各旗县（市、区）大气污染物浓度超标指数

序号	旗县（市、区）	$R_{气ij}$						$R_{气j}$
		SO_2	NO_2	PM_{10}	CO	O_3	$PM_{2.5}$	
1	临河区	－0.583	－0.325	0.343	－0.625	－0.169	0.229	0.343
2	磴口县	－0.683	－0.600	0.514	－0.575	－0.150	0.200	0.514
3	乌拉特前旗	－0.583	－0.300	0.157	－0.575	－0.756	0.343	0.343
4	乌拉特中旗	－0.767	－0.575	0.086	－0.675	－0.288	0.229	0.229

资料来源：根据《技术方法（试行）》要求计算得到。

9. 乌兰察布市

乌兰察布市集宁区实测大气污染物浓度超标指数如表3－26所示。集宁区SO_2、NO_2、CO均未超标，PM_{10}、O_3、$PM_{2.5}$均接近超标。总体而言，乌兰察布市集宁区的实测大气污染物浓度处于接近超标状态。

表 3-26　　乌兰察布市各旗县（市、区）大气污染物浓度超标指数

序号	旗县（市、区）	$R_{气ij}$						$R_{气j}$
		SO_2	NO_2	PM_{10}	CO	O_3	$PM_{2.5}$	
1	集宁区	-0.533	-0.225	-0.071	-0.675	-0.106	-0.057	-0.057

资料来源：根据《技术方法（试行）》要求计算得到。

10. 兴安盟

兴安盟各旗县（市、区）实测大气污染物浓度超标指数如表 3-27 所示。乌兰浩特市 SO_2、NO_2、PM_{10}、CO、O_3 均未超标，$PM_{2.5}$接近超标；阿尔山市 SO_2、NO_2、PM_{10}均未超标。总体而言，兴安盟乌兰浩特市的实测大气污染物浓度处于接近超标状态，阿尔山市的大气污染物浓度处于未超标状态。

表 3-27　　兴安盟各旗县（市、区）大气污染物浓度超标指数

序号	旗县（市、区）	$R_{气ij}$						$R_{气j}$
		SO_2	NO_2	PM_{10}	CO	O_3	$PM_{2.5}$	
1	乌兰浩特市	-0.833	-0.500	-0.300	-0.650	-0.263	-0.114	-0.114
2	阿尔山市	-0.700	-0.625	-0.257	—	—	—	-0.257

资料来源：根据《技术方法（试行）》要求计算得到。

11. 锡林郭勒盟

锡林郭勒盟各旗县（市、区）实测大气污染物浓度超标指数如表 3-28 所示。各旗县（市、区）SO_2、NO_2、CO、O_3 均未超标；PM_{10}锡林浩特市、多伦县未超标，其余 3 个旗县（市、区）均接近超标；$PM_{2.5}$除苏尼特右旗处于接近超标状态外，其余 4 个旗县（市、区）均处于未超标状态。总体而言，锡林郭勒盟 5 个旗县（市、区）的实测大气污染物浓度，锡林浩特市、多伦县处于未超标状态，其余 3 个旗县（市、区）均处于接近超标状态。

表 3-28　　锡林郭勒盟各旗县（市、区）大气污染物浓度超标指数

序号	旗县（市、区）	$R_{气ij}$						$R_{气j}$
		SO_2	NO_2	PM_{10}	CO	O_3	$PM_{2.5}$	
1	二连浩特市	-0.767	-0.675	-0.171	-0.550	-0.238	-0.429	-0.171
2	锡林浩特市	-0.717	-0.700	-0.271	-0.700	-0.256	-0.543	-0.256

续表

序号	旗县（市、区）	$R_{气ij}$						$R_{气j}$
		SO_2	NO_2	PM_{10}	CO	O_3	$PM_{2.5}$	
3	苏尼特右旗	-0.817	-0.700	-0.157	—	—	-0.200	-0.157
4	太仆寺旗	-0.633	-0.525	-0.171	-0.750	-0.269	-0.514	-0.171
5	多伦县	-0.850	-0.775	-0.371	-0.750	-0.338	-0.314	-0.314

资料来源：根据《技术方法（试行）》要求计算得到。

12. 阿拉善盟

阿拉善盟阿拉善左旗实测大气污染物浓度超标指数如表 3-29 所示。阿拉善左旗 SO_2、NO_2、CO 均未超标，PM_{10}超标，$PM_{2.5}$、O_3 均接近超标。总体而言，阿拉善左旗的实测大气污染物浓度处于超标状态。

表 3-29　　阿拉善盟各旗县（市、区）大气污染物浓度超标指数

序号	旗县（市、区）	$R_{气ij}$						$R_{气j}$
		SO_2	NO_2	PM_{10}	CO	O_3	$PM_{2.5}$	
1	阿拉善左旗	-0.750	-0.700	0.014	-0.750	-0.050	-0.086	0.014

资料来源：根据《技术方法（试行）》要求计算得到。

（二）水污染物浓度超标指数评价结果

应用水污染物浓度超标指数评价方法，2016 年内蒙古自治区有 23 个旗县（市、区）的水环境处于超标状态，6 个接近超标状态，23 个为未超标状态，其余 51 个无控制断面。

1. 呼和浩特市

呼和浩特市各旗县（市、区）水污染物浓度超标指数如表 3-30 所示，各旗县（市、区）溶解氧及高锰酸盐指数均未超标；五日生化需氧量除玉泉区、赛罕区接近超标外，其余各旗县（市、区）均未超标；化学需氧量除托克托县及清水河县接近超标外，其余各旗县（市、区）均超标；氨氮托克托县接近超标，赛罕区、清水河县未超标，其余各旗县（市、区）均超标；总磷除赛罕区及清水河县未超标，其余各旗县（市、区）均超标。总体而言，清水河县水体污染物浓度接近超标，赛罕区、玉泉区、土默特左旗及托克托县水体污染物浓度超标。

表 3－30　　呼和浩特市各旗县（市、区）水污染物浓度超标指数

序号	旗县（市、区）	$R_{水ij}$							$R_{水j}$
		DO	COD_{Mn}	COD_{Cr}	BOD_5	NH_3-N	TP	TN	
1	玉泉区	-0.623	-0.360	0.125	-0.180	3.864	3.700	—	3.864
2	赛罕区	-0.781	-0.520	0.020	-0.030	-0.530	-0.398	—	0.044
3	土默特左旗	-0.631	-0.363	0.106	-0.250	3.491	3.141	—	3.491
4	托克托县	-0.500	-0.388	-0.073	-0.207	-0.023	0.753	—	1.067
5	清水河县	-0.404	-0.475	-0.188	-0.300	-0.827	-0.605	—	-0.188

注："—"表明区域内断面均为河流控制断面，不考核水体总氮污染物浓度超标指数。
资料来源：根据《技术方法（试行）》要求计算得到。

2. 包头市

包头市各旗县（市、区）水污染物浓度超标指数如表 3－31 所示，溶解氧各旗县（市、区）均未超标；高锰酸盐指数除昆都仑区接近超标，其余各旗县（市、区）未超标；化学需氧量除昆都仑区超标外，余各旗县（市、区）均未超标；五日生化需氧量除昆都仑区超标，东河区接近超标，九原区未超标；氨氮及总磷除九原区未超标，其余各旗县（市、区）均超标。总体而言，九原区水体污染物浓度未超标，昆都仑区及东河区水体污染物浓度超标。

表 3－31　　包头市各旗县（市、区）水污染物浓度超标指数

序号	旗县（市、区）	$R_{水ij}$							$R_{水j}$
		DO	COD_{Mn}	COD_{Cr}	BOD_5	NH_3-N	TP	TN	
1	东河区	-0.490	-0.548	-0.207	-0.066	2.049	1.296	—	2.313
2	昆都仑区	-0.491	-0.187	0.233	0.480	3.396	2.525	—	3.396
3	九原区	-0.211	-0.583	-0.525	-0.275	-0.722	-0.783	—	-0.211

注："—"表明区域内断面均为河流控制断面，不考核水体总氮污染物浓度超标指数。
资料来源：根据《技术方法（试行）》要求计算得到。

3. 乌海市

乌海市各旗县（市、区）水污染物浓度超标指数如表 3－32 所示，各旗县（市、区）水污染物均未超标。

表 3－32　　乌海市各旗县（市、区）水污染物浓度超标指数

序号	旗县（市、区）	$R_{水ij}$							$R_{水j}$
		DO	COD_{Mn}	COD_{Cr}	BOD_5	NH_3-N	TP	TN	
1	海勃湾区	－0.379	－0.583	－0.400	－0.525	－0.803	－0.480	—	－0.379
2	海南区	－0.361	－0.450	－0.320	－0.550	－0.764	－0.285	—	－0.285

注："—"表明区域内断面均为河流控制断面，不考核水体总氮污染物浓度超标指数。

资料来源：根据《技术方法（试行）》要求计算得到。

4. 赤峰市

赤峰市各旗县（市、区）水污染物浓度超标指数如表 3－33 所示，溶解氧除克什克腾旗超标外，其余各旗县（市、区）均未超标；高锰酸盐指数除红山区、元宝山区、巴林左旗、宁城县及喀喇沁旗未超标外，其余各旗县（市、区）均超标；化学需氧量除宁城县、巴林左旗、喀喇沁旗未超标外，其余各旗县（市、区）均超标；五日生化需氧量松山区超标，敖汉旗、克什克腾旗接近超标，其余各旗县（市、区）均未超标；氨氮喀喇沁旗接近超标，松山区、元宝山区超标，其余各旗县（市、区）均未超标；总磷红山区、元宝山区接近超标，宁城县、巴林左旗未超标，其余各旗县（市、区）均超标；总氮除翁牛特旗、敖汉旗、克什克腾旗超标，其余各旗县（市、区）断面均为河流控制断面，不考核水体总氮污染物浓度超标指数。总体而言，宁城县及巴林左旗水体污染物浓度未超标，松山区水体污染物浓度接近超标，元宝山区、翁牛特旗、敖汉旗、喀喇沁旗及克什克腾旗水体污染物浓度超标。

表 3－33　　赤峰市各旗县（市、区）水污染物浓度超标指数

序号	旗县（市、区）	$R_{水ij}$							$R_{水j}$
		DO	COD_{Mn}	COD_{Cr}	BOD_5	NH_3-N	TP	TN	
1	红山区	－0.752	－0.690	－0.600	－0.467	－0.722	－0.067	—	－0.067
2	元宝山区	－0.647	－0.255	0.082	－0.233	0.570	－0.097	—	0.570
3	松山区	－0.455	0.465	1.307	2.368	0.194	0.768	—	2.548
4	巴林左旗	－0.383	－0.442	－0.215	－0.350	－0.739	－0.240	—	－0.207
5	克什克腾旗	0.024	2.250	11.383	－0.092	－0.707	39.900	1.527	39.900
6	翁牛特旗	－0.500	0.228	0.403	－0.204	－0.866	0.052	0.850	0.403
7	喀喇沁旗	－0.627	－0.620	－0.567	－0.483	－0.189	0.230	—	0.230

续表

序号	旗县（市、区）	$R_{水ij}$							$R_{水j}$
		DO	COD_{Mn}	COD_{Cr}	BOD_5	NH_3-N	TP	TN	
8	宁城县	-0.408	-0.383	-0.245	-0.475	-0.834	-0.430	—	-0.245
9	敖汉旗	-0.454	0.175	0.613	-0.100	-0.858	0.055	0.840	0.613

注："—"表明区域内断面均为河流控制断面，不考核水体总氮污染物浓度超标指数。
资料来源：根据《技术方法（试行）》要求计算得到。

5. 通辽市

通辽市各旗县（市、区）水污染物浓度超标指数如表3-34所示，各旗县（市、区）溶解氧均未超标，化学需氧量均超标，高锰酸盐指数科尔沁左翼中旗超标，霍林郭勒市接近超标；五日生化需氧量科尔沁左翼中旗接近超标，霍林郭勒市超标；氨氮霍林郭勒市超标，科尔沁左翼中旗未超标；总磷霍林郭勒市接近超标，科尔沁左翼中旗未超标。总体而言，霍林郭勒市、科尔沁左翼中旗水体污染物浓度超标。

表3-34　　通辽市各旗县（市、区）水污染物浓度超标指数

序号	旗县（市、区）	$R_{水ij}$							$R_{水j}$
		DO	COD_{Mn}	COD_{Cr}	BOD_5	NH_3-N	TP	TN	
1	科尔沁左翼中旗	-0.559	0.070	0.250	-0.167	-0.661	-0.723	—	0.250
2	霍林郭勒市	-0.487	-0.175	0.550	0.388	1.090	-0.200	—	1.090

注："—"表明区域内断面均为河流控制断面，不考核水体总氮污染物浓度超标指数。
资料来源：根据《技术方法（试行）》要求计算得到。

6. 鄂尔多斯市

鄂尔多斯市各旗县（市、区）水污染物浓度超标指数如表3-35所示，各旗县（市、区）溶解氧、高锰酸盐指数、化学需氧量、五日生化需氧量均未超标，氨氮、总磷准格尔旗超标，伊金霍洛旗未超标。总体而言，伊金霍洛旗水体污染物浓度未超标，准格尔旗水体污染物浓度均超标。

表3-35　　鄂尔多斯市各旗县（市、区）水污染物浓度超标指数

序号	旗县（市、区）	$R_{水ij}$							$R_{水j}$
		DO	COD_{Mn}	COD_{Cr}	BOD_5	NH_3-N	TP	TN	
1	准格尔旗	-0.528	-0.480	-0.263	-0.267	0.011	2.903	—	2.903
2	伊金霍洛旗	-0.571	-0.570	-0.370	-0.367	-0.581	-0.247	—	-0.247

注："—"表明区域内断面均为河流控制断面，不考核水体总氮污染物浓度超标指数。
资料来源：根据《技术方法（试行）》要求计算得到。

7. 呼伦贝尔市

呼伦贝尔市各旗县（市、区）水污染物浓度超标指数如表3－36所示，各旗县（市、区）溶解氧、五日生化需氧量、氨氮、总磷均未超标，高锰酸盐指数除新巴尔虎右旗、鄂温克族自治旗接近超标，其余旗县（市、区）均未超标；化学需氧量除新巴尔虎右旗超标，其余旗县（市、区）均未超标；总氮除新巴尔虎右旗接近超标，其余各旗县（市、区）断面均为河流控制断面，不考核水体总氮污染物浓度超标指数。总体而言，扎兰屯市、牙克石市、根河市、阿荣旗、新巴尔虎左旗、陈巴尔虎旗、鄂温克族自治旗、莫力达瓦达斡尔族自治旗、额尔古纳市、鄂伦春自治旗水体污染物浓度未超标，鄂温克族自治旗水体污染物浓度接近超标，新巴尔虎右旗水体污染物浓度超标。

表3－36　呼伦贝尔市各旗县（市、区）水污染物浓度超标指数

序号	旗县（市、区）	$R_{水ij}$							$R_{水j}$
		DO	COD_{Mn}	COD_{Cr}	BOD_5	NH_3-N	TP	TN	
1	阿荣旗	-0.355	-0.488	-0.523	-0.717	-0.817	-0.455	—	-0.277
2	莫力达瓦达斡尔族自治旗	-0.447	-0.294	-0.384	-0.752	-0.841	-0.813	—	-0.281
3	鄂伦春自治旗	-0.443	-0.567	-0.630	-0.775	-0.815	-0.850	—	-0.443
4	鄂温克族自治旗	-0.342	-0.033	-0.175	-0.650	-0.939	-0.760	—	-0.033
5	陈巴尔虎旗	-0.603	-0.460	-0.367	-0.583	-0.840	-0.627	—	-0.367
6	新巴尔虎左旗	-0.633	-0.480	-0.417	-0.733	-0.890	-0.710	—	-0.417
7	新巴尔虎右旗	-0.544	0.097	0.563	-0.587	-0.817	-0.631	-0.062	0.572
8	牙克石市	-0.398	-0.294	-0.415	-0.717	-0.946	-0.738	—	-0.294
9	扎兰屯市	-0.478	-0.644	-0.633	-0.783	-0.822	-0.783	—	-0.457
10	额尔古纳市	-0.620	-0.424	-0.363	-0.813	-0.925	-0.845	—	-0.312
11	根河市	-0.438	-0.467	-0.410	-0.800	-0.956	-0.920	—	-0.410

注：“—”表明区域内断面均为河流控制断面，不考核水体总氮污染物浓度超标指数。
资料来源：根据《技术方法（试行）》要求计算得到。

8. 巴彦淖尔市

巴彦淖尔市各旗县（市、区）水污染物浓度超标指数如表3－37所示，各旗县（市、区）溶解氧、高锰酸盐指数及五日生化需氧量均未超标；化学需氧量五原县、乌拉特前旗接近超标，临河区、磴口县及杭锦后旗未超标；氨氮除五原县超标外，其余旗县（市、区）均未超标；总磷除

乌拉特前旗超标，其余旗县（市、区）均未超标；总氮除乌拉特前旗超标外，其余旗县（市、区）断面均为河流控制断面，不考核水体总氮污染物浓度超标指数。总体而言，临河区、磴口县水体污染物浓度未超标，五原县、乌拉特前旗、杭锦后旗水体污染物浓度超标。

表3－37　　巴彦淖尔市各旗县（市、区）水污染物浓度超标指数

序号	旗县（市、区）	$R_{水ij}$							$R_{水j}$
		DO	COD_{Mn}	COD_{Cr}	BOD_5	NH_3-N	TP	TN	
1	临河区	－0.745	－0.780	－0.718	－0.813	－0.895	－0.788	—	－0.684
2	五原县	－0.706	－0.338	－0.006	－0.595	0.119	0.738	—	0.850
3	磴口县	－0.379	－0.533	－0.380	－0.475	－0.735	－0.620	—	－0.379
4	乌拉特前旗	－0.576	－0.295	－0.061	－0.548	－0.785	0.941	0.765	1.117
5	杭锦后旗	－0.762	－0.577	－0.325	－0.645	－0.232	－0.519	—	0.020

注："—"表明区域内断面均为河流控制断面，不考核水体总氮污染物浓度超标指数。
资料来源：根据《技术方法（试行）》要求计算得到。

9. 乌兰察布市

乌兰察布市各旗县（市、区）水污染物浓度超标指数如表3－38所示，溶解氧除凉城县接近超标，其余各旗县（市、区）均未超标；高锰酸盐指除数凉城县超标外，其余各旗县（市、区）均未超标；化学需氧量卓资县未超标，凉城县超标，丰镇市接近超标；五日生化需氧量及总磷除卓资县未超标，其余各旗县（市、区）均超标；氨氮卓资县接近超标，凉城县未超标，丰镇市超标；总氮除凉城县超标，其余各旗县（市、区）断面均为河流控制断面，不考核水体总氮污染物浓度超标指数。总体而言，卓资县水体污染物浓度接近超标，凉城县、丰镇市水体污染物浓度超标。

表3－38　　乌兰察布市各旗县（市、区）水污染物浓度超标指数

序号	旗县（市、区）	$R_{水ij}$							$R_{水j}$
		DO	COD_{Mn}	COD_{Cr}	BOD_5	NH_3-N	TP	TN	
1	卓资县	－0.752	－0.713	－0.403	－0.420	－0.047	－0.313	—	－0.047
2	凉城县	－0.063	1.000	4.399	1.060	－0.796	1.520	0.300	4.399
3	丰镇市	－0.473	－0.347	－0.088	0.013	0.091	0.873	—	0.873

注："—"表明区域内断面均为河流控制断面，不考核水体总氮污染物浓度超标指数。
资料来源：根据《技术方法（试行）》要求计算得到。

10. 兴安盟

兴安盟各旗县（市、区）水污染物浓度超标指数如表3－39所示，各旗县（市、区）溶解氧、高锰酸盐指数、氨氮均未超标，化学需氧量除科尔沁右翼中旗超标，其余各旗县（市、区）均未超标；五日生化需氧量及总磷除科尔沁右翼中旗接近超标，其余各旗县（市、区）均未超标；总氮除科尔沁右翼前旗接近超标，其余各旗县（市、区）断面均为河流控制断面，不考核水体总氮污染物浓度超标指数。总体而言，乌兰浩特市、阿尔山市、扎赉特旗、突泉县水体污染物浓度未超标，科尔沁右翼前旗水体污染物浓度接近超标，科尔沁右翼中旗水体污染物浓度超标。

表3－39　兴安盟各旗县（市、区）水污染物浓度超标指数

序号	旗县（市、区）	$R_{水ij}$							$R_{水j}$
		DO	COD_{Mn}	COD_{Cr}	BOD_5	NH_3-N	TP	TN	
1	乌兰浩特市	－0.513	－0.492	－0.343	－0.413	－0.687	－0.635	—	－0.343
2	阿尔山市	－0.532	－0.350	－0.450	－0.450	－0.821	－0.735	—	－0.350
3	科尔沁右翼前旗	－0.487	－0.388	－0.376	－0.394	－0.827	－0.233	－0.183	－0.164
4	科尔沁右翼中旗	－0.399	－0.267	0.100	－0.100	－0.580	－0.100	—	0.100
5	扎赉特旗	－0.464	－0.550	－0.425	－0.400	－0.724	－0.590	—	－0.400
6	突泉县	－0.529	－0.600	－0.420	－0.475	－0.746	－0.635	—	－0.420

注：“—”表明区域内断面均为河流控制断面，不考核水体总氮污染物浓度超标指数。
资料来源：根据《技术方法（试行）》要求计算得到。

11. 锡林郭勒盟

锡林郭勒盟各旗县（市、区）水污染物浓度超标指数如表3－40所示，各旗县（市、区）水污染物均未超标。总体而言，锡林浩特市水体污染物浓度未超标，多伦县水体污染物浓度接近超标。

表3－40　锡林郭勒盟各旗县（市、区）水污染物浓度超标指数

序号	旗县（市、区）	$R_{水ij}$							$R_{水j}$
		DO	COD_{Mn}	COD_{Cr}	BOD_5	NH_3-N	TP	TN	
1	锡林浩特市	－0.711	－0.587	－0.580	－0.640	－0.910	－0.738	—	－0.580
2	多伦县	－0.246	－0.217	－0.210	－0.400	－0.669	－0.698	—	－0.188

注：“—”表明区域内断面均为河流控制断面，不考核水体总氮污染物浓度超标指数。
资料来源：根据《技术方法（试行）》要求计算得到。

12. 阿拉善盟

阿拉善盟各旗县（市、区）水污染物浓度超标指数如表 3－41 所示，各旗县（市、区）各水体污染物浓度均未超标。

表 3－41　　阿拉善盟各旗县（市、区）水污染物浓度超标指数

序号	旗县（市、区）	$R_{水ij}$							$R_{水j}$
		DO	COD_{Mn}	COD_{Cr}	BOD_5	NH_3-N	TP	TN	
1	阿拉善左旗	－0. 253	－0. 600	－0. 470	－0. 625	－0. 680	－0. 220	—	－0. 220
2	额济纳旗	－0. 419	－0. 650	－0. 623	－0. 300	－0. 816	－0. 543	—	－0. 280

注："—"表明区域内断面均为河流控制断面，不考核水体总氮污染物浓度超标指数。

资料来源：根据《技术方法（试行）》要求计算得到。

（三）污染物浓度超标指数评价结果

应用极大值法对大气、水污染物浓度超标指数进行集成评价，得到内蒙古自治区各旗县（市、区）的环境污染物浓度综合超标指数。

依据大气、水污染物年均浓度实测数据和中国科学院遥感与数字地球研究所卫星遥感监测的 2015 年 $PM_{2.5}$浓度结果图，其结果表明，内蒙古自治区 103 个旗县（市、区）污染物浓度超标指数中，其中 43 个旗县（市、区）为超标状态，36 个旗县（市、区）为接近超标状态，24 个旗县（市、区）为未超标状态。依据中国科学院遥感与数字地球研究所卫星遥感监测的 2015 年 $PM_{2.5}$浓度图，部分旗县 $PM_{2.5}$污染物浓度超标指数结果如表 3－42 所示。

表 3－42　　部分旗县（市、区）$PM_{2.5}$污染物浓度超标指数结果

序号	旗县（市、区）	超标等级	备注
1	和林格尔县	未超标	地表水及大气均无实测污染物年均数据
2	武川县	接近超标	
3	开鲁县	超标	
4	库伦旗	超标	
5	奈曼旗	超标	
6	扎鲁特旗	接近超标	
7	扎赉诺尔区	接近超标	
8	乌拉特后旗	接近超标	

续表

序号	旗县（市、区）	超标等级	备注
9	化德县	未超标	地表水及大气均无实测污染物年均数据
10	商都县	未超标	
11	兴和县	接近超标	
12	察哈尔右翼前旗	接近超标	
13	察哈尔右翼中旗	未超标	
14	察哈尔右翼后旗	未超标	
15	四子王旗	未超标	
16	正蓝旗	接近超标	
17	镶黄旗	接近超标	
18	正镶白旗	接近超标	
19	阿巴嘎旗	未超标	
20	东乌珠穆沁旗	未超标	
21	西乌珠穆沁旗	未超标	
22	苏尼特左旗	接近超标	
23	阿拉善右旗	超标	
24	达尔罕茂明安联合旗	未超标	本次评价结果为依据 $PM_{2.5}$浓度图，其中卫星遥感监测和大气实测污染物年均浓度存在差异，下一步应开展研究工作，找出误差原因
25	达拉特旗	接近超标	
26	准格尔旗	接近超标	
27	杭锦旗	接近超标	
28	乌拉特中旗	接近超标	

1. 呼和浩特市

呼和浩特市各旗县（市、区）的实测大气污染物浓度均处于超标状态（见表3－43）；清水河县水体污染物浓度接近超标，赛罕区、玉泉区、土默特左旗及托克托县水体污染物浓度超标。总体而言，呼和浩特市8个旗县（市、区）的实测污染物浓度，清水河县处于接近超标状态，其余7个旗县（市、区）均处于超标状态。

表3－43　　呼和浩特市污染物浓度超标指数

序号	旗县（市、区）	$R_{气j}$	$R_{水j}$	R_j	超标等级
1	新城区	0.500	—	0.500	超标
2	回民区	0.643	—	0.643	超标

续表

序号	旗县（市、区）	$R_{气j}$	$R_{水j}$	R_j	超标等级
3	玉泉区	0.414	3.864	3.864	超标
4	赛罕区	0.214	0.044	0.214	超标
5	土默特左旗	0.271	3.491	3.491	超标
6	托克托县	—	1.067	1.067	超标
7	清水河县	—	-0.188	-0.188	接近超标

注："—"表明区域内断面均为河流控制断面，不考核水体总氮污染物浓度超标指数。
资料来源：根据《技术方法（试行）》要求计算得到。

2. 包头市

包头市各旗县（市、区）的实测大气污染物浓度中除石拐区、固阳县、达尔罕茂明安联合旗处于接近超标状态外，其余6个旗县（市、区）均处于超标状态；水污染物浓度中九原区处于接近超标状态，昆都仑区、东河区处于超标状态。总体而言，包头市9个旗县（市、区）的实测污染物浓度除石拐区、固阳县、达尔罕茂明安联合旗处于接近超标状态外，其余6个旗县（市、区）均处于超标状态（见表3-44）。

表3-44　　包头市污染物浓度超标指数

序号	旗县（市、区）	$R_{气j}$	$R_{水j}$	R_j	超标等级
1	东河区	0.729	2.313	2.313	超标
2	昆都仑区	0.429	3.396	3.396	超标
3	青山区	0.357	—	0.357	超标
4	石拐区	-0.013	—	-0.013	接近超标
5	白云鄂博矿区	0.233	—	0.233	超标
6	九原区	0.314	-0.211	0.314	超标
7	土默特右旗	0.050	—	0.050	超标
8	固阳县	-0.042	—	-0.042	接近超标
9	达尔罕茂明安联合旗	-0.188	—	-0.188	接近超标

注："—"表明区域内断面均为河流控制断面，不考核水体总氮污染物浓度超标指数。
资料来源：根据《技术方法（试行）》要求计算得到。

3. 乌海市

乌海市各区的实测大气污染物浓度均处于超标状态；水污染物浓度均处于未超标状态。总体而言，乌海市3个区的实测污染物浓度均处于超标状态（见表3－45）。

表3－45　乌海市污染物浓度超标指数

序号	旗县（市、区）	$R_{气j}$	$R_{水j}$	R_j	超标等级
1	海勃湾区	0.600	－0.379	0.600	超标
2	海南区	0.843	－0.285	0.843	超标
3	乌达区	1.057	—	1.057	超标

注：“—”表明区域内断面均为河流控制断面，不考核水体总氮污染物浓度超标指数。
资料来源：根据《技术方法（试行）》要求计算得到。

4. 赤峰市

赤峰市各旗县（市、区）的实测大气污染物浓度，克什克腾旗未超标，松山区、阿鲁科尔沁旗、巴林左旗、巴林右旗、林西县、喀喇沁旗接近超标，元宝山区、红山区、宁城县、敖汉旗均超标；水污染物浓度中宁城县、巴林左旗处于未超标状态，松山区、元宝山区、翁牛特旗、喀喇沁旗、敖汉旗、克什克腾旗处于超标状态。总体而言，赤峰市12个旗县（市、区）的实测污染物浓度中除林西县、阿鲁科尔沁旗、巴林左旗、巴林右旗处于接近超标状态外，其余8个旗县（市、区）均处于超标状态（见表3－46）。

表3－46　赤峰市污染物浓度超标指数

序号	旗县（市、区）	$R_{气j}$	$R_{水j}$	R_j	超标等级
1	红山区	0.100	－0.067	0.100	超标
2	元宝山区	0.543	0.570	0.570	超标
3	松山区	－0.014	2.548	2.548	超标
4	阿鲁科尔沁旗	－0.114	—	－0.114	接近超标
5	巴林左旗	－0.175	－0.207	－0.175	接近超标
6	巴林右旗	－0.129	—	－0.129	接近超标
7	林西县	－0.171	—	－0.171	接近超标
8	克什克腾旗	－0.286	39.900	39.900	超标
9	翁牛特旗	—	0.403	0.403	超标
10	喀喇沁旗	－0.129	0.230	0.230	超标
11	宁城县	0.386	－0.245	0.386	超标
12	敖汉旗	0.186	0.613	0.613	超标

注：“—”表明区域内断面均为河流控制断面，不考核水体总氮污染物浓度超标指数。
资料来源：根据《技术方法（试行）》要求计算得到。

5. 通辽市

通辽市科尔沁区的实测大气污染物浓度处于超标状态；水污染物浓度中霍林郭勒市、科尔沁左翼中旗处于超标状态。总体而言，通辽市3个旗县（市、区）的实测污染物浓度均处于超标状态（见表3-47）。

表3-47　　通辽市污染物浓度超标指数

序号	旗县（市、区）	$R_{气j}$	$R_{水j}$	R_j	超标等级
1	科尔沁区	0.171	—	0.171	超标
2	科尔沁左翼中旗	—	0.250	0.250	超标
3	霍林郭勒市	—	1.090	1.090	超标

注："—"表明区域内断面均为河流控制断面，不考核水体总氮污染物浓度超标指数。
资料来源：根据《技术方法（试行）》要求计算得到。

6. 鄂尔多斯市

鄂尔多斯市各旗县（市、区）的实测大气污染物浓度，除康巴什新区、东胜区、乌审旗、伊金霍洛旗处于接近超标状态外，其余5个旗县（市、区）均处于超标状态；水污染物浓度中伊金霍洛旗未超标，准格尔旗均超标。总体而言，鄂尔多斯市9个旗县（市、区）的实测污染物浓度中除康巴什新区、东胜区、伊金霍洛旗处于接近超标状态外，其余6个旗县（市、区）均处于超标状态（见表3-48）。

表3-48　　鄂尔多斯市污染物浓度超标指数

序号	旗县（市、区）	$R_{气j}$	$R_{水j}$	R_j	超标等级
1	东胜区	-0.029	—	-0.029	接近超标
2	康巴什新区	-0.063	—	-0.063	接近超标
3	达拉特旗	0.457	—	0.457	超标
4	准格尔旗	0.114	2.903	2.903	超标
5	鄂托克前旗	0.186	—	0.186	超标
6	鄂托克旗	0.057	—	0.057	超标
7	杭锦旗	0.143	—	0.143	超标
8	乌审旗	-0.013	—	-0.013	接近超标
9	伊金霍洛旗	-0.163	-0.247	-0.247	接近超标

注："—"表明区域内断面均为河流控制断面，不考核水体总氮污染物浓度超标指数。
资料来源：根据《技术方法（试行）》要求计算得到。

7. 呼伦贝尔市

呼伦贝尔市海拉尔区、满洲里市的实测大气污染物浓度处于接近超标状态，牙克石市的大气污染物浓度处于未超标状态；水污染物浓度中鄂温克族自治旗处于接近超标状态，新巴尔虎右旗处于超标状态，扎兰屯市、牙克石市、根河市、阿荣旗、新巴尔虎左旗、额尔古纳市、陈巴尔虎旗、鄂伦春自治旗、莫力达瓦达斡尔族自治旗处于未超标状态。总体而言，呼伦贝尔市13个旗县（市、区）的实测污染物浓度，新巴尔虎右旗处于超标状态，海拉尔区、鄂温克族自治旗、满洲里市处于接近超标状态，其余9个旗县（市、区）均处于未超标状态（见表3-49）。

表3-49 呼伦贝尔市污染物浓度超标指数

序号	旗县（市、区）	$R_{气j}$	$R_{水j}$	R_j	超标等级
1	海拉尔区	-0.171	—	-0.171	接近超标
2	阿荣旗	—	-0.277	-0.277	未超标
3	莫力达瓦达斡尔族自治旗	—	-0.281	-0.281	未超标
4	鄂伦春自治旗	—	-0.443	-0.443	未超标
5	鄂温克族自治旗	—	-0.033	-0.033	接近超标
6	陈巴尔虎旗	—	-0.367	-0.367	未超标
7	新巴尔虎左旗	—	-0.417	-0.417	未超标
8	新巴尔虎右旗	—	0.572	0.572	超标
9	满洲里市	-0.143	—	-0.143	接近超标
10	牙克石市	-0.371	-0.294	-0.294	未超标
11	扎兰屯市	—	-0.457	-0.457	未超标
12	额尔古纳市	—	-0.312	-0.312	未超标
13	根河市	—	-0.410	-0.410	未超标

注："—"表明区域内断面均为河流控制断面，不考核水体总氮污染物浓度超标指数。
资料来源：根据《技术方法（试行）》要求计算得到。

8. 巴彦淖尔市

巴彦淖尔市各旗县（市、区）的实测大气污染物浓度均处于超标状态；水污染物浓度中临河区、磴口县处于未超标状态，五原县、杭锦后旗、乌拉特前旗处于超标状态。总体而言，巴彦淖尔市7个旗县（市、区）的实测污染物浓度均处于超标状态（见表3－50）。

表3－50 巴彦淖尔市污染物浓度超标指数

序号	旗县（市、区）	$R_{气j}$	$R_{水j}$	R_j	超标等级
1	临河区	0.343	－0.684	0.343	超标
2	五原县	—	0.850	0.850	超标
3	磴口县	0.514	－0.379	0.514	超标
4	乌拉特前旗	0.343	1.117	1.117	超标
5	乌拉特中旗	0.229	—	0.229	超标
6	杭锦后旗	—	0.020	0.020	超标

注：“—”表明区域内断面均为河流控制断面，不考核水体总氮污染物浓度超标指数。
资料来源：根据《技术方法（试行）》要求计算得到。

9. 乌兰察布市

乌兰察布市集宁区的实测大气污染物浓度处于接近超标状态；水污染物浓度中凉城县、丰镇市、卓资县处于超标状态。总体而言，乌兰察布市4个旗县（市、区）的实测污染物浓度中集宁区、卓资县处于接近超标状态外，凉城县、丰镇市处于超标状态（见表3－51）。

表3－51 乌兰察布市污染物浓度超标指数

序号	旗县（市、区）	$R_{气j}$	$R_{水j}$	R_j	超标等级
1	集宁区	－0.057	—	－0.057	接近超标
2	卓资县	—	－0.047	－0.047	接近超标
3	凉城县	—	4.399	4.399	超标
4	丰镇市	—	0.873	0.873	超标

注：“—”表明区域内断面均为河流控制断面，不考核水体总氮污染物浓度超标指数。
资料来源：根据《技术方法（试行）》要求计算得到。

10. 兴安盟

兴安盟乌兰浩特市的实测大气污染物浓度处于接近超标状态，阿尔山市的大气污染物浓度处于未超标状态；水污染物浓度中凉科尔沁右翼中旗处于超标状态，科尔沁右翼前旗处于接近超标状态，乌兰浩特市、阿尔山市、扎赉特旗突泉县处于未超标状态。总体而言，兴安盟6个旗县（市、区）的实测污染物浓度中科尔沁右翼中旗处于超标状态，乌兰浩特市、科尔沁右翼前旗处于接近超标状态，其余3个旗县（市、区）均处于未超标状态（见表3－52）。

表3－52　兴安盟污染物浓度超标指数

序号	旗县（市、区）	$R_{气j}$	$R_{水j}$	R_j	超标等级
1	乌兰浩特市	－0.114	－0.343	－0.114	接近超标
2	阿尔山市	－0.257	－0.350	－0.257	未超标
3	科尔沁右翼前旗	—	－0.164	－0.164	接近超标
4	科尔沁右翼中旗	—	0.100	0.100	超标
5	扎赉特旗	—	－0.400	－0.400	未超标
6	突泉县	—	－0.420	－0.420	未超标

注："—"表明区域内断面均为河流控制断面，不考核水体总氮污染物浓度超标指数。

资料来源：根据《技术方法（试行）》要求计算得到。

11. 锡林郭勒盟

锡林郭勒盟各旗县（市、区）的实测大气污染物浓度，锡林浩特市、多伦县、东乌珠穆沁旗处于未超标状态，苏尼特右旗处于超标状态，其余8个旗县（市、区）均处接近超标状态。水污染物浓度中多伦县处于接近超标状态，锡林浩特市处未超标状态。总体而言，锡林郭勒盟各旗县（市、区）的实测污染物浓度，除锡林浩特市处于未超标状态外，其余4个旗县（市、区）均处于接近超标状态（见表3－53）。

表3－53　锡林郭勒盟污染物浓度超标指数

序号	旗县（市、区）	$R_{气j}$	$R_{水j}$	R_j	超标等级
1	二连浩特市	－0.171	—	－0.171	接近超标
2	锡林浩特市	－0.256	－0.580	－0.256	未超标
3	苏尼特右旗	－0.157	—	－0.157	接近超标
4	太仆寺旗	－0.171	—	－0.171	接近超标
5	多伦县	－0.314	－0.188	－0.188	接近超标

注："—"表明区域内断面均为河流控制断面，不考核水体总氮污染物浓度超标指数；东乌珠穆沁旗未超标故未列出。

资料来源：根据《技术方法（试行）》要求计算得到。

12. 阿拉善盟

阿拉善盟左旗实测大气污染物浓度处于超标状态；水污染物浓度中各旗

县（市、区）均未超标。总体而言，阿拉善左旗的实测污染物浓度均处于超标状态，额济纳旗的实测污染物浓度均处于未超标状态（见表3－54）。

表3－54 阿拉善盟污染物浓度超标指数

序号	旗县（市、区）	$R_{气j}$	$R_{水j}$	R_j	超标等级
1	阿拉善左旗	0.014	－0.220	0.014	超标
2	额济纳旗	—	－0.280	－0.280	未超标

注：“—”表明区域内断面均为河流控制断面，不考核水体总氮污染物浓度超标指数。
资料来源：根据《技术方法（试行）》要求计算得到。

三、特征分析

（一）大气环境特征分析

据第二章第三节环境评价结果可知：2016年内蒙古自治区54个旗县（市、区）实测大气污染物浓度，29个旗县（市、区）为超标状态，20个旗县（市、区）为接近超标状态，5个旗县（市、区）为未超标状态，以PM_{10}、$PM_{2.5}$为主要超标污染物，但超标程度不高，仅乌海市乌达区大气污染物浓度超标指数大于1，其余28个旗县（市、区）大气污染物浓度超标指数均小于1；呼和浩特市新城区、包头市土默特右旗、鄂尔多斯市的准格尔旗、鄂托克旗等地区臭氧出现超标现象，O_3浓度超标指数在0.050（土默特右旗）~0.125（鄂托克旗）。

（二）水环境特征分析

内蒙古自治区水环境超标地区主要集中在黄河流域流经包头市、呼和浩特市、巴彦淖尔市、鄂尔多斯市部分旗县（市、区），辽河流域流经通辽市、赤峰市部分旗县（市、区），海河流域流经乌兰察布市部分旗县（市、区）；水环境未超标地区主要集中在黄河流域流经乌海市，海河流域流经锡林郭勒盟，松花江流域流经兴安盟、呼伦贝尔市部分旗县（市、区），及阿拉善盟内流河流经旗县（市、区）。其中，察尔森水库所在科尔沁右翼前旗接近超标状态，达里诺尔湖所在克什克腾旗、红山水库所在翁牛特旗、敖汉旗，岱海所在凉城县，乌梁素海所在乌拉特前旗，贝尔湖、呼伦湖所在新巴尔虎右旗均处于超标状态。

2016 年内蒙古自治区 52 个旗县（市、区）实测水污染物浓度，23 个旗县（市、区）为超标状态，6 个旗县（市、区）为接近超标状态，23 个旗县（市、区）为未超标状态；化学需氧量为内蒙古自治区首要水污染因子，其次为总磷和总氮，总氮主要表现为湖库水污染物浓度超标。

（三）环境综合特征分析

总体而言，内蒙古自治区乌海市、通辽市及巴彦淖尔市各旗县（市、区）的环境综合指数均超标，超标指数范围为 0 ~ 1. 117；锡林郭勒盟、兴安盟总体环境污染程度较好，大部分旗县（市、区）处于接近超标及未超标状态，综合超标指数小于 0；呼伦贝尔市除新巴尔虎右旗超标外，其余旗县（市、区）处于接近超标及未超标状态；其余盟市各旗县（市、区）大部分处于超标状态，超标指数在 0 ~ 39. 9，超标程度较高的盟市为赤峰市，主要由水污染物总磷超标导致。

内蒙古自治区大气环境首要污染物为 PM_{10}，超标地区较多，局部地区臭氧出现超标现象，但超标程度较低，说明部分盟市大气污染特征已由煤烟型转为复合型；水环境超标程度较高的污染物为总磷，超标地区较少，但超标程度较高，其次化学需氧量超标地区较多。

四、成因解析

环境评价采用污染物浓度超标指数作为评价指标，由大气、水为主要污染物浓度超标指数集成，依据综合评价结果如下。

PM_{10}、$PM_{2.5}$是影响内蒙古空气质量的主要污染物，主要原因：一是内蒙古气候以温带大陆性季风气候为主，春季干旱多大风，且部分地区植被覆盖率低，容易发生扬尘、浮尘等污染天气；二是冬季漫长寒冷，不利于污染物扩散的静稳天气多发，采暖期煤烟型污染问题突出；三是内蒙古以煤炭为主的能源消费结构以及城镇化水平的快速推进，煤炭等能源消耗增长明显，机动车保有量快速增长，导致细颗粒物排放不断增加。

COD_{Cr}、TP 是影响内蒙古地表水环境质量的主要污染物，其中河流表现为有机污染特征，湖库表现为水体富营养化。主要原因：一是内蒙古近年来降雨偏少、工农业用水增加、水库调节及水土保持的减水作用，导致地表径流量减少，部分河流甚至长期断流或季节性断流，水体的自净能力降低。二是城市集中排污中有机污染物贡献和沿河工农业废水的排入，导致水体污染，水质变差。

（1）重点湖库富营养化问题突出，受生态流量的约束显著。

内蒙古自治区工矿资源开发加快了地下水含水层破坏和疏干的速度，导致矿区及邻近的河流断流，草原生态系统破坏，水源涵养功能受损，最终也造成了区域湖泊湿地萎缩状况进一步加剧，生态用水不断被挤占，众多小面积的湿地大量消失，重要的湖泊没有足够的生态补偿水来维持水域面积，无法维持湖泊及周边湿地的生态服务功能，湖泊周边农业与牧业相对聚集、农业种植施用的农药、化肥、除草剂、畜牧业生产产生的粪便等会通过强降雨径流汇入湖泊；此外，周边工矿企业生产废水，以及生活污水等通过河流或者强降雨向湖泊汇集，造成了自治区湖泊、水库富营养化问题突出，水质长期改善困难。

其中，呼伦湖水质近年逐步恶化，呈重度污染，这主要是由于湖区水量减少造成，水位水量的变化主要与气候的变化有关。目前，该流域的人类活动影响主要是工程措施改变水系，引起较大的湖泊环境变化。

（2）重点流域支流污染较为严重，黄河和辽河支流尤为突出。

内蒙古自治区城镇化快速推进，但沿黄河流域经济带的阿拉善、乌海市、乌兰察布市、呼和浩特市等城镇生活污水处理率较低；流域内的部分城镇污水处理厂执行一级 B 标准，造成黄河流域城镇生活源污染物占全区生活源的比例较高；流域内部分行业排污存在不达标现象，巴彦淖尔、土默川平原、乌兰察布等地区农业源污染物排放较为突出，造成黄河流域工农业污染占全区比例较高；城镇化与工农业集中布局，多部门排污叠加，导致黄河流域污染排放量大，水环境容量较小。

内蒙古自治区境内辽河流域通辽和赤峰市是重要的农业种植区与畜牧业区，农业污染源排放突出；辽河流域处于上游地区，水量缺乏，大部分支流处于长期干涸状态，其中，西拉木伦河、锡伯河及西辽河干涸情况较为严重，导致流域水环境容量不足，流域污染较重。

另外，锡林郭勒盟地表水的污染物主要来源于沿岸未经处理的生活垃圾及生活废水排放，锡林河断面水质污染主要是牲畜粪便排入水体造成的有机污染；滦河水系两岸以农业耕种为主，耕地中残留的农药及化肥随着雨水对滦河水系产生一定程度的面源污染；除与人为污染有关外，还与河流径流量减少、水体自净能力下降有关，如气候干旱、风沙大、降水少等因素。

鄂尔多斯市地表水的污染物主要来源于城市生活污水处理厂尾水、部分工业污水处理厂尾水、部分矿井疏干水，同时，由于乌兰木伦河、龙王沟没有天然径流流入，导致流域水环境容量不足，流域污染较重。

呼伦贝尔市河流流域中，额尔古纳水系及嫩江水系发源于大兴安岭，大兴安岭森林面源、耕地农业面源、草原畜牧业养殖面源污染导致额尔古纳水系季节性污染较重。

五、政策建议

（一）加强污染防治，改善环境质量

加强区域大气污染形成机理和复合污染控制对策研究，强化大气环境质量目标管理和大气污染源管理，实现环境空气质量持续改善；加强重点大气污染源管理，力推大气污染物总量减排，建立大气污染源排放清单，强化大气污染源监测监控，探索主要污染物排污权有偿使用和交易；优化调整城市能源结构，全力推进供热结构调整，深化燃煤锅炉整治，积极推进煤炭清洁利用；配套实施综合治理措施，加强机动车尾气污染防治，推广应用新能源汽车；提升重污染天气应对能力，建立重污染天气监测预警体系，加强重污染天气应急保障，完善区域协作机制；深化大气面源污染治理，加大煤场、料场、堆场整治，控制城市道路扬尘。

深入推进水环境治理，强化水环境质量目标管理；深化重点流域水污染防治，加大河道综合整治力度，加强湖库综合治理，强化城镇污水处理，全面加强配套管网建设，完善再生水利用设施，全面推行河长制；严格控制工业污染源排放，实施重点行业专项整治，提升工业废水处理水平；调整农业产业结构，发展生态农业及绿色农业，减轻农药、化肥对水

体的污染；建立断面水质自动监控、预警系统，对断面水质进行严格的监控，密切关注断面水质；开展生态退化区整治修复，加强矿山治理与生态恢复，提升生态系统功能。

（二）健全环境监管，完善环境制度

以完善排污许可证制度为核心，建立排污许可、排污交易与总量减排相结合的污染物总量控制制度，在环境影响评价、“三同时”等方面开展制度创新，完善排污权交易市场建设，推进环保税征收制度。

建立污染防治联动机制，形成重点区域大气污染联控协作机制，建立重点流域水污染综合管理模式。完善信息公开和公众参与制度，构建全民参与的社会共治行动体系。建立健全生态环境质量监测网络体系、环境监测预警预报体系，完善网格化管理、台账管理、行政执法和司法联动制度及重点污染源在线监控体系。强化环保督察巡视，推进环境公益诉讼。构建环保基金和技术服务两个平台，探索推行环境污染第三方治理模式，推动内蒙古环保产业发展。

（三）强化市场机制，创新资金模式

创新环境污染治理模式，有序开放可由市场提供服务的环境管理领域，顺应跨界融合的产业发展新趋势，探索建立“谁污染、谁治理”与“谁污染、谁付费”相结合的污染治理机制，研究实行负面清单制度，鼓励有能力的第三方进入污染治理市场，在城镇污水处理、工业污染治理等重点领域，研究制定相应管理办法，鼓励发展环保服务总承包和环境治理特许经营模式。大力发展节能环保产业，提高环境污染治理水平，推动内蒙古环保产业发展，培育形成新的经济增长点。不断引导社会资本、增加政府资金投入，建立政府、企业、社会多元化投融资机制，促进多元融资、拓宽融资渠道，鼓励民间资本和社会资金进入环境污染治理领域。落实地方财政资金配套，争取国家大气、水等污染防治专项资金，吸纳社会资本，破解资金约束。在城镇污水处置等领域，实施政府与社会资本合作（PPP）模式。鼓励和引导银行业金融机构加大对环境污染防治项目信贷支持力度，推行绿色信贷。积极探索排污权抵押贷款等环境金融政策。

第四节 生态评价

生态评价主要表征社会经济活动压力下生态系统的健康度状况。采用生态系统健康度作为评价指标，通过发生水土流失、土地沙化、盐渍化和石漠化等生态退化的土地面积比例反映①。

一、评价方法与指标

（一）数据来源

（1）采用的水土流失数据为内蒙古自治区水利厅第一次全国水利普查数据的中度及以上水力侵蚀和风力侵蚀数据，现势性为 2011 年；风力侵蚀模数采用从相关部门收集的 2005 年与 2015 年的数据。

（2）土地沙化数据是通过 2015 年的内蒙古自治区土地利用遥感解译数据中的沙地数据与 2015 年 NDVI 数据计算出的荒漠化指数数据叠加得到。

其中，一个地区荒漠化的轻重程度与植被覆盖率有直接的关系，荒漠化程度越高，植被覆盖率越低，因此荒漠化指数（DI）与植被覆盖指数（PV）为负相关关系。荒漠化指数可以用如下公式计算：

$$DI = 1 - PV \tag{3-11}$$

式（3－11）中，DI 指数和植被覆盖指数（PV）为负相关关系，因此 DI 指数值范围应是 1－PV 值。而植被覆盖指数（PV）是指植被冠层的垂直投影面积与土地总面积之比，是表征植被的一个重要生物物理参量。通过归一化植被指数计算出与其相应的植被覆盖指数，可用来表征植被的覆盖程度，即植被覆盖率。植被覆盖指数可以通过如下公式计算得到：

$$PV = \frac{NDVI_i - NDVI_{min}}{NDVI_{max} - NDVI_{min}} \tag{3-12}$$

式（3－12）中，PV 是植被覆盖率；$NDVI_i$ 是 2015 年的归一化植被指数；$NDVI_{max}$ 是研究区 NDVI 的最大值，一般取 NDVI 值的 95%；$NDVI_{min}$ 是

---

① 因为内蒙古自治区没有石漠化类型，所以不考虑。

研究区 NDVI 的最小值，一般取 NDVI 值的 5%。

本部分主要利用荒漠化指数（DI）来反映 2015 年浑善达克沙地荒漠化的现状情况。根据 DI 值变化范围进行分等定级，可以确定出荒漠化程度；利用像元数统计各种不同类型的面积，从而通过面积的变化反映不同荒漠化类型的年际变化。

（3）盐渍化数据为利用 2015 年的内蒙古自治区土地利用遥感解译数据提取的盐碱地数据。

（二）评价方法

通过区域内已经发生生态退化的土地面积比例及程度反映，计算公式如下：

$$H = A_d / A_t \quad (3-13)$$

式（3－13）中，A_d 为中度及以上退化土地面积，包括中度及以上的水土流失、土地沙化、盐渍化和土地石漠化面积；A_t 为评价区的土地面积。水土流失、土地沙化、盐渍化和土地石漠化面积及等级可参考水利部、国家林业和草原局的公布结果。

（三）阈值与重要参数

根据生态系统健康度，将评价结果划分为生态系统健康度低、健康度中等和健康度高三种类型。生态系统健康度越低，表明区域生态系统退化状况越严重，产生的生态问题越大。通常，当 $H > 10\%$ 时，生态系统健康度低；当 H 介于 5%～10% 时，生态系统健康度中等；当 $H < 5\%$ 时，生态系统健康度高。由于区域间生态本底状况差异较大，生态系统抗干扰能力不同，生态系统健康度的阈值可根据区域差异进行调整。

（四）评价标准

荒漠化指数先叠加全国第一次地理国情普查沙质地表数据，然后在此基础上利用通过决策树方法进行 DI 的分级，即荒漠化指数（DI）0～0.45 为未荒漠化、0.45～0.65 为轻度荒漠化、0.65～0.78 为中度荒漠化、0.78～0.96 为重度荒漠化、0.96～1 为极重度荒漠化。为准确反映内蒙古地区土地沙化情况，反复研究了荒漠化指数分级标准，最后确定内蒙古自治区中度及以上荒漠化分级定为 0.65～0.88。

（五）评价权重

内蒙古自治区东西跨度大，水热条件不均衡，气候对自然环境的影响比较大，因此把内蒙古自治区依据傅杰院士的中国生态区划图和郑度院士的中国生态地理图分成6个生态类型单元，分别为典型荒漠区、荒漠草原生态区、农业生态区、农牧交错生态区、草原生态区和森林生态区，在此分类基础根据各个生态区的生态敏感度分别加权重，具体如表3－55所示。

表3－55　内蒙古自治区生态类型分类及权重表

类型	分布范围	数量	权重
典型荒漠区	阿拉善左旗、阿拉善右旗、额济纳旗	3	1
荒漠草原生态区	乌拉特后旗、乌拉特中旗、磴口县、杭锦后旗、临河区、海勃湾区、乌达区、海南区、杭锦旗、鄂托克旗、鄂托克前旗、乌审旗、伊金霍洛旗、康巴什新区、东胜区、准格尔旗、达尔罕茂明安联合旗、白云鄂博矿区、四子王旗、苏尼特右旗、二连浩特市、苏尼特左旗	22	1.1
农业生态区	五原县、乌拉特前旗、达拉特旗、固阳县、昆都仑区、青山区、九原区、石拐区、东河区、土默特右旗、土默特左旗、托克托县、回民区、玉泉区、和林格尔县、清水河县、武川县、新城区、赛罕区、凉城县、丰镇市、兴和县、松山区、红山区、元宝山区、喀喇沁旗、宁城县、敖汉旗、奈曼旗、库伦旗、科尔沁左翼后旗、开鲁县、科尔沁区、科尔沁左翼中旗、科尔沁右翼中旗、科尔沁右翼前旗、突泉县、扎赉特旗	38	1.3
农牧交错生态区	卓资县、察哈尔右翼中旗、察哈尔右翼后旗、察哈尔右翼前旗、集宁区、商都县、化德县、镶黄旗、正镶白旗、太仆寺旗、正蓝旗、多伦县、克什克腾旗、林西县、巴林右旗、巴林左旗、翁牛特旗、阿鲁科尔沁旗、扎鲁特旗	19	1.5
草原生态区	阿巴嘎旗、锡林浩特市、西乌珠穆沁旗、霍林郭勒市、东乌珠穆沁旗、新巴尔虎右旗、新巴尔虎左旗、满洲里市、扎赉诺尔区、海拉尔区	10	45
森林生态区	陈巴尔虎旗、额尔古纳市、鄂温克自治旗、阿尔山市、扎兰屯市、牙克石市、根河市、鄂伦春自治旗、莫力达瓦达斡尔族自治旗、阿荣旗、乌兰浩特市	11	50

二、评价结果

根据评价方法，对数据进行处理，得到内蒙古自治区 103 个旗县

（市、区）生态评价结果。其中，内蒙古自治区103个旗县（市、区）中健康度等级为高的有55个，健康度为中等等级的有21个，健康度为低等级的有27个（见表3-56）。

表3-56 内蒙古自治区103个旗县（市、区）生态评价结果 单位：平方千米

盟市名称	旗县（市、区）	水土流失面积		土地沙化面积	盐渍化面积	土地退化面积	生态健康度指数（%）	生态系统健康度
		水蚀面积	风蚀面积					
呼和浩特市	新城区	1	0	1.00	0	1.500	0.39	健康度高
	回民区	0	0	0	0	0	0	健康度高
	玉泉区	1	0	0	0	1.000	0.62	健康度高
	赛罕区	3	0	0.29	0	3.145	0.42	健康度高
	土默特左旗	6	0	0.37	0	6.185	0.30	健康度高
	托克托县	3	0	0.01	0	3.005	0.28	健康度高
	和林格尔县	8	0	3.40	0	9.700	0.43	健康度高
	清水河县	309	0	0	0	309.000	14.28	健康度低
	武川县	145	0	12.20	0	151.100	4.37	健康度高
包头市	东河区	7	0	1.09	0	7.545	2.29	健康度高
	昆都仑区	6	0	0.59	0	6.295	2.86	健康度高
	青山区	3	0	0.80	0	3.400	1.83	健康度高
	石拐区	8	0	4.62	0	10.310	2.12	健康度高
	白云矿区	12	1	5.07	0	15.035	5.97	健康度中等
	九原区	3	0	1.39	0.15	3.845	1.14	健康度高
	土默特右旗	4	0	4.26	3.99	10.120	0.67	健康度高
	固阳县	177	0	48.93	0	201.465	5.98	健康度中等
	达尔罕茂明安联合旗	514	1	149.21	4.58	593.685	3.93	健康度高
乌海市	海勃湾区	35	1	5.19	0	38.095	8.84	健康度中等
	海南区	100	0	12.29	1.44	107.585	12.84	健康度低
	乌达区	16	0	0.56	0	16.280	8.78	健康度中等
赤峰市	红山区	8	0	0	0	8.000	2.16	健康度高
	元宝山区	22	0	0	0	22.000	3.03	健康度高
	松山区	70	0	0	0	70.000	1.61	健康度高
	阿鲁科尔沁旗	748	1	27.68	2.25	764.590	8.70	健康度中等
	巴林左旗	412	0	0.11	0	412.055	9.55	健康度中等

续表

盟市名称	旗县（市、区）	水土流失面积		土地沙化面积	盐渍化面积	土地退化面积	生态健康度指数（%）	生态系统健康度
		水蚀面积	风蚀面积					
赤峰市	巴林右旗	196	0	49.33	0	220.665	3.70	健康度高
	林西县	51	1	0.72	0	51.860	2.06	健康度高
	克什克腾旗	781	3	6.59	6.10	791.895	6.28	健康度中等
	翁牛特旗	141	3	835.38	0	560.190	9.17	健康度中等
	喀喇沁旗	219	0	0	0	219.000	9.37	健康度中等
	宁城县	202	0	0	0	202.000	6.10	健康度中等
	敖汉旗	459	0	34.30	0	476.150	7.79	健康度中等
通辽市	科尔沁区	2	0	0	0	2.000	0.07	健康度高
	科尔沁左翼中旗	26	0	0.20	4.27	30.370	0.41	健康度高
	科尔沁左翼后旗	341	0	43.26	9.31	371.940	4.44	健康度高
	开鲁县	5	0	1.96	0.76	6.740	0.23	健康度高
	库伦旗	329	0	64.70	0	361.350	10.87	健康度低
	奈曼旗	230	0	204.84	0	332.420	6.95	健康度中等
	扎鲁特旗	1006	0	13.18	2.43	1015.020	10.02	健康度低
	霍林郭勒市	29	0	0	0.12	29.120	224.77	健康度低
鄂尔多斯市	东胜区	153	0	16.65	0.98	162.305	8.71	健康度中等
	康巴什新区	21	0	7.48	0	24.740	8.43	健康度中等
	达拉特旗	325	0	539.74	4.69	599.560	9.46	健康度中等
	准格尔旗	71	0	68.26	0	105.130	2.03	健康度高
	鄂托克前旗	276	0	1255.30	79.94	983.590	14.50	健康度低
	鄂托克旗	1916	1	1718.48	42.07	2817.810	17.07	健康度低
	杭锦旗	971	24	2316.96	48.83	2190.310	15.48	健康度低
	乌审旗	329	0	2008.63	9.00	1342.310	22.11	健康度低
	伊金霍洛旗	188	0	29.52	0	202.760	4.36	健康度高
呼伦贝尔市	海拉尔区	0	0	0	3.22	3.220	10.06	健康度低
	扎赉诺尔区	1	0	0	0	1.000	16.98	健康度低
	阿荣旗	224	0	0	0	224.000	101.16	健康度低
	莫力达瓦达斡尔族自治旗	55	0	0	0	55.000	26.56	健康度低

续表

盟市名称	旗县（市、区）	水土流失面积		土地沙化面积	盐渍化面积	土地退化面积	生态健康度指数（%）	生态系统健康度
		水蚀面积	风蚀面积					
呼伦贝尔市	鄂伦春自治旗	90	0	0	0	90.000	8.23	健康度中等
	鄂温克族自治旗	354	0	0	0.01	354.010	94.98	健康度低
	陈巴尔虎旗	48	0	0	7.10	55.100	15.81	健康度低
	新巴尔虎左旗	53	13	2.86	12.09	73.020	15.74	健康度低
	新巴尔虎右旗	2	7	9.38	2.88	13.070	2.46	健康度高
	满洲里市	2	0	16.24	0	10.120	118.42	健康度低
	牙克石市	223	0	0	0	223.000	40.07	健康度低
	扎兰屯市	1470	0	0	0	1470.000	437.84	健康度低
	额尔古纳市	98	0	0	0	98.000	17.11	健康度低
	根河市	3	0	0	0	3.000	0.75	健康度高
巴彦淖尔市	临河区	0	48	1.09	0.07	24.615	0.72	健康度高
	五原县	0	235	1.42	0.13	118.340	6.15	健康度中等
	磴口县	62	3	126.69	0.02	126.865	4.22	健康度高
	乌拉特前旗	133	118	57.92	2.85	223.810	3.69	健康度高
	乌拉特中旗	439	39	19.18	0.22	468.310	2.24	健康度高
	乌拉特后旗	426	3	293.78	2.44	576.830	2.83	健康度高
	杭锦后旗	0	35	40.96	0.15	38.130	2.47	健康度高
乌兰察布市	集宁区	10	0	0	0	10.000	3.82	健康度高
	卓资县	47	0	0.26	0	47.130	2.29	健康度高
	化德县	70	2	5.43	1.36	75.075	4.49	健康度高
	商都县	85	0	13.57	7.08	98.865	3.70	健康度高
	兴和县	51	0	0.48	0.08	51.320	1.90	健康度高
	凉城县	23	0	0.41	0	23.205	0.88	健康度高
	察哈尔右翼前旗	36	0	0.61	11.91	48.215	2.88	健康度高
	察哈尔右翼中旗	80	2	6.36	0.60	84.780	3.07	健康度高
	察哈尔右翼后旗	85	0	8.56	0.10	89.380	3.71	健康度高
	四子王旗	97	5	130.93	0.87	165.835	0.88	健康度高
	丰镇市	56	0	1.41	0	56.705	2.75	健康度高

续表

盟市名称	旗县（市、区）	水土流失面积		土地沙化面积	盐渍化面积	土地退化面积	生态健康度指数（%）	生态系统健康度
		水蚀面积	风蚀面积					
兴安盟	乌兰浩特市	67	0	0	0.11	67.110	14.98	健康度低
	阿尔山市	407	0	0	0	407.000	276.57	健康度低
	科尔沁右翼前旗	1963	0	0	0	1963.000	15.22	健康度低
	科尔沁右翼中旗	693	0	5.23	7.13	702.745	7.15	健康度中等
	扎赉特旗	585	0	0	0.63	585.630	6.85	健康度中等
	突泉县	240	0	0	0	240.000	6.50	健康度中等
锡林郭勒盟	二连浩特市	0	0	14.02	0.52	7.530	0.40	健康度高
	锡林浩特市	237	0	6.01	4.64	244.645	75.37	健康度低
	阿巴嘎旗	0	151	123.17	35.23	172.315	27.31	健康度低
	苏尼特左旗	6	39	336.13	36.67	230.235	0.93	健康度高
	苏尼特右旗	161	11	284.62	26.48	335.290	1.91	健康度高
	东乌珠穆沁旗	590	1	2.54	149.26	741.030	73.44	健康度低
	西乌珠穆沁旗	975	1	8.08	26.81	1006.350	201.90	健康度低
	太仆寺旗	48	0	10.09	0.19	53.235	2.55	健康度高
	镶黄旗	138	2	0	4.25	143.250	4.21	健康度高
	正镶白旗	129	12	111.26	1.24	191.870	4.60	健康度高
	正蓝旗	0	0	67.44	39.01	72.730	1.56	健康度高
	多伦县	0	0	0	0	0	0	健康度高
阿拉善盟	阿拉善左旗	1693	2049	2276.28	300.97	4156.610	5.25	健康度中等
	阿拉善右旗	1327	2288	972.23	136.87	3093.985	3.90	健康度高
	额济纳旗	0	5668	61.01	717.71	3582.215	2.59	健康度高

资料来源：根据《技术方法（试行）》要求计算得到。

三、特征分析

根据生态系统健康度，对评价结果进行分类，得到以下结论：

（1）生态系统健康度高的区域主要分布在阿拉善盟西部、巴彦淖尔市、包头市、呼和浩特市及乌兰察布市，共包括55个旗县（市、区），具体如表3－57所示。其中生态健康度指数在0～1的旗县（市、区）为：

回民区、多伦县、科尔沁区、开鲁县、托克托县、土默特左旗、新城区、二连浩特市、科尔沁左翼中旗、赛罕区、和林格尔县、玉泉区、土默特右旗、临河区、根河市、凉城县、四子王旗、苏尼特左旗；生态健康度指数在1~3的旗县（市、区）为：九原区、正蓝旗、松山区、青山区、兴和县、苏尼特右旗、准格尔旗、林西县、石拐区、红山区、乌拉特中旗、东河区、卓资县、新巴尔虎右旗、杭锦后旗、太仆寺旗、额济纳旗、丰镇市、乌拉特后旗、昆都仑区、察哈尔右翼前旗；生态健康度指数在3~5的旗县（市、区）为：元宝山区、察哈尔右翼中旗、乌拉特前旗、巴林右旗、商都县、察哈尔右翼后旗、磴口县、集宁区、阿拉善右旗、达尔罕茂明安联合旗、镶黄旗、伊金霍洛旗、武川县、科尔沁左翼后旗、化德县、正镶白旗。

表3－57　　　　内蒙古自治区生态系统健康度分类

类型	阈值	旗县	数量（个）
生态系统健康度高	$H<5\%$	额济纳旗、阿拉善右旗、乌拉特后旗、乌拉特前旗、乌拉特中旗、杭锦后旗、临河区、磴口县、达尔罕茂明安联合旗、石拐区、东河区、九原区、昆都仑区、青山区、土默特右旗、巴林右旗、林西县、红山区、元宝山区、松山区、准格尔旗、伊金霍洛旗、和林格尔县、武川县、玉泉区、土默特左旗、回民区、赛罕区、新城区、托克托县、新巴尔虎右旗、根河市、开鲁县、科尔沁左翼中旗、科尔沁区、科尔沁左翼后旗、商都县、化德县、兴和县、察哈尔右翼中旗、察哈尔右翼后旗、集宁区、察哈尔右翼前旗、卓资县、四子王旗、凉城县、丰镇市、太仆寺旗、多伦县、镶黄旗、正镶白旗、正蓝旗、苏尼特右旗、二连浩特市、苏尼特左旗	55
生态系统健康度中等	$5\%\leqslant H\leqslant 10\%$	阿拉善左旗、五原县、固阳县、白云鄂博矿区、巴林左旗、阿鲁科尔沁旗、宁城县、喀喇沁旗、敖汉旗、翁牛特旗、克什克腾旗、达拉特旗、康巴什新区、东胜区、鄂伦春自治旗、奈曼旗、乌达区、海勃湾区、突泉县、扎赉特旗、科尔沁右翼中旗	21
生态系统健康度低	$H>10\%$	鄂托克前旗、乌审旗、鄂托克旗、杭锦旗、清水河县、满洲里市、扎赉诺尔区、扎兰屯市、阿荣旗、新巴尔虎左旗、莫力达瓦达斡尔族自治旗、陈巴尔虎旗、牙克石市、额尔古纳市、海拉尔区、鄂温克族自治旗、库伦旗、扎鲁特旗、霍林郭勒市、海南区、锡林浩特市、东乌珠穆沁旗、西乌珠穆沁旗、阿巴嘎旗、阿尔山市、乌兰浩特市、科尔沁右翼前旗	27

（2）生态系统健康度中等的区域主要分布在赤峰市与通辽市以及兴安盟，共包括21个旗县（市、区）。其中生态健康度指数在5~6的旗县（市、区）为：阿拉善左旗、白云矿区、固阳县；生态健康度指数在6~8的旗县（市、区）为：宁城县、克什克腾旗、突泉县、扎赉特旗、奈曼旗、科尔沁右翼中旗、敖汉旗、五原县；生态健康度指数在8~10的旗县（市、区）为：鄂伦春自治旗、康巴什新区、阿鲁科尔沁旗、东胜区、乌达区、海勃湾区、翁牛特旗、扎鲁特旗、喀喇沁旗、巴林左旗。

（3）生态系统健康度低的区域主要分布在呼伦贝尔市、兴安盟、锡林郭勒盟及鄂尔多斯市，共包括27个旗县（市、区），具体如表3-56所示。其中生态健康度指数在10~20的旗县（市、区）为：海拉尔区、库伦旗、海南区、达拉特旗、清水河县、鄂托克前旗、科尔沁右翼前旗、杭锦旗、新巴尔虎左旗、陈巴尔虎旗、扎赉诺尔区、鄂托克旗、额尔古纳市、乌兰浩特市；生态健康度指数在20~100的旗县（市、区）为：乌审旗、莫力达瓦达斡尔族自治旗、阿巴嘎旗、牙克石市、东乌珠穆沁旗、锡林浩特市、鄂温克族自治旗；生态健康度指数大于100的旗县（市、区）为：阿荣旗、满洲里市、西乌珠穆沁旗、霍林郭勒市、阿尔山市、扎兰屯市。

四、成因分析

由于内蒙古自治区土地退化的类型主要包括土地沙化、土地盐渍化和水土流失三种类型，造成这些生态系统健康度中、低的主要原因为土地沙化和水土流失情况较为严重。

其主要原因从自然因素和人为因素两个方面进行分析。

（一）自然因素

内蒙古因地域辽阔，各地差异较大，最终形成了以温带大陆性季风气候为主的复杂多样性气候。具体表现为多数地区四季分明：春季气温骤升，多大风天气；夏季短促温热，降水集中；秋季气温剧降，秋霜冻往往过早来临；冬季漫长严寒，多寒潮天气。总体呈现夏短冬长，较为干冷。

该地区年平均气温为 -1～10 摄氏度，全年降水量在 50～450 毫米。无霜期在 80～150 天，年日照量普遍在 2700 小时以上[①]。降水量少、气温高、蒸发量多再加上大风天数多等造成了内蒙古自治区土地沙化。低生态系统健康度区域受自然因素的影响主要有两个方面，一方面是受土地沙化与土壤风蚀影响，另一方面是因为其区域生态系统脆弱，所以生态敏感度较高。

（二）人为因素

内蒙古自治区大多数土地沙化均是人类活动引发的，气候未发生变化的条件下，当下垫面受到人类干扰，表层稳定性发生变化时，如植被的退化、草地的开垦、大面积开采矿产资源，沙丘的移动，都会诱发土地沙化或加剧其进程。人类活动打破了下垫面表层结构，沙漠化破口的形成使外营力的介入成为可能，或者说人类活动协助风力打破了土壤表层较脆弱的稳定，加速了沙漠化发生进程。

五、存在的问题及建议

进行内蒙古生态评价的水土流失的数据源为第一次全国水利普查的《内蒙古自治区水土保持公报》中的水土流失的统计数据。但由于该数据为内蒙古自治区各旗县（市、区）的水土流失面积统计数据，没有空间信息，因此在进行三类土地退化面积整合时，只能将水土流失面积与其他两类土地退化面积进行加和，这样土壤风蚀数据和土地沙化数据会造成面积重复计算的情况。所以计算出来的结果存在一定误差。

在生态类型划分过程中，由于本报告中基本划分单元是县级行政区划，故在 103 个旗县（市、区）生态系统类型划分时若存在跨两个及以上自然地理区域的旗县（市、区），则把在此旗县（市、区）中占比最高的类型作为此旗县（市、区）的生态系统类型。所以导致最终生态评价结果存在一定误差。

---

① 资料来源：内蒙古自治区政府官网。

第四章

专项评价

根据评价方法，对数据进行处理，得到内蒙古自治区 103 个旗县（市、区）专项评价结果。其中，超载（或超标、恶化、低）旗县（市、区）共计 4 个，临界超载（或临界超标、相对稳定、中）旗县（市、区）共计 19 个，不超载（或不超标、趋良、高）旗县（市、区）共计 80 个。其中，城市化地区水气环境黑灰指数涉及临界超标和不超标旗县（市、区）分别为 37 个和 4 个；重点生态功能区生态系统功能指数涉及高、中、低旗县（市、区）分别为 31 个、8 个和 4 个；农产品主产区耕地质量变化指数趋良与相对稳定的旗县（市、区）分别为 12 个和 7 个。

第一节　城市化地区评价

一、城市水环境质量（黑臭水体）

城市水环境质量评价主要表征区域水资源条件在城市中优化开发区域和重点开发区域的支撑能力。本章采用城市黑臭水体作为评价指标，该指数根据黑臭水体分级，采用城市黑臭水体密度、重度黑臭比例两项指标对优化开发区域和重点开发区域的城市水环境质量等级进行划分。

（一）评价方法与指标

1. 评价指标

2015 年，国务院为贯彻落实关于水污染防治的行动计划，加快城市黑臭水体整治，住房城乡建设部会同环境保护部、水利部、农业部组织制定了《城市黑臭水体整治工作指南》。根据住房和城乡建设部发布的《城市黑臭水体整治工作指南》，城市黑臭水体是指城市建成区内，呈现令人不悦的颜色和（或）散发令人不适气味的水体的统称。

水质检测与分级结果可为黑臭水体整治计划制定和整治效果评估提供重要参考。根据黑臭程度的不同，可将黑臭水体细分为“轻度黑臭”和“重度黑臭”两级。城市黑臭水体分级的评价指标为透明度、溶解氧（DO）、氧化还原电位（ORP）和氨氮（NH_3-N），分级标准及相关指标测定方法如表4－1和表4－2所示。

表4－1 城市黑臭水体污染程度分级标准

特征指标（单位）	轻度黑臭	重度黑臭
透明度（厘米）	25～10*	<10*
溶解氧（毫克/升）	0.2～2.0	<0.2
氧化还原电位（mV）	－200～50	－200
氨氮（毫克/升）	8.0～15	>15

注：*表示水深不足25厘米时，该指标按水深的40%取值。
资料来源：《城市黑臭水体整治工作指南》。

表4－2 水质指标测定方法

序号	项目	测定方法	备注
1	透明度	黑白盘法或铅字法	现场原位测定
2	溶解氧	电化学法	现场原位测定
3	氧化还原电位	电极法	现场原位测定
4	氨氮	纳氏试剂光度法或水杨酸－次氯酸盐光度法	水样应经过0.45微米滤膜过滤

资料来源：《城市黑臭水体整治工作指南》。

2. 阈值与重要参数

水体黑臭程度分级判定时，参照《城市黑臭水体整治工作指南》，原则上可沿黑臭水体每200～600米间距设置检测点，但每个水体的检测点不少于3个。取样点一般设置于水面下0.5米处，水深不足0.5米时，应设置在水深的1/2处。原则上间隔1～7日检测1次，至少检测3次以上。

某检测点4项理化指标中，1项指标60%以上数据或不少于2项指标30%以上数据达到“重度黑臭”级别的，该检测点应认定为“重度黑臭”，否则可认定为“轻度黑臭”。连续3个以上检测点认定为“重度黑臭”的，检测点之间的区域应认定为“重度黑臭”；水体60%以上的检测点被认定为“重度黑臭”的，整个水体应认定为“重度黑臭”。以城市河流黑臭水体污染程度及实测长度为基础数据，与建设用地中的城市和建制镇面积进行比较，计算出城市黑臭水体密度、重度黑臭比例2项指标，并对优化开发区域和重点开发区域按照不同的阈值处理，划分的参照阈值如表4－3所示。

表4－3　内蒙古城市黑臭水体单项指标分级参照阈值

功能区	黑臭水体密度（米/平方公里）			重度黑臭比例（%）		
	轻度	中度	重度	轻度	中度	重度
优化开发区域	<100	100～500	≥500	<25	25～50	≥50
重点开发区域	<300	300～800	≥800	<33	33～66	≥66

资料来源：《城市黑臭水体整治工作指南》。

按照重度黑臭比例指标权重较高的原则，划分城市水环境质量（黑臭水体）评估等级，方法如表4－4所示。

表4－4　城市水环境质量（黑臭水体）等级划分

黑臭水体密度	轻度	中度	重度
轻度	轻度	中度	中度
中度	轻度	中度	重度
重度	中度	重度	重度

3. 评价范围

根据以上指标测定，通过对内蒙古设区城市和旗县（市、区）进行主动排查、公众举报，2017年内蒙古各盟市旗县（市、区）共有黑臭水体13个，其基本信息如表4－5所示。

表 4－5　　内蒙古各旗县（市、区）的黑臭水体污染程度情况

序号	行政区划	水体数量	旗县（市、区）	黑臭水体名称	整治前黑臭等级
1	呼和浩特市	7	回民区	通道北街快速路立交桥段（快速路立交桥南－海中桥北）	重度
			玉泉区	县府街大桥至玉泉区新建办公楼	重度
				玉泉区新建办公楼至鄂尔多斯食品大桥	重度
				鄂尔多斯食品大桥上至南二环快速大桥	重度
				南二环快速大桥至小黑河入口	重度
				锡林路美通大桥至巴彦淖尔南路大桥	重度
				巴彦淖尔南路大桥通往托县快速路大桥	重度
2	包头市	4	昆都仑区	昆河北段	重度
				昆河南段	重度
			东河区	二道沙河北段	重度
				二道沙河南段	重度
3	赤峰市	2	元宝山区	西露天臭水沟	轻度
				西旱河泄洪渠	轻度

根据《内蒙古主体功能区规划》，内蒙古土地空间划分为重点开发区域、重点生态功能区、农产品主产区和禁止开发区域四类主体功能区。其中，重点开发区域共计 41 个，包括 23 个国家级重点开发区域及 18 个自治区级重点开发区域。结合《技术方法（试行）》要求，城市水环境质量只针对优化开发区域和重点开发区域进行。因此，内蒙古城市化地区水环境质量评价范围是重点开发区域的 41 个旗县（市、区）级行政单元，评价范围具体如表 4－6 所示。

表 4－6　　内蒙古城市化水环境质量评价范围

评价范围	国家级重点开发区域
	新城区、回民区、玉泉区、赛罕区、土默特左旗、托克托县、和林格尔县、昆都仑区、青山区、九原区、东河区、白云鄂博矿区、石拐区、东胜区、达拉特旗、准格尔旗、伊金霍洛旗、乌审旗、鄂托克旗、杭锦旗、鄂托克前旗、康巴什区、扎赉诺尔区
	自治区级重点开发区域
	海拉尔区、满洲里市、陈巴尔虎旗、鄂温克族自治旗、乌兰浩市、霍林郭勒市、红山区、松山区、元宝山区、宁城县、锡林浩特市、二连浩特市、集宁区、丰镇市、临河区、海勃湾区、海南区、乌达区

根据目前已有资料，重点开发区域的41个旗县（市、区）级行政单元中，只有5个区具有黑臭水体。通过计算，城市黑臭水体密度、重度黑臭比例结果如表4－7所示。

表4－7　内蒙古重点开发区域城市黑臭水体密度、重度黑臭比例指标计算

序号	行政区划名称	轻度水体实测长度（米）	重度水体实测长度（米）	城市面积（平方千米）	黑臭水体密度（米/平方千米）	重度黑臭比例（%）
1	回民区	—	2409	194	12.42	100
2	玉泉区	—	16625	207	80.31	100
3	昆都仑区	—	227	301	0.75	100
4	东河区	—	1893	470	4.03	100
5	元宝山区	2242	—	952	2.36	0

注：经排查测量，5个区水体轻度与重度属于互斥关系，空值用“—”表示。
资料来源：笔者对内蒙古设区城市和旗县（市、区）进行主动排查测量结果。

（二）评价结果

根据《技术方法（试行）》中提供的城市水环境质量（黑臭水体）等级划分方法，内蒙古自治区5个重点开发区的黑臭水体等级划分如表4－8所示。

表4－8　内蒙古重点开发区域黑臭水体等级划分

序号	行政区划名称	黑臭水体密度等级	重度黑臭比例等级	黑臭水体等级
1	回民区	轻度	重度	中度
2	玉泉区	轻度	重度	中度
3	昆都仑区	轻度	重度	中度
4	东河区	轻度	重度	中度
5	元宝山区	轻度	轻度	轻度

二、城市环境空气质量（$PM_{2.5}$）

城市环境空气质量评价主要表征区域环境空气质量在城市中优化开发区域和重点开发区域的支撑能力。本章采用$PM_{2.5}$年超标天数作为评价指标来反映城市重点开发区域或优先开发区域的空气质量等级。

（一）评价方法

1. 阈值与重要参数

随着我国经济社会的快速发展，以煤炭为主的能源消耗大幅攀升，机动车保有量急剧增加，城市灰霾现象频繁发生。国家制定的《环境空气质量标准》，客观地反映了我国环境空气质量状况，可推进大气污染防治。

据有关规范要求，城市环境空气质量调查内容包括全区各县市已建成运行且具备 $PM_{2.5}$ 监测能力的环境空气监测站的 $PM_{2.5}$ 日均浓度。$PM_{2.5}$ 指环境空气中空气动力学当量直径小于等于2.5微米的颗粒物，也称细颗粒物。国家规定的 $PM_{2.5}$ 测度以空气中的浓度值为主要标准（见表4－9）。

表4－9　$PM_{2.5}$ 浓度阈值　单位：微克/立方米

平均时间	一级浓度阈值	二级浓度阈值
年平均	15	35
24小时平均	35	75

注：一级浓度限值适合于一类区，包括自然保护区、风景名胜区和其他需要特殊保护的区域，二级浓度限值适用于二类区，包括居住区、商业交通居民混合区、文化区、工业区和农村地区。

资料来源：《环境空气质量标准》（GB 3095－2012）。

2. 评价方法

以 $PM_{2.5}$ 年超标天数为评价指标，评价数据为环境监测站点提供的区县 $PM_{2.5}$ 年均浓度和城市的超标天数，数据缺失区县可采用普通克里金法等插值方法进行推算。$PM_{2.5}$ 超标天数等级划分的参照阈值如表4－10所示。

表4－10　城市环境空气质量（$PM_{2.5}$）等级划分参照阈值

单位：微克/立方米

功能区	轻度	中度	重度	严重
优化开发区域	＜60	60～120	120～210	≥210
其中：核心城市主城区	＜30	30～90	90～180	≥180
重点开发区域	＜120	120～180	180～240	≥240
其中：核心城市主城区	＜60	60～120	120～210	≥210

注：核心城市主要指直辖市、深灰或城市人口规模超过500万人以上的特大和超大城市，主城区是指城市人口集中分布的中心城区。

资料来源：《环境空气质量标准》（GB 3095－2012）。

3. 评价范围及指标

内蒙古城市化地区评价主要针对重点开发区域的41个县（市、区）级行政单元进行，城市环境空气质量评价结果由城市环境空气质量（$PM_{2.5}$）等级反映（见表4－11）。

表4－11　内蒙古城市环境空气质量（$PM_{2.5}$）评价范围

<table>
<tr><td rowspan="4">评价范围</td><td>重点开发区域</td></tr>
<tr><td>新城区、回民区、玉泉区、赛罕区、土默特左旗、托克托县、和林格尔县、昆都仑区、青山区、九原区、东河区、白云鄂博矿区、石拐区、东胜区、达拉特旗、准格尔旗、伊金霍洛旗、乌审旗、鄂托克旗、杭锦旗、鄂托克前旗、康巴什区、扎赉诺尔区</td></tr>
<tr><td>自治区级重点开发区域</td></tr>
<tr><td>海拉尔区、满洲里市、陈巴尔虎旗、鄂温克族自治旗、乌兰浩市、霍林郭勒市、红山区、松山区、元宝山区、宁城县、锡林浩特市、二连浩特市、集宁区、丰镇市、临河区、海勃湾区、海南区、乌达区</td></tr>
</table>

（二）评价结果

根据《技术方法（试行）》中提供的城市环境空气质量（$PM_{2.5}$）等级划分方法，2016年自治区41个重点开发区域城市环境空气质量（$PM_{2.5}$）等级如表4－12所示。

表4－12　内蒙古41个重点开发区域城市环境空气质量（$PM_{2.5}$）等级

序号	行政区划名称	$PM_{2.5}$年超标天数	城市环境空气质量（$PM_{2.5}$）
1	新城区	40	轻度
2	回民区	62	轻度
3	玉泉区	38	轻度
4	赛罕区	37	轻度
5	土默特左旗	40	轻度
6	托克托县	32	轻度
7	和林格尔县	20	轻度
8	昆都仑区	49	轻度
9	青山区	49	轻度
10	九原区	54	轻度

续表

序号	行政区划名称	$PM_{2.5}$年超标天数	城市环境空气质量（$PM_{2.5}$）
11	东河区	56	轻度
12	白云鄂博矿区	7	轻度
13	石拐区	3	轻度
14	东胜区	10	轻度
15	达拉特旗	45	轻度
16	准格尔旗	13	轻度
17	伊金霍洛旗	8	轻度
18	乌审旗	13	轻度
19	鄂托克旗	6	轻度
20	杭锦旗	5	轻度
21	鄂托克前旗	17	轻度
22	康巴什区	8	轻度
23	海拉尔区	—	—
24	扎赉诺尔区	—	—
25	满洲里市	—	—
26	陈巴尔虎旗	—	—
27	鄂温克族自治旗	—	—
28	乌兰浩市	—	—
29	霍林郭勒市	—	—
30	红山区	—	—
31	松山区	—	—
32	元宝山区	—	—
33	宁城县	—	—
34	锡林浩特市	—	—
35	二连浩特市	—	—
36	集宁区	—	—
37	丰镇市	—	—
38	临河区	—	—
39	海勃湾区	—	—
40	海南区	—	—
41	乌达区	—	—

注：“—”表示该地区无黑臭水体。

资料来源：各旗县气象监测数据。

三、水气环境黑灰指数

水气环境黑灰指数评价主要表征城市化地区的资源与环境质量在城市中优化开发区域和重点开发区域的支撑能力。本章采用城市黑臭水体污染程度和$PM_{2.5}$年超标天数进行集成评价，用水气环境黑灰指数反映重点开发区域或优先开发区域的资源与环境质量等级。

（一）评价方法与指标

城市化地区评价结果由水气环境黑灰指数反映，根据城市黑臭水体污染程度和$PM_{2.5}$超标情况，通过对城市水气环境的差异化等级划分，集成得到水气环境黑灰指数评价结果。如果二者均为重度污染，或$PM_{2.5}$严重污染的划为超标；若二者中任意一项为重度污染，或二者均为中度污染的划为临界超标；其余为不超标。

（二）评价结果

根据上述对城市黑臭水体污染情况和城市空气质量情况进行评价，分别得到城市黑臭水体污染程度和$PM_{2.5}$超标情况的评价结果。城市化地区的评价根据对上述所获取的评价结果进行集成分析，以此得出内蒙古自治区41个重点开发区域的水气环境黑灰指数，其水气环境黑灰指数评价结果均为不超标（见表4-13）。

表4-13　内蒙古41个重点开发区域水气环境黑灰指数

序号	行政区划名称	城市水环境质量（黑臭水体）等级	城市环境空气质量（$PM_{2.5}$）等级	水气环境黑灰指数
1	新城区	—	轻度	不超标
2	回民区	中度	轻度	不超标
3	玉泉区	中度	轻度	不超标
4	赛罕区	—	轻度	不超标
5	土默特左旗	—	轻度	不超标
6	托克托县	—	轻度	不超标

续表

序号	行政区划名称	城市水环境质量（黑臭水体）等级	城市环境空气质量（$PM_{2.5}$）等级	水气环境黑灰指数
7	和林格尔县	—	轻度	不超标
8	昆都仑区	中度	轻度	不超标
9	青山区	—	轻度	不超标
10	九原区	—	轻度	不超标
11	东河区	中度	轻度	不超标
12	白云鄂博矿区	—	轻度	不超标
13	石拐区	—	轻度	不超标
14	东胜区	—	轻度	不超标
15	达拉特旗	—	轻度	不超标
16	准格尔旗	—	轻度	不超标
17	伊金霍洛旗	—	轻度	不超标
18	乌审旗	—	轻度	不超标
19	鄂托克旗	—	轻度	不超标
20	杭锦旗	—	轻度	不超标
21	鄂托克前旗	—	轻度	不超标
22	康巴什区	—	轻度	不超标
23	海拉尔区	—	—	—
24	扎赉诺尔区	—	—	—
25	满洲里市	—	—	—
26	陈巴尔虎旗	—	—	—
27	鄂温克族自治旗	—	—	—
28	乌兰浩市	—	—	—
29	霍林郭勒市	—	—	—
30	红山区	—	—	—
31	松山区	—	—	—
32	元宝山区	轻度	—	—
33	宁城县	—	—	—
34	锡林浩特市	—	—	—
35	二连浩特市	—	—	—
36	集宁区	—	—	—
37	丰镇市	—	—	—

续表

序号	行政区划名称	城市水环境质量（黑臭水体）等级	城市环境空气质量（$PM_{2.5}$）等级	水气环境黑灰指数
38	临河区	—	—	—
39	海勃湾区	—	—	—
40	海南区	—	—	—
41	乌达区	—	—	—

注：“—”表示该地区无黑臭水体。

四、特征分析

作为资源环境承载能力预警评价体系的重要组成部分，城市化地区专项评价是对区域基础评价的补充和完善，显示了城市化地区人类活动开发功能及利用效率对资源环境承载能力的影响。基于城市化地区区域主体功能与自然资源环境的交互作用，从主要的城市人口居住环境劣化因子入手，采用城市水气环境黑灰指数作为城市化地区专项评价的主要指标，对内蒙古自治区城市化地区的资源环境进行评价，并探讨了单项指标评价、评价阈值划分以及指标集成方法，对属于重点开发区域的41个城市化地区进行了评价分析。

（一）城市水环境质量（黑臭水体）

根据目前已有资料，重点开发区域的41个县级行政单元中，只有回民区、玉泉区、昆都仑区、东河区、元宝山区具有黑臭水体，其黑臭水体密度等级均为轻度；重度黑臭比例等级仅元宝山区为轻度，其余地区均为重度；黑臭水体等级除元宝山区为轻度外，其他地区全部为中度。

（二）城市环境空气质量（$PM_{2.5}$）

以$PM_{2.5}$年超标天数为评价指标，内蒙古41个重点开发区域城市环境空气质量（$PM_{2.5}$）等级全部为轻度。

（三）水气环境黑灰指数

城市黑臭水体污染程度和$PM_{2.5}$超标情况的集成评价结果显示，内蒙古

41 个城市化地区的水气环境黑灰指数均不超标，说明内蒙古城市化地区经济发展与自然资源环境处于和谐状态。评价结果反映了内蒙古自治区城市化地区的人居环境劣化程度的空间格局，为揭示现阶段该地区资源环境超标成因提供了依据。

五、成因分析

依据区域主体功能与自然资源环境间的交互作用，从城市人居环境的主要劣化因子入手，在进行水体、空气环境质量评价的基础上，采用城市水气环境黑灰指数作为城市化地区专项评价的主要指标，对内蒙古城市化地区资源环境承载能力进行了试评价。试评价结果显示，属于重点开发区域的 41 个城市化地区，水气环境黑灰指数均为不超标。其中，回民区、玉泉区、昆都仑区、东河区的黑臭水体等级为中度，元宝山区为轻度，与这些地区工业相对发达且分布较为集中有关，超过了河流的自净能力；城市环境空气质量为轻度，源于重点开发区域的地理位置和气象条件比较有利于污染物的迅速扩散。

六、发展政策建议

尽管内蒙古自治区城市化地区的资源环境承载力评价结果为不超标，但在当前全区快速城市化进程中，为完善并推动城市化地区绿色循环低碳发展的体制机制，实行严格的资源环境保护制度，形成节约资源和保护环境的空间格局、产业结构、生产方式和生活方式，具体建议如下：

第一，建立生态文明考核评价机制，把资源消耗、环境损害、生态效益纳入城市化地区发展的评价体系中，完善体现生态文明要求的目标考核办法与奖惩机制，对重点开发区域和限制开发区域的环境承载力评价差异对待。

第二，建立区域空间开发保护制度，根据主体功能区来划定生态保护红线和城市用地边界线，强化水资源开发利用控制、用水效率控制、水功能区限制纳污管理，完善城市空气环境质量监管体系。

第三，实行资源有偿使用制度，建立健全居民生活用电、用水、用气等阶梯价格制度，强化居民保护城市空气质量的意识。

第四，实行严格的环境监管制度，建立和完善严格监管所有污染物排放的环境保护管理制度，独立进行环境监管和行政执法。完善污染物排放许可制，实行企事业单位污染物排放总量控制制度。加大环境执法力度，严格环境影响评价制度，加强突发环境事件应急能力建设，完善以预防为主的环境风险管理制度。

七、评价存在问题与完善建议

（一）评价存在的问题

城市作为自然—社会—经济的复合系统，具有结构复杂、功能多样、动态开放等特性，资源环境承载能力的影响因子也相应地具有综合性与复杂性的特点。因此，在进行全区范围的普适性专项评价时，应全面梳理不同城市化地区的资源环境承载能力的主要矛盾，提取其中普遍存在的关键问题。本部分从人居环境劣化问题入手，以黑臭水体和$PM_{2.5}$为主导因子设计城市水气环境黑灰指数，试评价结果显示该方法能够较准确地反映大多数城市化地区的现实情况。但由于理论方法、污染数据的不足与缺乏，此方法仍存在着以下局限性：一是评价指标内涵不够全面。如从人群健康角度出发的$PM_{2.5}$超标天数，目前只考虑了超标天数、城市功能、人口分布等特征，而对因浓度阈值变化对不同人群的影响考虑不够，在下一步工作中应通过抽样调查等方法进行补充。二是阈值划分理论基础较弱。目前主要根据经验判断，在理论上缺乏更为可靠的依据，需要结合实际工作进一步深化理论研究。三是评价指标适用范围的有限性。由于数据获取原因，目前的指标仅是对现阶段少数城市化地区主要问题的反映，普适性较差。如内蒙古自治区拥有城市黑臭水体数据的城市化地区有 13 个，而属于重点开发的区域只有 5 个，且地区环境差异巨大，下一步工作中还需兼顾部分地区的特殊问题做进一步补充完善。

（二）完善建议

由于城市处于持续动态变化过程之中，评价指标应根据城市的动态发展及其与资源环境要素矛盾的变化进行相应地调整与优化。在今后的评价工作中，一方面，需依靠国家城市化地区水气环境监测网络进一步完善评价指标，以满足监测地区的实时化、规范化、层次化的评价需求；另一方面，在资源环境承载能力预警评价理论和方法体系不断完善的基础上，进一步研究更加精确、更具普适性的城市化地区专项评价方法。

第二节 农产品主产区评价

依据内蒙古主体功能区定位，按照种植业地区（农产品主产区）开展评价。种植业地区（农产品区）采用耕地质量变化指数为特征指标，通过有机质、全氮、有效磷、速效钾、缓效钾和 pH 值六项指标的等级变化反映。

一、评价方法与指标

（一）数据来源

依据农产品主产区评价中所涉及的参数获取相应的数据，所需数据如表 4－14 所示。

表 4－14　　内蒙古土地资源评价数据

类型	名称	分辨率/比例尺	说明
耕地数据	耕地面积	30 米	中国科学院地理科学与资源研究所（部分采用 2015 年全国第二次土地变更调查数据）
土壤养分含量指标	有机质	采样点/1：10 万	收集野外采样、土壤第二次普查及南京土壤所数据
	全氮	采样点/1：10 万	收集野外采样、土壤第二次普查及南京土壤所数据
	有效磷	采样点/1：10 万	收集野外采样、土壤第二次普查及南京土壤所数据
	速效钾	采样点/1：10 万	收集野外采样、土壤第二次普查及南京土壤所数据
	缓效钾	采样点/1：10 万	收集野外采样、土壤第二次普查及南京土壤所数据
	pH 值	采样点/1：10 万	收集野外采样、土壤第二次普查及南京土壤所数据

（二）评价方法

本项评价选取有机质、全氮、有效磷、速效钾、缓效钾和 pH 六个要素含量情况的变化，是衡量耕地质量变化重要依据，通过期初年（2010年）至期末年（2015 年）各构成要素级别变化得到反映。针对不同地区特点，将有机质、全氮、有效磷、速效钾、缓效钾含量水平划分为丰富、较丰富、中等、较缺乏、缺乏、极缺乏六个级别（见表 4－15）。pH 值等级划分标准如表 4－16 所示。

表 4－15　　土壤养分含量分级标准

项目	单位	分级标准					
		1 级	2 级	3 级	4 级	5 级	6 级
		丰富	较丰富	中等	较缺乏	缺乏	极缺乏
有机质	克/千克	>30	20～30	15～20	10～15	6～10	<6
全氮	克/千克	>1.5	1.25～1.5	1～1.25	0.75～1	0.5～0.75	<0.5
有效磷	毫克/千克	>40	25～40	20～25	15～20	10～15	<10
速效磷	毫克/千克	>150	120～150	100～120	80～100	50～80	<50
缓效磷	毫克/千克	>1500	1200～1500	900～1200	750～900	500～750	<500

资料来源：《全国土壤养分含量分级标准表》。

表 4－16　　土壤 pH 分级标准

级别	4（极酸性）	3（强酸性）	2（中弱酸性）	1（中性）	2（中等碱性）	3（强碱性）	4（极碱性）
pH 值	<4.5	4.5～5.5	5.5～6.5	6.5～7.5	7.5～8.5	8.5～9.0	>9.0

资料来源：《全国土壤养分含量分级标准表》。

1. 单项指标算法

单项指标包括有机质、全氮、有效磷、速效钾、缓效钾、pH 值六要素。根据我县县域测土配方施肥数据，分别确定期初年（2010 年）、期末年（2015 年）各单项指标的指标值，并按照分级标准，确定指标值等级，计算单项指标级别变化情况，具体计算公式如下：

$$\Delta CG_i = CG_{ij} - CG_{i0} \qquad (4-1)$$

式（4－1）中，ΔCG_i 为有机质、全氮、有效磷、速效钾、缓效钾、pH 值六要素中第 i 个指标含量的级别变化量；CG_{ij} 为期末年第 i 个指标所处的级别；CG_{i0} 为期初年第 i 个指标所处的级别。

2. 集成算法

耕地质量变化量（土壤养分、pH 分级变化量）取各单项指标级别变化量的最大值，具体计算公式如下：

$$\Delta CG = MAX(\Delta CG_1, \Delta CG_2, \Delta CG_3, \Delta CG_4, \Delta CG_5, \Delta CG_6) \quad (4-2)$$

式（4－2）中，ΔCG 是耕地质量变化量，ΔCG_1、ΔCG_2、ΔCG_3、ΔCG_4、ΔCG_5、ΔCG_6 分别是有机质、全氮、有效磷、速效钾、缓效钾、pH 值指标的级别变化量。

3. 耕地质量变化类型及分级阈值

耕地质量的变化划分为临界超载、不超载和超载三种类型。其中，临界超载型是指期末年相对期初年下降 1 个级别；不超载型是指期末年相对期初年级别未下降；超载型是指期末年相对期初年下降 1 个级别以上。

4. 评价范围（见表 4－17）

表 4－17　　内蒙古农产品主产区评价范围

评价范围	国家级农产品主产区（12 个）
	凉城县、土默特右旗、杭锦后旗、乌拉特前旗、五原县、敖汉旗、科尔沁区、林西县、巴林左旗、突泉县、科尔沁右翼前旗、扎赉特旗
	自治区级农产品主产区（7 个）
	磴口县、察哈尔右翼前旗、卓资县、武川县、兴和县、商都县、喀喇沁旗

（三）评价指标分析

1. 耕地面积占县域比例分析

利用耕地遥感监测数据（见表 4－18）分析不同县域耕地面积占旗县（市、区）面积比例。

表 4－18　　耕地面积占县域比例

市（盟）名称	旗县（市、区）名称	行政区面积（平方千米）	耕地面积（公顷）	耕地占比（%）	人口（人）
阿拉善盟	阿拉善右旗	71497.87	1639.22	0.02	25012
	阿拉善左旗	79816.19	39186.08	0.49	147843
	额济纳旗	88140.05	12445.36	0.14	18132
阿拉善盟汇总		**239454.11**	**53270.66**	**0.22**	**190987**

续表

市（盟）名称	旗县（市、区）名称	行政区面积（平方千米）	耕地面积（公顷）	耕地占比（%）	人口（人）
巴彦淖尔市	磴口县	3675.52	86022.51	23.40	116346
	杭锦后旗	1751.85	114363.19	65.28	296447
	临河区	2332.72	162984.71	69.87	520388
	乌拉特后旗	24541.77	16660.01	0.68	58837
	乌拉特前旗	7475.72	191229.43	25.58	332528
	乌拉特中旗	22866.72	124291.69	42.32	141664
	五原县	2503.17	176652.82	70.57	280377
巴彦淖尔市汇总		**65147.46**	**872204.36**	**42.50**	**1746587**
包头市	白云鄂博矿区	247.96	92.89	0.37	17638
	达尔罕茂明安联合旗	17482.62	130867.13	7.49	112788
	东河区	458.29	12489.47	27.25	424117
	固阳县	4871.76	194085.66	39.84	205102
	九原区	811.78	29085.30	35.83	164248
	昆都仑区	299.31	3596.16	12.01	510318
	青山区	271.36	1489.01	5.49	360663
	石拐区	783.34	3728.14	4.76	55671
	土默特右旗	2360.34	105935.42	44.88	364536
包头市汇总		**27586.76**	**481369.19**	**19.77**	**2215081**
赤峰市	阿鲁科尔沁旗	13236.67	285064.39	21.54	298997
	敖汉旗	8236.51	390243.83	47.38	609083
	巴林右旗	9981.61	140711.04	14.10	183877
	巴林左旗	6469.31	198687.59	30.71	347478
	红山区	487.33	27071.00	55.55	357181
	喀喇沁旗	3039.65	91715.51	30.17	350102
	克什克腾旗	18912.23	164532.06	8.70	248809
	林西县	3779.42	115698.50	30.61	234593
	宁城县	4310.75	164997.06	38.28	615834
	松山区	5629.38	223234.42	39.66	575841
	翁牛特旗	11893.55	271836.76	22.86	479777
	元宝山区	940.94	44236.35	47.01	324775
赤峰市汇总		**86917.36**	**2118028.51**	**32.21**	**4626347**

续表

市（盟）名称	旗县（市、区）名称	行政区面积（平方千米）	耕地面积（公顷）	耕地占比（%）	人口（人）
鄂尔多斯市	达拉特旗	8240.96	281123.01	34.11	364257
	东胜区	2157.43	71719.46	33.24	280754
	鄂托克旗	20364.30	14537.38	0.71	97650
	鄂托克前旗	12221.24	36250.18	2.97	78750
	杭锦旗	18817.76	138498.02	7.36	142379
	康巴什新区	370.09	4242.98	11.46	0
	乌审旗	11674.24	44617.01	3.82	111510
	伊金霍洛旗	5473.84	49872.00	9.11	173699
	准格尔旗	7558.19	272190.06	36.01	324205
鄂尔多斯市汇总		**86878.06**	**913050.08**	**15.42**	**1573204**
呼和浩特市	和林格尔县	3449.34	160310.38	46.48	200883
	回民区	194.46	2331.12	11.99	237135
	清水河县	2816.55	69040.76	24.51	142047
	赛罕区	1002.83	42577.19	42.46	468536
	土默特左旗	2764.79	118911.17	43.01	365819
	托克托县	1407.16	72780.00	51.72	203144
	武川县	4682.59	158897.97	33.93	172985
	新城区	660.85	10623.75	16.08	393124
	玉泉区	207.11	11159.22	53.88	202159
呼和浩特市汇总		**17185.67**	**646631.55**	**36.01**	**2385832**
呼伦贝尔市	阿荣旗	11074.44	317559.30	28.67	319596
	陈巴尔虎旗	17458.52	115444.81	6.61	56768
	额尔古纳市	28954.61	217030.58	7.50	81166
	鄂伦春自治旗	54688.23	324231.52	5.93	255321
	鄂温克族自治旗	18640.29	121836.37	6.54	139775
	根河市	20011.37	2388.70	0.12	142021
	海拉尔区	1314.07	43658.21	33.22	280382
	满洲里市	468.05	4414.20	9.43	171346
	莫力达瓦达斡尔族自治旗	10354.46	451427.88	43.60	319086
	新巴尔虎右旗	24832.14	6579.41	0.26	34987

续表

市（盟）名称	旗县（市、区）名称	行政区面积（平方千米）	耕地面积（公顷）	耕地占比（%）	人口（人）
呼伦贝尔市	新巴尔虎左旗	20117.27	52605.09	2.61	42052
	牙克石市	27814.42	154769.93	5.56	339424
	扎赉诺尔区	267.11	938.68	3.51	0
	扎兰屯市	16784.71	264192.99	15.74	411091
呼伦贝尔市汇总		**252779.70**	**2077077.65**	**12.09**	**2593015**
通辽市	霍林郭勒市	584.19	2674.25	4.58	82143
	开鲁县	4356.06	198003.32	45.45	398143
	科尔沁区	3493.16	194598.21	55.71	854401
	科尔沁左翼后旗	11520.61	304385.83	26.42	408894
	科尔沁左翼中旗	9574.87	416731.39	43.52	519090
	库伦旗	4708.26	165565.40	35.16	179868
	奈曼旗	8129.73	262441.93	32.28	447591
	扎鲁特旗	16493.70	249478.41	15.13	303584
通辽市汇总		**58860.59**	**1793878.73**	**32.28**	**3193714**
乌海市	海勃湾区	686.97	2212.14	4.24	234721
	海南区	974.98	3693.15	3.79	89277
	乌达区	206.68	1168.53	5.65	120916
乌海市汇总		**1668.64**	**7073.82**	**12.68**	**444914**
乌兰察布市	察哈尔右翼后旗	3785.51	112249.25	29.65	209934
	察哈尔右翼前旗	2454.38	111375.69	45.38	217146
	察哈尔右翼中旗	4187.04	172558.30	41.21	204601
	丰镇市	2721.85	126515.44	46.48	318561
	化德县	2534.08	116275.74	45.88	164871
	集宁区	393.22	18624.65	47.36	316003
	凉城县	3451.51	119961.21	34.76	237988
	商都县	4281.74	219840.86	51.34	333183
	四子王旗	24036.47	223490.54	9.30	212666
	兴和县	3512.59	165395.47	47.09	319477
	卓资县	3099.41	97571.78	31.48	204245
乌兰察布市汇总		**54457.79**	**1483858.92**	**39.08**	**2738675**

续表

市（盟）名称	旗县（市、区）名称	行政区面积（平方千米）	耕地面积（公顷）	耕地占比（%）	人口（人）
锡林郭勒盟	阿巴嘎旗	27476.49	1781.11	0.06	44644
	东乌珠穆沁旗	45569.97	100278.21	2.20	81147
	多伦县	3863.90	108060.53	27.97	109794
	二连浩特市	4012.75	317.86	0.08	30833
	苏尼特右旗	22456.66	12613.69	0.56	68337
	苏尼特左旗	34241.60	39.56	0	34648
	太仆寺旗	3426.25	158328.24	46.21	210526
	西乌珠穆沁旗	22465.44	33147.01	1.48	79793
	锡林浩特市	14780.53	36400.78	2.46	183806
	镶黄旗	5136.64	7420.31	1.44	31349
	正蓝旗	10207.42	48918.72	4.79	83229
	正镶白旗	6252.71	64510.99	10.32	72277
锡林郭勒盟汇总		**199890.38**	**571817.02**	**8.13**	**1030383**
兴安盟	阿尔山市	7397.73	18957.00	1.50	46503
	科尔沁右翼前旗	16790.90	307671.00	24.35	338087
	科尔沁右翼中旗	12789.81	301614.00	23.87	253900
	突泉县	4797.85	177164.00	14.02	303814
	乌兰浩特市	2239.94	74649.00	5.91	318984
	扎赉特旗	11117.77	383725.00	30.36	390276
兴安盟汇总		**55134.00**	**1263780.00**	**16.67**	**1651564**
总计		**1145947.36**	**12347084.92**	**24.23**	**24531967**

资料来源：《内蒙古统计年鉴2016》。

农产品主产区评价分别涉及国家级、自治区级农产品主产区12个、7个（见表4-19）。

表 4－19　　内蒙古自治区农产品主产区

盟市	旗县	类型
兴安盟（3 个）	突泉县	农产品主产区（国家级）
	科尔沁右翼前旗	农产品主产区（国家级）
	扎赉特旗	农产品主产区（国家级）
乌兰察布市（5 个）	凉城县	农产品主产区（国家级）
	察哈尔右翼前旗	农产品主产区（自治区级）
	卓资县	农产品主产区（自治区级）
	兴和县	农产品主产区（自治区级）
	商都县	农产品主产区（自治区级）
通辽市（1 个）	科尔沁区	农产品主产区（国家级）
呼和浩特市（1 个）	武川县	农产品主产区（自治区级）
赤峰市（4 个）	喀喇沁旗	农产品主产区（自治区级）
	敖汉旗	农产品主产区（国家级）
	林西县	农产品主产区（国家级）
	巴林左旗	农产品主产区（国家级）
包头市（1 个）	土默特右旗	农产品主产区（国家级）
巴彦淖尔市（4 个）	磴口县	农产品主产区（自治区级）
	杭锦后旗	农产品主产区（国家级）
	乌拉特前旗	农产品主产区（国家级）
	五原县	农产品主产区（国家级）

2. 测土配方土壤基础评价

分析测土配方施肥的各项指标，包括有机质、全氮、有效磷、速效钾、缓效钾、pH 值六要素。2015 年各单项指标的指标值如下：

从有机质分布方面：全区高有机质含量土壤主要分布于呼伦贝尔市以及兴安盟大部，通辽市和赤峰市北部，锡林郭勒盟东北部区域；有机质含量较少区域集中在呼伦贝尔市西部，锡林郭勒盟中部，乌兰察布中南部，以及呼和浩特市北部，包头市中东部等地区；而土壤有机质含量较低区域分布于通辽市、赤峰市东南部、锡林郭勒盟中西部、包头市、乌兰察布市北部、呼和浩特市南部，以及巴彦淖尔市、鄂尔多斯市、乌海市和阿拉善盟大部分地区。

土壤全氮含量分布与有机质分布情况类似，二者在空间分布上呈极高的正相关性。

土壤全磷含量分布情况相较于全氮分布差异较大且更为分散，全磷含量较高土壤主要分布于大兴安岭山麓、赤峰市西部的小范围地区；全磷含量较低土壤主要分布于呼伦贝尔中东部地区，巴彦淖尔市、包头市及乌兰察布市北部，以及阿拉善盟东部和南部小范围区域；全磷含量极低土壤主要分布于阿拉善盟、鄂尔多斯市大部，巴彦淖尔市、包头市、乌兰察布市中部和南部，锡林郭勒盟的大部，赤峰市、通辽市及兴安盟市东南部，以及呼伦贝尔市西部。

二、评价结果

内蒙古19个农产品主产区（国家级、自治区级）中，突泉县、扎赉特旗、科尔沁右翼前旗、科尔沁区、武川县、喀喇沁旗、敖汉旗、林西县、巴林左旗、土默特右旗、五原县、磴口县12个农产品主产区的耕地质量呈趋良态势，其余7个农产品主产区的耕地质量呈相对稳定态势，无农产品主产区呈恶化态势（见表4-20）。

表4-20　　　　内蒙古农产品主产区评价结果

盟市	旗县（市、区）	耕地占比（%）	等级变化量						耕地质量变化
			pH	有机质	全氮	有效磷	速效磷	缓效磷	
兴安盟	突泉县	43.51	0	0	1	-1	-1	—	趋良态势
	扎赉特旗	39.27	0	0	-1	-1	1	—	趋良态势
	科尔沁右翼前旗	18.19	0	0	-1	0	0	—	趋良态势
乌兰察布市	商都县	51.34	-1	1	0	-1	0	—	相对稳定态势
	察哈尔右翼前旗	45.38	0	0	0	-1	0	—	相对稳定态势
	兴和县	47.09	0	0	0	0	0	—	相对稳定态势
	凉城县	34.76	0	0	1	0	0	—	相对稳定态势
	卓资县	31.48	0	0	0	0	1	—	相对稳定态势
通辽市	科尔沁区	55.71	0	0	0	1	1	—	趋良态势
呼和浩特市	武川县	33.93	0	-1	0	0	0	—	趋良态势

续表

盟市	旗县（市、区）	耕地占比（%）	等级变化量						耕地质量变化
			pH	有机质	全氮	有效磷	速效磷	缓效磷	
赤峰市	喀喇沁旗	30.17	0	0	0	0	0	—	趋良态势
	敖汉旗	47.38	0	0	-2	-1	-1	—	趋良态势
	林西县	30.61	0	0	-1	-1	-2	—	趋良态势
	巴林左旗	30.71	0	0	-1	-1	0	—	趋良态势
包头市	土默特右旗	44.88	0	-1	-2	0	0	—	趋良态势
巴彦淖尔市	杭锦后旗	65.28	0	0	-1	0	0	—	相对稳定态势
	五原县	70.57	0	0	0	1	0	—	趋良态势
	乌拉特前旗	25.58	0	0	1	0	0	—	相对稳定态势
	磴口县	23.40	-1	1	0	-1	0	—	趋良态势

资料来源：笔者根据《技术方法（试行）》要求计算得到。

三、特征分析

整体而言，干旱是全区较为集中的问题。因地理位置、地势地形不同，又分严重风蚀与水蚀地区。水、风极度侵蚀耕地土壤，农作物单产低，肥料、燃料和饲料矛盾突出，生态平衡严重失调。种植业比重过大，而单位田亩物质、能量投入少，物质循环水平低。但该区地域辽阔，由于气候、地势、地形和土壤等自然条件及社会经济条件的差异，区域内各地农业生产的问题也不尽相同。灌溉农业区降水少，蒸发量大，过量灌溉造成土壤盐渍化。农田重用轻养，影响产量提高。

（一）单项指标特征

土壤有机质空间分布呈自西向东逐渐升高的趋势；东部西辽河平原区有机质含量较高，中部巴彦淖尔市河套地区有机质含量较高，西部区域土壤有机质含量最低。截至2015年，尽管农产品主产区涉及县域土壤有机质发生了不同程度的变化，丰富与较丰富等级的地区增加至11个旗县（市、区），中等地区为3个旗县（市、区），较缺乏地区为5个旗县（市、区）。土壤全氮含量并不十分乐观，2015年分布于丰富与较丰富的为8个旗县（市、区），较缺乏的为11个。土壤速效钾较丰富的为6个旗县（市、区），其余为较缺乏，期末农产品主产区整体土壤速效钾状态有所改善（见表4-21）。

表 4－21　　内蒙古耕地土壤基础数据汇总

盟市名称	县级行政区	耕地总面积（公顷）	耕地占比（%）	人口（人）	2010年						2015年					
					pH	全氮	有机制	有效磷	速效钾	缓效钾	pH	全氮	有机制	有效磷	速效钾	缓效钾
						克/千克		毫克/千克				克/千克		毫克/千克		
兴安盟	突泉县	208731.18	43.51	303814	7.31	1.81	33.83	8.15	123.09	—	7.49	1.50	33.53	8.42	125.44	—
		不超标			弱碱性	丰富	较丰富	较缺乏	较丰富	—	弱碱性	丰富	较丰富	较缺乏	较丰富	—
	科尔沁右翼前旗	305467.14	18.19	338087	6.98	2.27	42.50	9.11	119.08	—	7.21	1.88	42.11	9.43	121.32	—
		不超标			弱酸性	丰富	丰富	较缺乏	较丰富	—	弱碱性	丰富	丰富	较缺乏	较丰富	—
	扎赉特旗	436649.41	39.27	390276	7.32	2.30	39.38	9.54	120.78	—	7.55	1.93	39.01	9.87	123.07	—
		不超标			弱碱性	丰富	丰富	较缺乏	较丰富	—	弱碱性	丰富	丰富	较缺乏	较丰富	—
乌兰察布市	凉城县	119961.21	34.76	237988	7.30	1.26	23.42	7.77	96.84	—	7.42	1.08	23.24	7.98	98.75	—
		临界超标	弱碱性	较丰富	较丰富	较缺乏	较缺乏	—	弱碱性	较丰富	较丰富	较缺乏	较缺乏	—		
	察哈尔右翼前旗	111375.69	45.38	217146	8.25	0.86	26.71	5.50	81.88	—	8.34	0.74	26.58	5.64	83.49	—
		临界超标			弱碱性	中等	较丰富	较缺乏	较缺乏	—	弱碱性	中等	较丰富	较缺乏	较缺乏	—
	卓资县	97571.78	31.48	204245	7.83	1.95	39.10	8.93	89.94	—	8.03	1.61	38.76	9.22	91.63	—
		临界超标			弱碱性	丰富	丰富	较缺乏	较缺乏	—	弱碱性	丰富	丰富	较缺乏	较缺乏	—
	兴和县	165395.47	47.09	319477	7.36	2.61	24.39	7.75	88.07	—	7.62	2.29	24.07	8.09	89.73	—
		临界超标			弱碱性	丰富	较丰富	较缺乏	较缺乏	—	弱碱性	丰富	较丰富	较缺乏	较缺乏	—
	商都县	219840.86	51.34	333183	8.23	4.41	18.76	5.49	108.81	—	8.68	3.91	18.27	5.99	110.75	—
		临界超标			弱碱性	丰富	较缺乏	较缺乏	较丰富	—	弱碱性	丰富	较缺乏	较缺乏	较丰富	—
通辽市	科尔沁区	194598.21	55.71	793913	5.46	0.80	22.88	6.36	77.68	—	5.54	0.72	22.80	6.51	79.24	—
		不超标			弱酸性	中等	较缺乏	较缺乏	较缺乏	—	弱碱性	中等	较缺乏	较缺乏	较缺乏	—

续表

盟市名称	县级行政区	耕地总面积（公顷）	耕地占比（%）	人口（人）	2010年 pH	2010年 全氮	2010年 有机制	2010年 有效磷	2010年 速效钾	2010年 缓效钾	2015年 pH	2015年 全氮	2015年 有机制	2015年 有效磷	2015年 速效钾	2015年 缓效钾
						克/千克		毫克/千克				克/千克		毫克/千克		
呼和浩特市	武川县	158897.97	33.93	172985	7.81	3.75	53.35	9.85	116.01	—	8.18	3.14	52.74	10.33	118.09	—
		不超标			弱碱性	丰富	丰富	较缺乏	较丰富	—	弱碱性	丰富	丰富	较缺乏	较丰富	—
赤峰市	敖汉旗	390243.83	47.38	609083	5.93	0.47	17.79	5.74	59.50	—	5.98	0.45	17.77	5.84	60.73	—
		不超标			弱酸性	较缺乏	较缺乏	较缺乏	较缺乏	—	弱碱性	较缺乏	较缺乏	较缺乏	较缺乏	—
	喀喇沁旗	91715.51	30.17	350102	6.05	1.35	24.75	45.07	46.58	—	6.18	1.68	25.08	45.65	48.22	—
		不超标			弱酸性	中等	较丰富	较丰富	较缺乏	—	弱酸性	较丰富	较缺乏	较丰富	较缺乏	—
	林西县	115698.5	30.61	234593	7.49	1.21	20.55	65.61	56.89	—	7.61	1.87	21.20	66.39	59.16	—
		不超标			弱碱性	中等	较丰富	较丰富	较缺乏	—	弱碱性	较丰富	较缺乏	较丰富	较缺乏	—
	巴林左旗	198687.59	30.71	347478	6.75	1.57	20.76	6.78	75.72	—	6.91	1.36	20.55	7.01	77.18	—
		不超标			弱酸性	较丰富	较丰富	较缺乏	较缺乏	—	中性	较丰富	较缺乏	较缺乏	较缺乏	—
包头市	土默特右旗	105935.42	44.88	364536	7.09	1.13	23.60	7.06	72.04	—	7.20	0.95	23.42	7.25	73.44	—
		不超标			弱碱性	较丰富	较丰富	较缺乏	较缺乏	—	弱碱性	中等	较缺乏	较缺乏	较缺乏	—
巴彦淖尔市	磴口县	86022.51	23.40	116346	6.70	0.47	15.92	7.25	56.03	—	6.74	0.48	15.93	7.37	57.23	—
		不超标			弱酸性	较缺乏	较缺乏	较缺乏	较缺乏	—	弱酸性	较缺乏	较缺乏	较缺乏	较缺乏	—
	杭锦后旗	114363.19	65.28	296447	5.46	0.56	16.76	8.74	51.99	—	5.51	0.58	16.77	8.89	52.54	—
		临界超标			弱酸性	较缺乏	较缺乏	较缺乏	较缺乏	—	弱酸性	较缺乏	较缺乏	较缺乏	较缺乏	—
	乌拉特前旗	191229.43	25.58	332528	7.25	0.67	11.07	6.86	125.65	—	7.32	0.62	11.02	7.00	65.40	—
		临界超标			弱碱性	较缺乏	较缺乏	较缺乏	较丰富	—	弱酸性	较缺乏	较缺乏	较缺乏	较丰富	—
	五原县	176652.82	70.57	280377	7.39	0.69	18.83	10.56	57.75	—	7.46	0.70	18.84	10.73	30.17	—
		不超标			弱碱性	较缺乏	较缺乏	较缺乏	较缺乏	—	弱碱性	较缺乏	较缺乏	较缺乏	较缺乏	—

资料来源：《耕地土壤环境质量类别划分省级成果》。

（二）耕地质量总体特征

农产品主产区中 12 个旗县（市、区）耕地质量呈趋良态势，其余 7 个旗县（市、区）耕地质量呈相对稳定态势，无农产品主产区呈恶化态势；但土壤养分条件仍存在较多问题，土壤养分单项指标差异较大。

四、成因解析

（一）耕地地力不高原因分析

内蒙古耕地结构以中、低产田为主，高产田面积较少。近年来，土壤养分含量得到不同程度的提升，但在自然条件、社会经济、政策管理方面因素的综合影响下，内蒙古自治区农产品主产区土壤养分含量不足、酸碱不适宜的现象仍然存在。自然条件方面，内蒙古自治区地势不佳，起伏山地所占比重较大，土壤质地较差。西部为荒漠地区，土壤肥力自身不足；东部区地处科尔沁沙地边缘，土壤脆弱性较高，易受自然灾害影响，恶劣自然条件使耕地难以保持土壤肥力。内蒙古农产品主产区水土流失较严重，土壤风蚀与水蚀并存，土壤养分和有机质也随之流失，耕层变浅，给农产品主产区耕地质量普遍造成威胁。

（二）社会经济方面原因分析

随着农业现代化的发展，农业污染破坏土壤结构，改变土壤化学性质。农业种植中大量增加地膜、农药、化肥等使用，破坏土壤环境。为提升耕地质量，要适度、合理地耕作，并采取轮作和免耕模式。然而长期以来，为了追求利益最大化，人们对耕地开展掠夺式经营方式，促使耕地土壤板结、通气性差，保水保肥能力减弱，种植效益较低。水资源问题是制约内蒙古自治区农业发展的重要瓶颈，尤其是种植结构的不协调、耕种方式的不合理加剧了土壤条件的恶化，农产品主产区农作物结构和耕作方式不合理现象普遍存在，给土地基础肥力造成重大的影响，加剧了耕地质量的退化。

（三）政策方面原因分析

中央、地方政府和农民在农业发展方面存在目标差异和利益博弈，农业生产的合力不足。中央极力保障粮食安全，地方政府则更多关心财政收入和政绩，而农民更看重经济收入。在不同的目标及利益博弈之下，作为农业生产主体的农民，在农业生产中动力不足，粮食增产、农业增效和农民增收的长效机制未能根本建立，增产不增收的矛盾未能根本性解决，严重制约耕地地力资源的持续健康发展。

（四）耕地质量趋良原因分析

2010~2015年，突泉县、扎赉特旗、科尔沁右翼前旗、科尔沁区、武川县、喀喇沁旗、敖汉旗、林西县、巴林左旗、土默特右旗、五原县、磴口县共计12个旗县（市、区）呈趋良态势，主要由于上述地区加大对水土保持工作的投入；另外，高标准农田建设、中低产田改造、土地整治等项目的实施促进了耕地质量的改善，大大提高了耕地的配套基础设施，改善了耕地的基础环境和条件。上述各县积极调整种植业结构，改善土壤肥力，开展测土配方项目，使得耕地质量得到了较大的改善。

（五）耕地质量相对稳定原因分析

通过评价显示，商都县、察哈尔右翼前旗、兴和县、凉城县、卓资县、杭锦后旗、乌拉特前旗共计7个旗县（市、区）耕地质量呈相对稳定态势，主要在各种负面影响和正面影响因素的共同作用下，保持了土壤结构和功能的稳定性。西部区主要由于受盐碱化及水蚀影响较大，但盐碱化综合质量、水土保持工程措施等有效抑制了耕地质量的下降；东部农产品主产区地处科尔沁沙地边缘，土壤脆弱性严重，近几年通过高标准农田建设、土地整治工程有效改善了耕地耕种条件。

五、政策建议

（一）发挥耕地质量综合开发优势，加大粮食主产区投入

充分发挥耕地质量综合开发项目的综合治理优势，综合治理要加强农业基础设施建设、农业技术和农业经营方式的综合集成，在改造中低产田的基础上，加快建设高标准农田，提升耕地质量的影响力和带动力。以改

造中低产田为主攻方向，在此基础上，加快建设高标准农田，打造粮食核心产区，确保建成的粮食生产核心区具有长远性、永久性。确保农产品主产区选择的准确性、规划的科学性、设计的合理性和开发的可持续性。

（二）加强水土流失治理，综合改善耕地质量

针对内蒙古面临的耕地水土流失现状，根据水土流失成因与潜在危险性状况，实行分区防治，分类指导，对不同区域采取不同的保护、预防和重点治理措施。东部区重点开展农业基础设施建设，加强现有林地与草地的保护；中部重点开展盐碱地整治工程，强化土壤改良措施，有效改善耕地地力条件；针对西部荒漠地区，建立林草田生态系统，因地制宜采取综合措施治理沙化土地和盐碱地。加强农田水利配套工程，改善土壤通气、透水和养分状况。

（三）落实农业综合开发区划，分区实施开发举措

内蒙古自治区水土流失严重、水资源短缺与水资源浪费并存、土地盐渍化的问题多、生态环境脆弱。（1）该区的重点开发区可考虑加强机械化生产，推进农机服务市场化、产业化；改善灌区状况，大力建设水利灌溉基础设施；治理土壤盐渍化；总体推进农业产业化。（2）保护性开发区可考虑进行农田以及农业生产设计，包括间接种植草、木，同时加强水利建设，加快对切实可行、符合科学规律的新技术的吸收利用，坚持治理性开发，调整农产业结构，优化农林牧副渔业组合。（3）限制性开发区可考虑协调耕地保护与区域生态建设的关系，实现小型机械化，加强生物技术的推广，加大生态补偿力度，发展绿色农业以及观光农业。

六、评价存在问题与完善建议

根据国家《资源环境承载能力监测预警技术方法（试行）》的要求，完成了内蒙古自治区农产品主产区评价。但由于数据总体以野外采样和化验的方式获取，数据更新难度相对较大；同时，采样点的布设和密度直接影响评价结果，部分采样数据未在耕地类型上获取，并通过插值获取相关指标，直接影响耕地质量评价。

另外，内蒙古耕地质量下降的因素主要包括土壤板结、盐碱化及水土流失，内蒙古东部区域土壤板结相对严重，通过土壤板结程度数据的获取，评价的指标和内容可以进一步地调整和完善，以期达到最佳的评价效果。

第三节　重点生态功能区评价

一、评价技术路线与方法

（一）技术路线

技术路线如图4－1所示。

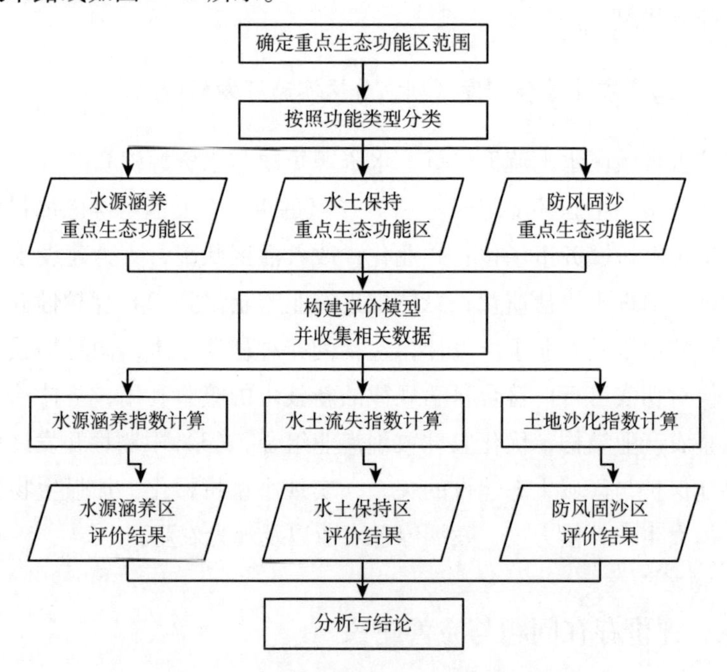

图4－1　重点生态功能区评价技术路线

（二）数据来源与获取方式

依据水源涵养、水土保持、防风固沙和生物多样性四种功能区类型分别建立评价模型并获取相应的数据（见表4－22）。

表 4－22 重点生态功能区评价数据类型与获取方式

类型	名称	单位	获取方式
水源涵养指数	降雨量（Pi）	毫米	国家气象科学数据共享服务平台
	蒸散发（ETi）	毫米	国家气象科学数据共享服务平台
	生态系统面积（Ai）	平方千米	第一次全国地理国情普查数据
	平均地表径流系数（a）	—	使用《资源环境承载力监测预警技术方法（试行）》中建议的赋值
水土流失指数	降雨侵蚀力因子（R）	兆焦·毫米/公顷·小时·年	根据区域内气象站点多年的逐日降雨量资料，通过插值获得
	土壤可蚀性因子（K）	吨·公顷·小时/公顷·兆焦·毫米	寒区旱区科学数据中心
	地形因子（LS）	—	第一次全国地理国情普查 DEM 数据
	植被覆盖因子（C）	—	使用《资源环境承载力监测预警技术方法（试行）》中建议的赋值
	容许土壤流失量（Ar）	吨/每平方公里每年	使用《中华人民共和国水利行业标准（SL190－2007）》不同侵蚀类型区容许土壤流失量单位
土地沙化指数	各月多年平均风力因子（Wf）	$(米/小时)^3$	中国科学院提供
	各月多年平均土壤湿度因子（SW）	—	中国科学院提供
	雪盖因子（SD）	—	寒区旱区科学数据中心
	土壤粗砂含量（sa）	—	寒区旱区科学数据中心
	土壤粉砂含量（si）	—	寒区旱区科学数据中心
	土壤碳酸钙含量（$CaCO_3$）	—	寒区旱区科学数据中心
	土壤黏粒含量（cl）	—	寒区旱区科学数据中心
	土壤有机质含量（OM）	—	寒区旱区科学数据中心
	随机糙度因子（Crr）	厘米	寒区旱区科学数据中心
	地势起伏参数（L）	—	DREM
	海拔高程差（ΔH）	—	在 GIS 软件中使用 Neighborhood statistics 工具计算 DEM 数据相邻单元格地形起伏差值获得
	植被覆盖度（SC）	—	采用 MODIS 的 MOD13 的 NDVI 数据计算植被覆盖指数，由每年 36 期数据的最大值平均计算得出
	不同植被类型的系数（ai）	—	使用《资源环境承载力监测预警技术方法（试行）》中建议的赋值

（三）评价方法与指标

1. 水源涵养生态功能区

针对水源涵养生态功能区，采用水源涵养功能指数进行评价。计算生态系统单位面积的水源涵养量，与单位面积降雨量进行比较，根据值的大小进行分级，进而明确生态系统功能等级。

（1）水源涵养量。

采用水量平衡方程来计算水源涵养量，主要与降水量、蒸散发、地表径流量和植被覆盖类型等因素密切相关。

$$TQ = \sum_{i=1}^{j} (P_i - R_i - ET_i \cdot A_i) \tag{4-3}$$

式（4－3）中，TQ 为总水源涵养量（立方米），P_i 为降雨量（毫米）；R_i 为地表径流量（毫米）；ET_i 为蒸散发（毫米）；A_i为 i 类生态系统的面积；i 为研究区第 i 类生态系统类型；j 为研究区生态系统类型数。其中，地表径流量（R_i）由降雨量乘以地表径流系数获得，计算公式如下：

$$R = P \times a \tag{4-4}$$

式（4－4）中，R 为地表径流量（毫米）；P 为年降雨量（毫米）；a 为平均地表径流系数，如表 4－23 所示。

表 4－23　各类生态系统地表径流系数均值表

一级生态系统类型	二级生态系统类型	平均径流系数（%）
森林	常绿阔叶林	2.67
	常绿针叶林	3.02
	针阔混交林	2.29
	落叶阔叶林	1.33
	落叶针叶林	0.88
	稀疏林	19.20
灌丛	常绿阔叶灌丛	4.26
	落叶阔叶灌丛	4.17
	针叶灌丛	4.17
	稀疏灌丛	19.20

续表

一级生态系统类型	二级生态系统类型	平均径流系数（%）
草地	草甸	8.20
	草原	4.78
	草丛	9.37
	稀疏草地	18.27
湿地	湿地	0

（2）水源涵养功能指数。

水源涵养功能指数为单位面积水源涵养量与单位面积降雨量的比值。按照水源涵养功能指数>10%、介于3%~10%、以及<3%的区域，将水源涵养功能评价结果分别划分为高、中和低三个等级。

2. 水土保持生态功能区

针对水土保持生态功能区，采用水土流失指数进行评价。计算单位面积土壤侵蚀量，与该区域的容许土壤流失量相比较，根据值的大小进行分级，进而确定生态系统功能等级。

（1）单位面积土壤侵蚀量。

以水文监测站点有关泥沙含量的监测数据为基础，采用通用水土流失方程估算土壤侵蚀模数如下：

$$A = R \cdot K \cdot LS \cdot C \tag{4-5}$$

式（4-5）中，A为土壤侵蚀量（吨/每平方公里每年）；R为降雨侵蚀力因子（兆焦·毫米/公顷·小时·年）；K为土壤可蚀性因子（吨·公顷·小时/公顷·兆焦·毫米）；LS为地形因子；C为植被覆盖因子。其中，降雨侵蚀力因子（R）是指降雨引发土壤侵蚀的潜在能力，通过多年平均年降雨侵蚀力（$\bar{R}$）反应，计算公式如下：

$$\bar{R} = \sum_{k=1}^{24} \bar{R}_{半月k}$$

$$\bar{R}_{半月k} = \frac{1}{n}\sum_{i=1}^{n}\sum_{j=0}^{m}(\alpha \cdot P_{i,j,k}^{1.7625}) \tag{4-6}$$

式（4-6）中，$\bar{R}$为多年平均年降雨侵蚀力（$MJ \cdot mm/hm^2 \cdot h \cdot a$）；$\bar{R}_{半月k}$为第k个半月的降雨侵蚀力（$MJ \cdot mm/hm^2 \cdot h \cdot a$）；k为一年的24个

半月，$k=1, 2, \cdots, 24$；i 为所用降雨资料的年份，$i=1, 2, \cdots, n$；j 为第 i 年第 k 个半月侵蚀性降雨日的天数，$j=1, 2, \cdots, m$；$P_{i,j,k}$为第 i 年第 k 个半月第 j 个侵蚀性日降雨量（毫米）；α 为参数，暖季时 $\alpha=0.3937$，冷季时 $\alpha=0.3101$。

土壤可蚀性因子（K）是指土壤颗粒被水力分离和搬运的难易程度，主要与土壤质地、有机质含量、土体结构、渗透性等土壤理化性质有关，计算公式如下：

$$K_{EPIC}=\left\{0.2+0.3\exp\left[-0.0256\, m_s\left(1-\frac{m_{silt}}{100}\right)\right]\right\}\times\left[\frac{m_{silt}}{(m_c+m_{silt})}\right]^{0.3}$$
$$\times\{1-0.25orgC/[orgC+\exp(3.72-2.95orgC)]\}$$
$$\times\left\{\begin{array}{c}1-0.7\left(1-\dfrac{m_s}{100}\right)\\ /\{(1-m_s/100)+\exp[-5.51+22.9(1-m_s/100)]\}\end{array}\right\}$$
$$K=(-0.01383+0.51575K_{EPIC})\times 0.1317 \quad (4-7)$$

式（4-7）中，K 为土壤可蚀性因子（$t \cdot hm^2 \cdot h/hm^2 \cdot MJ \cdot mm$），$m_c$、$m_{silt}$、$m_s$和 orgC 分别为黏粒（<0.002 毫米）、粉粒（0.002 毫米~0.05 毫米）、砂粒（0.05 毫米~2 毫米）和有机碳的百分含量（%）。

地形因子（LS）是指坡长、坡度等对土壤侵蚀的影响，计算公式如下：

$$L=\left(\frac{\lambda}{22.13}\right)^m$$
$$m=\beta/(1+\beta)$$
$$\beta=(\sin\theta/0.089)/[3.0\times(\sin\theta)^{0.8}+0.56]$$
$$S=\begin{cases}10.8\sin\theta+0.03 & \theta<5.14°\\ 16.8\sin\theta-0.5 & 5.14°\leqslant\theta<10.20°\\ 21.91\sin\theta-0.96 & 10.20°\leqslant\theta<28.81°\\ 9.5988 & \theta\geqslant 28.81°\end{cases} \quad (4-8)$$

式（4-8）中，L 为坡长因子，S 为坡度因子，m 为坡长指数；θ 为坡度（度），λ 为坡长（米），二者均来源于 DEM 数据。

植被覆盖因子（C）反映了生态系统对土壤侵蚀的影响，是控制土壤侵蚀的积极因素。水田、湿地、城镇和荒漠参照 N-SPECT 中的参数分别赋值为 0、0、0.01 和 0.7，旱地参数赋值为 0.005，其余生态系统类型按不同植被覆盖度进行赋值，如表4－24所示。

表4－24　　不同生态系统类型植被覆盖赋值

生态系统类型	植被覆盖度（%）					
	<10	10～30	30～50	50～70	70～90	>90
森林	0.10	0.08	0.06	0.020	0.004	0.001
灌丛	0.40	0.22	0.14	0.085	0.040	0.011
草地	0.45	0.24	0.15	0.090	0.043	0.011
乔木果园	0.42	0.23	0.14	0.089	0.042	0.011
灌木果园	0.40	0.22	0.14	0.087	0.042	0.011

资料来源：根据《技术方法（试行）》要求计算得到。

（2）水土流失指数。

$$S_i = A/A_r \tag{4-9}$$

式（4－9）中，S_i为水土流失指数；A为土壤侵蚀量（吨/每平方公里每年），A_r为容许土壤流失量（吨/每平方公里每年），根据《中华人民共和国水利行业标准（SL 190－2007）》，不同侵蚀类型区容许土壤流失量如表4－25所示。

表4－25　　各侵蚀类型区容许土壤流失量

类型区	容许土壤流失量单位：吨/每平方公里每年
西北黄土高原区	1000
南方红壤丘陵区	500
西南土石山区	500
东北黑土区	200
北方土石山区	200

按照水土流失指数<1、介于1～12.5和>12.5的区域，将水土保持功能评价结果分别划分为高、中和低三个等级。

3. 防风固沙生态功能区

针对防风固沙生态功能区，采用土地沙化指数进行评价。计算单位面积土壤侵蚀量（风蚀），与该区域的容许土壤流失量相比较，根据值的大小进行分级，进而确定生态系统功能的大小。

（1）单位面积土壤侵蚀量（风蚀）。

采用修正风蚀方程估算防风固沙生态功能区的土壤侵蚀模数，计算公式如下：

$$S_L = \frac{2 \cdot Z}{S^2} Q_{max} \cdot e^{-(z/s)^2}$$

$$S = 150.71 \times (WF \times EF \times SCF \times K' \times C)^{-0.3711}$$

$$Q_{max} = 109.8 \times [WF \times EF \times SCF \times K' \times C] \tag{4-10}$$

式（4-10）中，S_L为实际土壤侵蚀量（吨/每平方公里每年）；Q_{max}为最大转移量（千克/米）；Z 为最大风蚀出现距离（米）；WF 为气候侵蚀因子（千克/米）；EF 为土壤侵蚀因子；SCF 为土壤结皮因子；K′为地表糙度因子；C 为植被覆盖因子。其中，气候侵蚀因子（WF）的计算公式如下：

$$WF = Wf \times \frac{\rho}{g} \times SW \times SD \tag{4-11}$$

式（4-11）中，WF 为气象因子，12 个月 WF 总和得到多年平均 WF；Wf 为各月多年平均风力因子［（米/小时）^{3}］；ρ 为空气密度（千克/立方米）；g 为重力加速度（米/平方小时）；SW 为各月多年平均土壤湿度因子，SD 为雪盖因子。

土壤可蚀因子（EF）的计算公式如下：

$$EF = \frac{29.09 + 0.31sa + 0.17si + 0.33\left(\frac{sa}{cl}\right) - 2.59OM - 0.95\,CaCO_3}{100} \tag{4-12}$$

式（4-12）中，sa 为土壤粗砂含量（%）；si 为土壤粉砂含量（%）；cl 为土壤黏粒含量（%）；OM 为土壤有机质含量（%）；$CaCO_3$为碳酸钙含量（%）。

土壤结皮因子（SCF）的计算公式如下：

$$SCF = \frac{1}{1 + 0.0066\,(cl)^2 + 0.021\,(OM)^2} \tag{4-13}$$

式（4-13）中，cl 为土壤黏粒含量（%），OM 为土壤有机质含量（%）。

地表糙度因子（K′）的计算公式如下：

$$K' = e^{(1.86K_r - 2.41K_r^{0.934} - 0.127C_{rr})} \quad (4-14)$$

式（4－14）中，C_{rr} 为随机糙度因子（厘米）；K_r 为土垄糙度（厘米），通过 smith－carson 方程计算，计算公式如下：

$$K_r = 0.2 \cdot \frac{(\Delta H)^2}{L} \quad (4-15)$$

式（4－15）中，L 为地势起伏参数；ΔH 为距离 L 范围内的海拔高程差。

植被覆盖因子（C）的取值由于不同植被类型的防风固沙效果不同，分为林地、灌丛、草地、农田、裸地和沙漠六个植被类型，根据不同的系数计算各植被覆盖因子值，计算公式如下：

$$C = e^{a_i(SC)} \quad (4-16)$$

式（4－16）中，SC 为植被覆盖度（%），由每年 36 期植被覆盖数据的最大值平均计算得出年均植被覆盖度；a_i 为不同植被类型的系数，分别为：林地 －0.1535，草地 －0.1151，灌丛 －0.0921，裸地 －0.0768，沙地 －0.0658，农田 －0.0438。

（2）土地沙化指数。

$$S_i = A/A_r \quad (4-17)$$

式（4－17）中，S_i 为土地沙化指数；A 为土壤侵蚀量（吨/每平方公里每年），A_r 为容许土壤流失量（吨/每平方公里每年），根据《中华人民共和国水利行业标准（SL190－2007）》，确定风力侵蚀区容许土壤流失量为 200 吨/每平方公里每年。

按照土地沙化指数 <1、介于 1～2、>2 的区域，将防风固沙功能评价结果划分为高、中和低三个等级。

二、评价结果

（一）水土流失功能评价

内蒙古自治区水土流失旗县为清水河县，按照计算方法计算出的水土流失功能指数，评价结果如表 4－26 所示。

表 4－26　国家重点生态功能区的水土流失功能评价结果

旗县	降雨侵蚀因子	水土流失功能指数	等级
清水河县	1383.45	0.029	高

资料来源：《资源环境承载能力和国土空间开发适宜性评价技术指南（试行）》。

（二）防风固沙功能评价

通过上述计算方法得到内蒙古自治区防风固沙功能区土地沙化指数，其评价结果如表 4－27 所示。

表 4－27　国家重点生态功能区的防风固沙功能评价结果

序号	旗县（市、区）	土地沙化指数	等级
1	阿巴嘎旗	0.35	高
2	阿拉善右旗	0.89	高
3	阿拉善左旗	0.40	高
4	阿鲁科尔沁旗	0.25	高
5	巴林右旗	0.29	高
6	察哈尔右翼后旗	0.23	高
7	察哈尔右翼中旗	0.21	高
8	达尔罕茂明安联合旗	0.30	高
9	东乌珠穆沁旗	0.16	高
10	多伦县	0.13	高
11	额济纳旗	0.45	高
12	固阳县	0.13	高
13	化德县	0.27	高
14	开鲁县	0.12	高
15	科尔沁右翼中旗	0.12	高
16	科尔沁左翼后旗	0.28	高
17	科尔沁左翼中旗	0.13	高
18	克什克腾旗	0.21	高
19	库伦旗	0.22	高
20	奈曼旗	0.20	高
21	四子王旗	0.34	高
22	苏尼特右旗	0.48	高

续表

序号	旗县（市、区）	土地沙化指数	等级
23	苏尼特左旗	0.39	高
24	太仆寺旗	0.21	高
25	翁牛特旗	0.25	高
26	乌拉特后旗	0.65	高
27	乌拉特中旗	0.40	高
28	西乌珠穆沁旗	0.35	高
29	镶黄旗	0.31	高
30	扎鲁特旗	0.17	高
31	正蓝旗	0.35	高
32	正镶白旗	0.36	高
33	新巴尔虎右旗	0.10	高
34	新巴尔虎左旗	0.13	高

资料来源：《资源环境承载能力和国土空间开发适宜性评价技术指南（试行）》。

从表4－27可知，内蒙古自治区34个防风固沙功能旗县（市、区）土地沙化指数全部为高等级。

（三）水源涵养功能评价

通过上述计算方法得到内蒙古自治区水源涵养功能区水源涵养功能指数，其评价结果如表4－28所示。

表4－28　　国家重点生态功能区的水源涵养功能评价结果

序号	旗县（市、区）	水源涵养功能指数（%）	等级
1	额尔古纳市	－32.40	低
2	根河市	5.19	中
3	鄂伦春自治旗	10.76	高
4	莫力达瓦达斡尔族自治旗	－27.44	低
5	牙克石市	4.00	中
6	阿荣旗	－5.02	低
7	扎兰屯市	－4.11	低
8	阿尔山市	－22.80	低

资料来源：《资源环境承载能力和国土空间开发适宜性评价技术指南（试行）》。

从表4－28可知，内蒙古自治区8个水源涵养功能区旗县（市、区）水源涵养指数高等级的有1个，水源涵养功能指数中等级有2个，低等级有5个。

三、成因分析

（一）水土保持功能区①

内蒙古自治区水土保持功能重点生态区只有呼和浩特市清水河县，清水河县地处内蒙古高原和黄土高原交接地带，地质构造属山西台背斜与内蒙古地轴相接之过渡带。岩石平缓，黄土覆盖较厚，地势由东南向西渐次低下，平均海拔高度1373.6米。

清水河流域位于我国西北黄土高原。地形类别有三：一是山区，流域西南有六盘山脉，海拔一般在2500米以上，使流域呈西南高而东北低之劣势；流域东部为南北向断续分布的剥蚀残山；北部诸山高出当地丘陵很多。流域周围的山区地势较高，构成与泾河、渭河、祖厉河的分水岭。二是黄土丘陵沟壑区，占流域总面积的82%，分布于流域的中上游，呈特有的黄土沟谷和峁梁丘陵地理景观，相对高差60～100米，黄土覆盖层厚30～100米，植被稀疏，树木极少，水土流失严重。三是川区，约占流域面积的15%，分布于干流两岸，顺河而上延伸长200余公里，平均河谷宽约5公里。这种宽谷河流的形成，考其原因是地质构造的影响。

（二）防风固沙功能区

内蒙古自治区防风固沙功能重点生态区有34个旗县（市、区），从东到西呼伦贝尔市、兴安盟、通辽市、赤峰市、锡林郭勒盟、乌兰察布市、包头市、巴彦淖尔市、阿拉善盟9个盟市都有分布。内蒙古自治区防风固沙功能区土地沙化主要原因有：（1）呼伦贝尔草原草甸生态功能区以草原草甸为主，产草量高，但土壤质地粗疏，多大风天气，草原生态系统脆弱。目前草原过度开发造成草场沙化严重，鼠虫害频发。（2）内蒙古自治

① 资料来源：笔者通过2015年全区DEM数据计算。

区大部分防风固沙功能区地处温带半湿润与半干旱过渡带，气候干燥，多大风天气，水资源贫乏，生态环境极为脆弱，风蚀沙化土地比重高，地貌以固定、半固定沙丘为主，土地沙漠化敏感程度极高。目前草场退化、盐渍化和土壤贫瘠化严重，为我国北方沙尘暴的主要沙源地。

（三）水源涵养功能区

内蒙古自治区水源涵养功能区包括呼伦贝尔市及兴安盟的 8 个旗县（市、区），其森林覆盖率高，具有完整的寒温带森林生态系统，是松嫩平原和呼伦贝尔草原的生态屏障。目前，原始森林受到较严重的破坏，出现不同程度的生态退化现象。

四、评价存在问题与完善建议

（1）清水河县日降雨量数据为清水河县一个站点数据，因为清水河县地处内蒙古自治区南部，南部与山西省接壤，所以没有收集到邻省数据，无法做插值，计算结果受一定的影响。

（2）水源涵养功能区位于内蒙古自治区东部，近年来内蒙古自治区东部降雨量少，蒸发量多，使用《资源环境承载力监测预警技术方法（试行）》中的公式计算结果有低于 0 值，考虑用蒸散发数据计算成潜在蒸发量数据来计算水源涵养指数。

第五章

集成评价

本章在对内蒙古自治区开展陆域基础评价与专项评价的基础上，首先，通过遴选相关集成指标，采用“综合超载指数”原理来确定内蒙古103个旗县（市、区）资源环境承载力超载状况并划分超载类型（超载、临界超载、不超载3类）。其次，针对超载类型划分结果，开展陆域过程评价，根据资源环境耗损的加剧或趋缓态势，划分红色预警、橙色预警、黄色预警、蓝色预警、绿色无预警5级预警等级类别。

第一节　超载类型划分

一、划分方法与指标

本章节根据国家发改委下发的《技术方法（试行）》要求，选择集成指标包括基础评价和专项评价指标来划分超载类型。其中，由于采用《技术方法（试行）》中根据“短板效应”原理综合集成划分各旗县级行政区资源环境超载类型时，超载地区之间超载程度的差异和影响地区超载类型划分的主要因素无法体现。故在充分考虑内蒙古自治区区情的基础上，为了更加客观真实地体现各旗县资源环境的承载状况和超载程度，本书在采用“短板法”评价结果部分区域不符合实际情况的基础上，采取“综合加权”的方法对基础评价和专项评价结果进行集成分析，得出“综合超载指数”，通过综合超载指数来对地区资源环境超载类型进行划分。具体方法如下：

一是评价结果统一赋值。对基础评价和专项评价各项指标的评价结果赋值，“超载”赋值为2，“临界超载”赋值为1，“不超载”赋值为0。

二是评价指标赋予权重。综合考虑基础评价和专项评价8项指标，采用专家打分法对不同指标赋予相应的权重。其中专项评价的4项指标在具体评价过程中并不重叠，每个县级行政区最多进行其中1项专项指标评价，因此专项评价作为整体被赋予权重。可以适当降低其权重；环境污染物浓度超标指数是直接影响生态环境和人类健康的重要指标，且内蒙古自治区作为生态文明先行示范区，尤为重视环境的保护和治理，在资源环境承载能力集成评价中应适当增加“污染物浓度超标指数”权重。

三是确定超载界线。加权算得“综合超载指数”范围在0~2。当综合超载指数 >1.1 时，确定为超载类型；综合超载指数介于0.8~1.1时，确定为临界超载类型；综合超载指数 <0.8 时，确定为不超载类型。

基于内蒙古没有海域的实际情况，本集成评价只在陆域基础评价与专项评价的基础上开展。超载类型划分所选指标项及分级结果如表5-1所示。

表5-1　　　　超载类型划分中的集成指标及分级

指标来源			指标名称	指标分级		
陆域评价	基础评价	土地资源	土地资源压力指数	压力大	压力中等	压力小
		水资源	水资源开发利用量	超载	临界超载	不超载
		环境	污染物浓度指标指数	超标	接近超标	未超标
		生态	生态系统健康度	健康度低	健康度中等	健康度高
	专项评价	城市化地区	水气环境黑灰指数	超载	临界超载	不超载
		农产品主产区	耕地质量变化指数	恶化	相对稳定	趋良
		重点生态功能区	生态系统功能指数	低等	中等	高等

二、划分结果

基于上述集成指标的遴选及分级，采用“综合超载指数”原理确定全区资源环境承载力超载状况。结果可知，内蒙古103个旗县（市、区）中资源环境承载力超载区域包括6个旗县（市、区）；临界超载区域包括64

个旗县（市、区）；不超载区域包括33个旗县（市、区）（见表5-2）。

表5-2　　综合超载指数和超载类型集成

盟市名称	旗县（市、区）名称	土地资源压力评价	水资源综合评价	污染物浓度综合评价	生态健康度评价	专项评价	超载类型划分
呼和浩特市	清水河县	压力大	不超载	接近超标	低	超载	超载
	托克托县	压力小	不超载	超标	高	临界超载	不超载
	和林格尔县	压力中	不超载	未超标	高	临界超载	不超载
	玉泉区	压力大	超载	超标	高	不超载	临界超载
	土默特左旗	压力中	超载	超标	高	临界超载	临界超载
	回民区	压力大	超载	超标	高	不超载	临界超载
	赛罕区	压力中	超载	超标	高	不超载	临界超载
	新城区	压力大	超载	超标	高	不超载	临界超载
	武川县	压力大	不超载	接近超标	高	不超载	临界超载
包头市	东河区	压力大	超载	超标	高	不超载	临界超载
	九原区	压力大	超载	超标	高	不超载	临界超载
	青山区	压力大	超载	超标	高	不超载	临界超载
	昆都仑区	压力大	超载	超标	高	不超载	临界超载
	土默特右旗	压力大	超载	超标	高	不超载	临界超载
	石拐区	压力大	超载	接近超标	高	不超载	临界超载
	固阳县	压力大	不超载	接近超标	中	不超载	临界超载
	白云鄂博矿区	压力小	超载	超标	中	不超载	临界超载
	达尔罕茂明安联合旗	压力小	不超载	未超标	高	不超载	不超载
乌海市	海南区	压力中	不超载	超标	低	不超载	超载
	乌达区	压力大	超载	超标	中	不超载	超载
	海勃湾区	压力中	超载	超标	中	不超载	超载
赤峰市	宁城县	压力中	不超载	超标	中	不超载	临界超载
	喀喇沁旗	压力中	不超载	超标	中	不超载	临界超载
	红山区	压力大	超载	超标	高	不超载	临界超载
	元宝山区	压力大	超载	超标	高	不超载	临界超载
	松山区	压力小	超载	超标	高	不超载	临界超载
	敖汉旗	压力小	不超载	超标	中	不超载	临界超载

续表

盟市名称	旗县（市、区）名称	土地资源压力评价	水资源综合评价	污染物浓度综合评价	生态健康度评价	专项评价	超载类型划分
赤峰市	翁牛特旗	压力中	不超载	超标	中	不超载	临界超载
	克什克腾旗	压力小	不超载	超标	中	不超载	临界超载
	林西县	压力小	不超载	接近超标	高	不超载	不超载
	巴林右旗	压力小	不超载	接近超标	高	不超载	不超载
	巴林左旗	压力小	不超载	接近超标	中	不超载	不超载
	阿鲁科尔沁旗	压力小	不超载	接近超标	中	不超载	不超载
通辽市	库伦旗	压力中	不超载	超标	低	不超载	临界超载
	奈曼旗	压力小	不超载	超标	中	临界超载	临界超载
	科尔沁左翼后旗	压力小	不超载	超标	高	临界超载	不超载
	科尔沁区	压力小	超载	超标	高	不超载	临界超载
	开鲁县	压力小	不超载	超标	高	临界超载	不超载
	科尔沁左翼中旗	压力小	不超载	超标	高	临界超载	不超载
	扎鲁特旗	压力小	不超载	接近超标	低	不超载	临界超载
	霍林郭勒市	压力中	超载	超标	低	不超载	超载
鄂尔多斯市	鄂托克前旗	压力小	超载	超标	低	不超载	临界超载
	乌审旗	压力小	超载	接近超标	低	不超载	临界超载
	伊金霍洛旗	压力小	不超载	接近超标	高	不超载	不超载
	东胜区	压力中	超载	接近超标	中	不超载	临界超载
	鄂托克旗	压力小	超载	超标	低	不超载	临界超载
	准格尔旗	压力中	不超载	接近超标	高	不超载	不超载
	达拉特旗	压力小	超载	接近超标	中	临界超载	临界超载
	杭锦旗	压力小	不超载	接近超标	低	不超载	临界超载
	康巴什新区	压力中	超载	接近超标	中	不超载	临界超载
呼伦贝尔市	扎兰屯市	压力小	不超载	未超标	低	超载	临界超载
	阿荣旗	压力小	不超载	未超标	低	不超载	临界超载
	鄂温克族自治旗	压力小	不超载	接近超标	低	不超载	临界超载
	海拉尔区	压力中	不超载	接近超标	低	不超载	临界超载
	扎赉诺尔区	压力中	超载	接近超标	低	不超载	临界超载
	满洲里市	压力中	超载	接近超标	低	不超载	临界超载
	新巴尔虎左旗	压力小	不超载	未超标	低	不超载	临界超载
	新巴尔虎右旗	压力小	不超载	超标	高	不超载	不超载

续表

盟市名称	旗县（市、区）名称	土地资源压力评价	水资源综合评价	污染物浓度综合评价	生态健康度评价	专项评价	超载类型划分
呼伦贝尔市	莫力达瓦达斡尔族自治旗	压力中	不超载	未超标	低	超载	临界超载
	陈巴尔虎旗	压力小	不超载	未超标	低	不超载	临界超载
	牙克石市	压力小	不超载	未超标	低	临界超载	临界超载
	鄂伦春自治旗	压力小	不超载	未超标	中	不超载	不超载
	根河市	压力小	不超载	未超标	高	临界超载	不超载
	额尔古纳市	压力小	不超载	未超标	低	临界超载	临界超载
巴彦淖尔市	磴口县	压力小	不超载	超标	高	不超载	不超载
	杭锦后旗	压力小	超载	超标	高	临界超载	临界超载
	乌拉特前旗	压力小	超载	超标	高	临界超载	临界超载
	五原县	压力中	不超载	超标	中	不超载	临界超载
	临河区	压力小	超载	超标	高	不超载	临界超载
	乌拉特后旗	压力小	超载	接近超标	高	不超载	临界超载
	乌拉特中旗	压力小	超载	接近超标	高	临界超载	临界超载
乌兰察布市	丰镇市	压力中	不超载	超标	高	不超载	临界超载
	凉城县	压力大	超载	超标	高	临界超载	超载
	察哈尔右翼前旗	压力大	不超载	接近超标	高	临界超载	临界超载
	集宁区	压力大	超载	接近超标	高	不超载	临界超载
	卓资县	压力大	不超载	接近超标	高	临界超载	临界超载
	兴和县	压力大	不超载	接近超标	高	临界超载	不超载
	察哈尔右翼中旗	压力大	不超载	未超标	高	不超载	不超载
	察哈尔右翼后旗	压力大	不超载	未超标	高	不超载	不超载
	商都县	压力中	超载	未超标	高	临界超载	不超载
	化德县	压力大	超载	未超标	高	不超载	临界超载
	四子王旗	压力小	超载	未超标	高	不超载	不超载
兴安盟	突泉县	压力小	不超载	未超标	中	不超载	不超载
	科尔沁右翼中旗	压力小	不超载	超标	中	不超载	临界超载
	乌兰浩特市	压力小	不超载	接近超标	低	不超载	临界超载
	科尔沁右翼前旗	压力小	不超载	接近超标	低	不超载	临界超载
	扎赉特旗	压力小	不超载	未超标	中	不超载	不超载
	阿尔山市	压力小	不超载	未超标	低	超载	临界超载

续表

盟市名称	旗县（市、区）名称	土地资源压力评价	水资源综合评价	污染物浓度综合评价	生态健康度评价	专项评价	超载类型划分
锡林郭勒盟	太仆寺旗	压力大	不超载	接近超标	高	不超载	不超载
	多伦县	压力小	不超载	接近超标	高	不超载	不超载
	镶黄旗	压力小	不超载	接近超标	高	不超载	不超载
	正镶白旗	压力小	不超载	接近超标	高	不超载	不超载
	正蓝旗	压力小	不超载	接近超标	高	不超载	不超载
	苏尼特右旗	压力小	不超载	接近超标	高	不超载	不超载
	二连浩特市	压力小	超载	接近超标	高	不超载	不超载
	锡林浩特市	压力小	超载	未超标	低	不超载	临界超载
	苏尼特左旗	压力小	不超载	接近超标	高	不超载	不超载
	西乌珠穆沁旗	压力小	不超载	未超标	低	不超载	临界超载
	阿巴嘎旗	压力小	不超载	未超标	低	不超载	临界超载
	东乌珠穆沁旗	压力小	不超载	未超标	低	不超载	临界超载
阿拉善盟	阿拉善左旗	压力小	超载	超标	中	不超载	临界超载
	阿拉善右旗	压力小	超载	超标	高	不超载	不超载
	额济纳旗	压力小	不超载	未超标	高	不超载	不超载

第二节　预警等级划分

基于全区各旗县（市、区）超载类型划分结果，本章节通过开展陆域过程评价，根据资源环境耗损指数，如资源利用效率变化、污染物排放强度变化和生态质量变化的测算与获取，测定全区陆域资源环境耗损的加剧或趋缓态势，进而划分红色预警、橙色预警、黄色预警、蓝色预警、绿色无预警 5 级警区。

一、过程评价

陆域资源环境耗损指数是人类生产生活过程中的资源利用效率、污染物排放强度及生态质量等变化过程特征的集合，是反映陆域资源环境承载状态变化及可持续性的重要指标。本章节选取陆域资源环境耗损指数测度指标集如表5－3所示。

表5－3　　陆域资源环境耗损指数测试指标集

概念	类别层	指标层（关键指标）	数据层
资源环境耗损	资源利用效率变化	土地资源利用效率变化（建设用地）	10年年平均增速
		水资源利用效率变化（用水量）	10年年平均增速
	污染物排放强度变化	大气污染物排放强度变化（二氧化硫、氮氧化物）	10年年平均增速
		水污染物排放强度变化（化学需氧量、氨氮）	10年年平均增速
	生态质量变化	林草覆盖率变化	10年年平均增速

针对上述各资源环境耗损指数的获取，拟分别通过划分低效率类和高效率类两类来表明资源环境损耗变化是否趋差或趋良。划分标准如表5－4所示。

表5－4　　陆域资源环境耗损指数类别划分标准

名称	类别	指向	分类标准
资源利用效率变化	低效率类	变化趋差	二类速度指标均低于全国平均水平
	高效率类	变化趋良	除上述情况外的其他情况
污染排放强度变化	高强度类	变化趋差	至少三类强度指标均高于全国平均水平
	低强度类	变化趋良	除上述情况外的其他情况
生态质量变化	低质量类	变化趋差	林草覆盖率年均增速低于全国平均水平
	高质量类	变化趋良	林草覆盖率年均增速不低于全国平均水平

（一）资源利用率变化

资源利用率变化包括土地资源和水资源利用效率变化，分别以年均土地资源利用效率增速和年均水资源利用效率增速为进行计算分级，将计算的各行政单元的指数值与对应的全国平均值进行比较而确定其类别和指向。

1. 土地资源利用效率变化

（1）评价指标及计算方法。

根据《技术方法（试行）》中规定的公式计算土地资源利用效率变化。由于2005年以前各县级行政区建设用地面积统计误差较大，因此本报告选取 2005 年作为基准年，计算十年土地资源利用效率变化的平均情况。计算公式为：

$$L_e = 10\sqrt{\frac{L_{2005}/GDP_{2005}}{L_{2015}/GDP_{2015}}} - 1 \tag{5-1}$$

式（5-1）中，L_e 为年均土地资源利用效率增速；L_{2005} 为基准年 2005 年行政区域内建设用地面积；GDP_{2005} 为基准年 GDP；L_{2015} 为基准年后第五年的 2015 年行政区域内建设用地面积；GDP_{2015} 为 2015 年 GDP。

（2）评价数据与评价结果。

全区 103 个旗县（市、区）2005 年、2015 年建设用地量和 GDP 如表 5-5 所示。由表可知，全区有 48 个县级行政单元的土地资源利用效率增速指标低于全国平均水平。

表 5-5　内蒙古自治区各旗县（市、区）2005 年、2015 年建设用地量、GDP 及年均土地资源利用效率增速

盟市名称	旗县（市、区）名称	建设用地（平方公里）		GDP（万元）		年均土地资源利用效率增速 L_e
		2005 年	2015 年	2005 年	2015 年	
呼和浩特市	新城区	60.67	93.76	1485391	349660	-0.1715
	回民区	37.03	54.77	958527	3423469	0.0922
	玉泉区	36.27	78.92	607897	6755200	0.1771
	赛罕区	98.92	165.55	1142172	644247	-0.1030
	土默特左旗	144.10	190.29	540735	3343100	0.1669
	托克托县	109.66	130.78	651088	2147954	0.1071
	和林格尔县	192.57	215.24	618819	1409811	0.0738
	清水河县	86.36	98.01	122987	8403600	0.5065
	武川县	225.22	256.31	194601	1076400	0.1713
包头市	东河区	34.53	82.39	1031452	4913700	0.0716
	昆都仑区	49.20	106.11	2871020	10580100	0.0550
	青山区	10.73	67.11	1346401	1590307	-0.1536
	石拐区	17.27	37.64	153244	625167	0.0647
	白云鄂博矿区	28.76	24.97	76885	367000	0.1858
	九原区	71.29	142.31	842718	3304000	0.0698
	土默特右旗	172.94	219.63	427317	663594	0.0203
	固阳县	257.15	284.09	250418	1161100	0.1542
	达尔罕茂明安联合旗	201.61	269.48	386120	2023900	0.1464

续表

盟市名称	旗县（市、区）名称	建设用地（平方公里）		GDP（万元）		年均土地资源利用效率增速 L_e
		2005年	2015年	2005年	2015年	
乌海市	海勃湾区	60.04	98.23	449655	2454880.74	0.1281
	海南区	84.71	121.96	409888	1779584	0.1167
	乌达区	69.87	88.25	335554	1387946	0.1259
赤峰市	红山区	39.81	66.42	515423	2845641.156	0.1271
	元宝山区	89.24	135.06	568279	2721208	0.1221
	松山区	134.77	193.69	384525	535806	-0.0031
	阿鲁科尔沁旗	152.12	194.06	182118	1012728	0.1586
	巴林左旗	141.41	173.43	214697	1188409	0.1627
	巴林右旗	252.60	136.20	121415	720589	0.2711
	林西县	74.50	96.35	144403	708893	0.1427
	克什克腾旗	86.70	127.44	188070	1399455	0.1761
	翁牛特旗	247.05	243.27	296806	2364208	0.2325
	喀喇沁旗	83.34	125.37	148469	672466	0.1165
	宁城县	138.66	229.96	309295	1441800	0.1089
	敖汉旗	279.39	306.46	305685	1565296	0.1666
通辽市	科尔沁区	167.80	234.03	1279856	6614482.271	0.1399
	科尔沁左翼中旗	241.04	273.52	325492	1522527	0.1522
	科尔沁左翼后旗	217.84	257.50	379831	1547400	0.1317
	开鲁县	133.13	148.28	368905	2058400	0.1749
	库伦旗	131.43	122.21	121426	656393.0114	0.1925
	奈曼旗	229.21	230.38	266542	1036428	0.1449
	扎鲁特旗	181.94	275.73	264164	1879975.659	0.1673
	霍林郭勒市	51.30	104.14	264630	2652503.27	0.1731
鄂尔多斯市	东胜区	110.98	315.09	1364847	8567700	0.0826
	康巴什新区	—	—	—	—	—
	达拉特旗	288.70	377.56	934160	4950000	0.1502
	准格尔旗	144.63	354.82	11066700	11066700	-0.0858
	鄂托克前旗	44.70	85.73	143924	1273400	0.1652
	鄂托克旗	94.81	188.99	573938	4594200	0.1491
	杭锦旗	120.15	152.24	230322	842300	0.1118
	乌审旗	76.68	78.09	304557	1475701	0.1688
	伊金霍洛旗	44.04	176.99	896781	2271352	-0.0451

续表

盟市名称	旗县（市、区）名称	建设用地（平方公里）		GDP（万元）		年均土地资源利用效率增速 L_e
		2005年	2015年	2005年	2015年	
呼伦贝尔市	海拉尔区	53.15	102.03	473440	2744229	0.1168
	阿荣旗	104.23	132.63	286184	1571789	0.1575
	莫力达瓦达斡尔族自治旗	151.32	166.57	254765	579635	0.0753
	鄂伦春自治旗	166.76	181.82	169233	642464	0.1329
	鄂温克自治旗	38.80	128.01	265977	1090309	0.0220
	陈巴尔虎旗	41.99	94.52	125861	890371	0.1213
	新巴尔虎左旗	27.59	34.79	74861	771554	0.2338
	新巴尔虎右旗	18.97	40.29	167016	483028	0.0314
	满洲里市	13.30	113.01	551770	2124403	-0.0761
	扎赉诺尔区	41.13	59.95	-	2403693	-
	扎兰屯市	141.25	172.18	295849	1780117	0.1731
	牙克石市	117.52	156.68	319130	602079	0.0353
	额尔古纳市	71.75	127.55	117994	442736	0.0776
	根河市	63.85	68.71	127746	400463	0.1128
巴彦淖尔市	临河区	321.08	203.86	713475	2733300	0.1969
	五原县	305.00	193.81	289185	4035200	0.3620
	磴口县	86.28	35.11	168810	599600	0.2419
	乌拉特前旗	256.68	284.23	409252	660700	0.0384
	乌拉特中旗	245.04	182.16	163901	1358503	0.2727
	乌拉特后旗	43.45	69.25	136175	1866585	0.2401
	杭锦后旗	243.68	65.59	348981	1305841	0.3011
乌兰察布市	集宁区	44.40	109.57	399764	1623769	0.0511
	卓资县	144.18	181.31	175723	614272	0.1076
	化德县	101.46	114.52	105235	470234	0.1475
	商都县	197.84	231.57	161114	5730522	0.4069
	兴和县	169.95	230.77	172306	6191455	0.3876
	凉城县	198.57	211.41	244913	735273	0.1092
	察哈尔右翼前旗	104.68	192.10	210482	897955	0.0880
	察哈尔右翼中旗	164.57	187.76	118256	478601	0.1350
	察哈尔右翼后旗	151.89	168.41	181794	756229	0.1414
	四子王旗	176.45	212.92	162175	1009300	0.1783
	丰镇市	128.61	147.99	374368	1382038	0.1236

续表

盟市名称	旗县（市、区）名称	建设用地（平方公里）		GDP（万元）		年均土地资源利用效率增速 L_e
		2005 年	2015 年	2005 年	2015 年	
兴安盟	乌兰浩特市	64.98	109.97	402639	980685	0.0371
	阿尔山市	19.18	21.47	45782	151419	0.1145
	科尔沁右翼前旗	201.15	188.93	218849	888182	0.1576
	科尔沁右翼中旗	213.02	191.42	135908	575523	0.1677
	扎赉特旗	238.11	207.48	204802	840115	0.1676
	突泉县	110.99	149.64	188256	454053	0.0599
锡林郭勒盟	二连浩特市	20.33	53.29	151070	883962	0.0836
	锡林浩特市	87.59	237.88	508828	1038045	-0.0282
	阿巴嘎旗	19.49	87.01	77275	610151	0.0587
	苏尼特左旗	17.49	35.63	81756	542597	0.1253
	苏尼特右旗	39.14	171.90	116998	2372400	0.1653
	东乌珠穆沁旗	51.96	140.71	181929	1408020	0.1107
	西乌珠穆沁旗	57.18	240.43	132701	782477	0.0344
	太仆寺旗	110.45	123.67	117779	448430	0.1302
	镶黄旗	15.07	25.45	50453	2075007	0.3762
	正镶白旗	35.31	45.88	61402	278959	0.1333
	正蓝旗	35.02	61.22	123860	671071	0.1198
	多伦县	49.29	66.38	92736	744641	0.1955
阿拉善盟	阿拉善左旗	76.44	317.67	460011	3714830	0.0687
	阿拉善右旗	15.44	63.44	76002	372043	0.0177
	额济纳旗	16.20	131.85	80524	491896	-0.0283
全国		319223.00	381142.00	1823210000	6890520000	0.1221

注：康巴什新区为新成立区，统计数据空缺，所以归到东胜区计算，扎赉诺尔区于2013年成立，数据从2014年开始才有。

资料来源：《中国国土资源公报》。

2. 水资源利用效率变化

（1）评价指标和计算方法。

根据《技术方法（试行）》中规定的公式计算水资源利用效率变化。由于2005年以前各县级行政区用水量数据统计不全，因此本报告选取2005年作为基准年，计算5年的水资源利用效率变化平均情况。计算公式为：

$$W_e = 5\sqrt{\frac{W_{2010}/GDP_{2010}}{W_{2015}/GDP_{2015}}} - 1 \qquad (5-2)$$

式（5－2）中，W_e 为年均水资源利用效率增速；2010 年为基准年，W_{2010} 为基准年 2010 年行政区域内用水；GDP_{2010} 为基准年 GDP；W_{2015} 为基准年后第五年的 2015 年行政区域内用水量；GDP_{2015} 为基准年后第五年 2015 年 GDP。

（2）评价数据。

全区 103 个旗县（市、区）2010 年、2015 年用水量如表 5－6 所示。由表可知，全区 48 个旗县（市、区）的水资源利用效率增速指标低于全国平均水平。

表 5－6　内蒙古自治区各旗县（市、区）2005 年、2015 年用水量及年均水资源利用效率增速

序号	盟市名称	旗县（市、区）名称	2005 年用水量（亿立方米）	2015 年用水量（亿立方米）	水增速（亿立方米/年）	指向
1	呼和浩特市	新城区	1.0948	1.1235	－0.0029	变化趋差
2		回民区	0.6062	0.6252	－0.0019	变化趋差
3		玉泉区	0.5244	0.5330	－0.0009	变化趋差
4		赛罕区	0.9962	1.0070	－0.0011	变化趋差
5		土默特左旗	1.4389	1.5000	－0.0061	变化趋差
6		托克托县	0.6644	0.7000	－0.0036	变化趋差
7		和林格尔县	0.7920	0.8202	－0.0028	变化趋差
8		清水河县	0.2870	0.3077	－0.0021	变化趋差
9		武川县	0.5399	0.6027	－0.0063	变化趋差
10	包头市	东河区	1.2937	1.3459	－0.0052	变化趋差
11		昆都仑区	0.5845	0.6049	－0.0020	变化趋差
12		青山区	0.3892	0.4242	－0.0035	变化趋差
13		石拐区	0.0867	0.1097	－0.0023	变化趋差
14		白云鄂博矿区	0.0101	0.0560	－0.0046	变化趋差
15		九原区	0.8456	0.9318	－0.0086	变化趋差
16		土默特右旗	0.3573	0.4300	－0.0073	变化趋差
17		固阳县	0.4525	0.5380	－0.0086	变化趋差
18		达尔罕茂明安联合旗	0.2725	0.3144	－0.0419	变化趋差

续表

序号	盟市名称	旗县（市、区）名称	2005 年用水量（亿立方米）	2015 年用水量（亿立方米）	水增速（亿立方米/年）	指向
19	乌海市	海勃湾区	0.0505	0.1206	-0.0070	变化趋差
20		海南区	-0.0017	0.0087	-0.0104	变化趋差
21		乌达区	0.4879	0.5580	-0.0070	变化趋差
22	赤峰市	红山区	0.7254	0.7551	-0.0030	变化趋差
23		元宝山区	1.1454	1.1808	-0.0035	变化趋差
24		松山区	2.1392	2.2670	-0.0128	变化趋差
25		阿鲁科尔沁旗	1.3775	1.3841	-0.0007	变化趋差
26		巴林左旗	1.1952	1.2976	-0.0102	变化趋差
27		巴林右旗	0.6763	0.8306	-0.0154	变化趋差
28		林西县	0.8573	0.9938	-0.0137	变化趋差
29		克什克腾旗	1.2277	1.5839	-0.0356	变化趋差
30		翁牛特旗	2.9052	3.0547	-0.0149	变化趋差
31		喀喇沁旗	0.5812	0.6528	-0.0072	变化趋差
32		宁城县	1.0363	1.0692	-0.0033	变化趋差
33		敖汉旗	1.5226	1.5915	-0.0069	变化趋差
34	通辽市	科尔沁区	5.2479	5.1390	0.0109	变化趋良
35		科尔沁左翼中旗	5.4377	5.1790	0.0259	变化趋良
36		科尔沁左翼后旗	2.6408	2.3712	0.0270	变化趋良
37		开鲁县	4.5408	4.4675	0.0073	变化趋良
38		库伦旗	0.4614	0.4053	0.0056	变化趋良
39		奈曼旗	3.6012	3.5560	0.0045	变化趋良
40		扎鲁特旗	2.7921	2.6442	0.0148	变化趋良
41		霍林郭勒市	0.3767	0.3508	0.0026	变化趋良
42	鄂尔多斯市	东胜区	0.6023	0.6464	-0.0044	变化趋差
43		康巴什新区	0.0000	0.0000	-0.0520	变化趋差
44		达拉特旗	3.6657	3.8850	-0.0219	变化趋差
45		准格尔旗	1.2954	1.4037	-0.0108	变化趋差
46		鄂托克前旗	0.7075	1.0057	-0.0298	变化趋差
47		鄂托克旗	1.4426	1.9627	-0.0520	变化趋差
48		杭锦旗	0.7548	1.1920	-0.0437	变化趋差
49		乌审旗	0.8561	1.0567	-0.0201	变化趋差
50		伊金霍洛旗	1.1820	1.2888	-0.0107	变化趋差

续表

序号	盟市名称	旗县（市、区）名称	2005 年用水量（亿立方米）	2015 年用水量（亿立方米）	水增速（亿立方米/年）	指向
51	呼伦贝尔市	海拉尔区	1. 0408	0. 8753	0. 0166	变化趋良
52		扎赉诺尔区	0. 6476	0. 0000	0. 0648	变化趋良
53		阿荣旗	1. 9105	0. 9369	0. 0974	变化趋良
54		莫力达瓦达斡尔族自治旗	3. 6213	2. 8120	0. 0809	变化趋良
55		鄂伦春自治旗	4. 1441	0. 2478	0. 3896	变化趋良
56		鄂温克族自治旗	1. 4626	0. 6643	0. 0798	变化趋良
57		陈巴尔虎旗	1. 9877	0. 7678	0. 1220	变化趋良
58		新巴尔虎左旗	2. 9138	2. 2662	0. 0648	变化趋良
59		新巴尔虎右旗	0. 9939	0. 3621	0. 0632	变化趋良
60		满洲里市	0. 5783	0. 4098	0. 0168	变化趋良
61		牙克石市	3. 1756	1. 0951	0. 2081	变化趋良
62		扎兰屯市	2. 2265	0. 9991	0. 1227	变化趋良
63		额尔古纳市	2. 4505	0. 2501	0. 2200	变化趋良
64		根河市	2. 1227	0. 1855	0. 1937	变化趋良
65	巴彦淖尔市	临河区	10. 2319	10. 3372	-0. 0105	变化趋差
66		五原县	0. 8963	1. 0408	-0. 0145	变化趋差
67		磴口县	0. 1536	0. 3285	-0. 0175	变化趋差
68		乌拉特前旗	8. 0300	8. 2768	-0. 0247	变化趋差
69		乌拉特中旗	3. 1600	3. 7151	-0. 0555	变化趋差
70		乌拉特后旗	0. 4920	0. 8775	-0. 0385	变化趋差
71		杭锦后旗	0. 5414	0. 6677	-0. 0126	变化趋差
72	乌兰察布市	集宁区	0. 2621	0. 2663	-0. 0004	变化趋差
73		卓资县	0. 3515	0. 3816	-0. 0030	变化趋差
74		化德县	0. 1607	0. 2110	-0. 0050	变化趋差
75		商都县	0. 4909	0. 5406	-0. 0050	变化趋差
76		兴和县	0. 6621	0. 6305	0. 0032	变化趋良
77		凉城县	0. 6760	0. 6762	0	变化趋差
78		察哈尔右翼前旗	0. 4985	0. 5056	-0. 0007	变化趋差
79		察哈尔右翼中旗	0. 5760	0. 6222	-0. 0046	变化趋差
80		察哈尔右翼后旗	0. 3887	0. 4185	-0. 0030	变化趋差
81		四子王旗	0. 1330	0. 7000	-0. 0567	变化趋差
82		丰镇市	0. 4872	0. 4489	0. 0038	变化趋良

续表

序号	盟市名称	旗县（市、区）名称	2005年用水量（亿立方米）	2015年用水量（亿立方米）	水增速（亿立方米/年）	指向
83	兴安盟	乌兰浩特市	0.3242	0.1160	0.0208	变化趋良
84		阿尔山市	0.5324	0.1338	0.0399	变化趋良
85		科尔沁右翼前旗	3.3475	2.7136	0.0634	变化趋良
86		科尔沁右翼中旗	0.6141	0.2746	0.0340	变化趋良
87		扎赉特旗	2.2108	1.5000	0.0711	变化趋良
88		突泉县	1.4949	1.2500	0.0245	变化趋良
89	锡林郭勒盟	二连浩特市	0.0501	0.0827	-0.0326	变化趋差
90		锡林浩特市	0.3082	0.6647	-0.0356	变化趋差
91		阿巴嘎旗	0.0714	0.1356	-0.0642	变化趋差
92		苏尼特左旗	0.0561	0.1526	-0.0965	变化趋差
93		苏尼特右旗	0.2221	0.2946	-0.0725	变化趋差
94		东乌珠穆沁旗	0.4823	0.5956	-0.0113	变化趋差
95		西乌珠穆沁旗	0.0555	0.3413	-0.0286	变化趋差
96		太仆寺旗	0.4565	0.5225	-0.0066	变化趋差
97		镶黄旗	0.0687	0.1805	-0.0112	变化趋差
98		正镶白旗	0.0679	0.1831	-0.0115	变化趋差
99		正蓝旗	0.0758	0.3193	-0.0244	变化趋差
100		多伦县	0.4668	0.5891	-0.0122	变化趋差
101	阿拉善盟	阿拉善左旗	1.1196	1.9721	-0.0853	变化趋差
102		阿拉善右旗	0.3220	0.3672	-0.0452	变化趋差
103		额济纳旗	0.0871	0.3000	-0.2129	变化趋差
全国			6022	6103.2	0.10482	

资料来源：《内蒙古水资源公报》。

3. 资源利用效率变化的类别确定

在土地资源利用效率变化指数（L_e）和水资源利用效率变化指数（W_e）计算的基础上，根据表5-4中的资源利用效率变化的类别划分标准，将全区103个行政单元的资源利用效率变化的类别和指向进行了划分，结果如表5-7所示。

表 5-7　　内蒙古自治区资源利用效率变化的类别和指向划分

序号	盟市名称	旗县（市、区）名称	土地资源利用效率变化指数（L_e）	水资源利用效率变化指数（W_e）	类别	指向
1	呼和浩特市	新城区	-0.1715	-0.0029	低效率类	变化趋差
2		回民区	0.0922	-0.0019	低效率类	变化趋差
3		玉泉区	0.1771	-0.0009	高效率类	变化趋良
4		赛罕区	-0.1030	-0.0011	低效率类	变化趋差
5		土默特左旗	0.1669	-0.0061	高效率类	变化趋良
6		托克托县	0.1071	-0.0036	低效率类	变化趋差
7		和林格尔县	0.0738	-0.0028	低效率类	变化趋差
8		清水河县	0.5065	-0.0021	高效率类	变化趋良
9		武川县	0.1713	-0.0063	高效率类	变化趋良
10	包头市	东河区	0.0716	-0.0052	低效率类	变化趋差
11		昆都仑区	0.0550	-0.0020	低效率类	变化趋差
12		青山区	-0.1536	-0.0035	低效率类	变化趋差
13		石拐区	0.0647	-0.0023	低效率类	变化趋差
14		白云鄂博矿区	0.1858	-0.0046	高效率类	变化趋良
15		九原区	0.0698	-0.0086	低效率类	变化趋差
16		土默特右旗	0.0203	-0.0073	低效率类	变化趋差
17		固阳县	0.1542	-0.0086	高效率类	变化趋良
18		达尔罕茂明安联合旗	0.1464	-0.0419	高效率类	变化趋良
19	乌海市	海勃湾区	0.1281	-0.0070	高效率类	变化趋良
20		海南区	0.1167	-0.0104	低效率类	变化趋差
21		乌达区	0.1259	-0.0070	高效率类	变化趋良
22	赤峰市	红山区	0.1271	-0.0030	高效率类	变化趋良
23		元宝山区	0.1221	-0.0035	高效率类	变化趋良
24		松山区	-0.0031	-0.0128	低效率类	变化趋差
25		阿鲁科尔沁旗	0.1586	-0.0007	高效率类	变化趋良
26		巴林左旗	0.1627	-0.0102	高效率类	变化趋良
27		巴林右旗	0.2711	-0.0154	高效率类	变化趋良
28		林西县	0.1427	-0.0137	高效率类	变化趋良
29		克什克腾旗	0.1761	-0.0356	高效率类	变化趋良
30		翁牛特旗	0.2325	-0.0149	高效率类	变化趋良
31		喀喇沁旗	0.1165	-0.0072	低效率类	变化趋差
32		宁城县	0.1089	-0.0033	低效率类	变化趋差
33		敖汉旗	0.1666	-0.0069	高效率类	变化趋良

续表

序号	盟市名称	旗县（市、区）名称	土地资源利用效率变化指数（L_e）	水资源利用效率变化指数（W_e）	类别	指向
34	通辽市	科尔沁区	0.1399	0.0109	高效率类	变化趋良
35		科尔沁左翼中旗	0.1522	0.0259	高效率类	变化趋良
36		科尔沁左翼后旗	0.1317	0.0270	高效率类	变化趋良
37		开鲁县	0.1749	0.0073	高效率类	变化趋良
38		库伦旗	0.1925	0.0056	高效率类	变化趋良
39		奈曼旗	0.1449	0.0045	高效率类	变化趋良
40		扎鲁特旗	0.1673	0.0148	高效率类	变化趋良
41		霍林郭勒市	0.1731	0.0026	高效率类	变化趋良
42	鄂尔多斯市	东胜区	0.0826	−0.0044	低效率类	变化趋差
43		康巴什新区	—	−0.0520	低效率类	变化趋差
44		达拉特旗	0.1502	−0.0219	高效率类	变化趋良
45		准格尔旗	−0.0858	−0.0108	低效率类	变化趋差
46		鄂托克前旗	0.1652	−0.0298	高效率类	变化趋良
47		鄂托克旗	0.1491	−0.0520	高效率类	变化趋良
48		杭锦旗	0.1118	−0.0437	低效率类	变化趋差
49		乌审旗	0.1688	−0.0201	高效率类	变化趋良
50		伊金霍洛旗	−0.0451	−0.0107	低效率类	变化趋差
51	呼伦贝尔市	海拉尔区	0.1168	0.0166	低效率类	变化趋差
52		扎赉诺尔区	—	0.0648	低效率类	变化趋差
53		阿荣旗	0.1575	0.0974	高效率类	变化趋良
54		莫力达瓦达斡尔族自治旗	0.0753	0.0809	低效率类	变化趋差
55		鄂伦春自治旗	0.1329	0.3896	高效率类	变化趋良
56		鄂温克族自治旗	0.0220	0.0798	低效率类	变化趋差
57		陈巴尔虎旗	0.1213	0.1220	低效率类	变化趋差
58		新巴尔虎左旗	0.2338	0.0648	高效率类	变化趋良
59		新巴尔虎右旗	0.0314	0.0632	低效率类	变化趋差
60		满洲里市	−0.0761	0.0168	低效率类	变化趋差
61		牙克石市	0.0353	0.2081	低效率类	变化趋差
62		扎兰屯市	0.1731	0.1227	高效率类	变化趋良
63		额尔古纳市	0.0776	0.2200	低效率类	变化趋差
64		根河市	0.1128	0.1937	低效率类	变化趋差

续表

序号	盟市名称	旗县（市、区）名称	土地资源利用效率变化指数（L_e）	水资源利用效率变化指数（W_e）	类别	指向
65	巴彦淖尔市	临河区	0.1969	-0.0105	高效率类	变化趋良
66		五原县	0.3620	-0.0145	高效率类	变化趋良
67		磴口县	0.2419	-0.0175	高效率类	变化趋良
68		乌拉特前旗	0.0384	-0.0247	低效率类	变化趋差
69		乌拉特中旗	0.2727	-0.0555	高效率类	变化趋良
70		乌拉特后旗	0.2401	-0.0385	高效率类	变化趋良
71		杭锦后旗	0.3011	-0.0126	高效率类	变化趋良
72	乌兰察布市	集宁区	0.0511	-0.0004	低效率类	变化趋差
73		卓资县	0.1076	-0.0030	低效率类	变化趋差
74		化德县	0.1475	-0.0050	高效率类	变化趋良
75		商都县	0.4069	-0.0050	高效率类	变化趋良
76		兴和县	0.3876	0.0032	高效率类	变化趋良
77		凉城县	0.1092	0.0000	低效率类	变化趋差
78		察哈尔右翼前旗	0.0880	-0.0007	低效率类	变化趋差
79		察哈尔右翼中旗	0.1350	-0.0046	高效率类	变化趋良
80		察哈尔右翼后旗	0.1414	-0.0030	高效率类	变化趋良
81		四子王旗	0.1783	-0.0567	高效率类	变化趋良
82		丰镇市	0.1236	0.0038	低效率类	变化趋差
83	兴安盟	乌兰浩特市	0.0371	0.0208	低效率类	变化趋差
84		阿尔山市	0.1145	0.0399	低效率类	变化趋差
85		科尔沁右翼前旗	0.1576	0.0634	高效率类	变化趋良
86		科尔沁右翼中旗	0.1677	0.0340	高效率类	变化趋良
87		扎赉特旗	0.1676	0.0711	高效率类	变化趋良
88		突泉县	0.0599	0.0245	低效率类	变化趋差
89	锡林郭勒盟	二连浩特市	0.0836	-0.0326	低效率类	变化趋差
90		锡林浩特市	-0.0282	-0.0356	低效率类	变化趋差
91		阿巴嘎旗	0.0587	-0.0642	低效率类	变化趋差
92		苏尼特左旗	0.1253	-0.0965	高效率类	变化趋良
93		苏尼特右旗	0.1653	-0.0725	高效率类	变化趋良
94		东乌珠穆沁旗	0.1107	-0.0113	低效率类	变化趋差
95		西乌珠穆沁旗	0.0344	-0.0286	低效率类	变化趋差

续表

序号	盟市名称	旗县（市、区）名称	土地资源利用效率变化指数（L_e）	水资源利用效率变化指数（W_e）	类别	指向
96	锡林郭勒盟	太仆寺旗	0.1302	-0.0066	高效率类	变化趋良
97		镶黄旗	0.3762	-0.0112	高效率类	变化趋良
98		正镶白旗	0.1333	-0.0115	高效率类	变化趋良
99		正蓝旗	0.1198	-0.0244	低效率类	变化趋差
100		多伦县	0.1955	-0.0122	高效率类	变化趋良
101	阿拉善盟	阿拉善左旗	0.0687	-0.0853	低效率类	变化趋差
102		阿拉善右旗	0.0177	-0.0452	低效率类	变化趋差
103		额济纳旗	-0.0283	-0.2129	低效率类	变化趋差
全国			0.1221	0.10482		

资料来源：根据表5-4划分等级。

（二）污染物排放强度变化

1. 大气污染物排放强度变化

（1）指标构成与算法。

大气污染物（二氧化硫）排放强度变化。计算公式如下：

$$S_e = \sqrt[5]{\frac{\frac{S_{2015}}{GDP_{2015}}}{\frac{S_{2010}}{GDP_{2010}}}} - 1 \quad (5-3)$$

式（5-3）中，S_e 为年均二氧化硫排放强度增速，2010年为基准年，S_{2010} 为基准年行政区域内二氧化硫排放量；GDP_{2010} 为基准年GDP；S_{2015} 为基准年后第五年行政区域内二氧化硫排放量；GDP_{2015} 为基准年后五年GDP。

大气污染物（氮氧化物）排放强度变化。计算公式如下：

$$D_e = \sqrt[5]{\frac{\frac{D_{2015}}{GDP_{2015}}}{\frac{D_{2010}}{GDP_{2010}}}} - 1 \quad (5-4)$$

式（5-4）中，D_e 为年均氮氧化物排放强度增速，2010年为基准年；D_{2010} 为基准年行政区域内氮氧化物排放量；GDP_{2010} 为基准年GDP；D_{2015} 为基准年后第五年行政区域内氮氧化物排放量；GDP_{2015}为基准年后五年 GDP。

（2）评价数据。

全自治区 103 个旗县（市、区）基准年（2010 年）及基准年后第五年（2015 年）的 GDP 如表 5－8 所示，基准年（2010 年）及基准年后第五年（2015 年）的二氧化硫、氮氧化物排放量如表 5－9～表 5－10 所示。

表 5－8　　内蒙古自治区 103 个旗县（市、区）2010 年及 2015 年 GDP 数据

单位：万元

行政单元	GDP	
	2010 年	2015 年
新城区	3884080	7288349
回民区	2321449	3999501
玉泉区	1837763	3095032
赛罕区	3141011	6165652
土默特左旗	1511753	2372750
托克托县	1729310	2424539
和林格尔县	1291979	1531266
清水河县	401469	700855
武川县	449535	836637
东河区	3359932	5103000
昆都仑区	7417253	10894200
青山区	5430318	8737500
石拐区	575887	1026100
白云鄂博矿区	207571	401700
九原区	1694204	337900
土默特右旗	1689303	3463400
固阳县	722978	1185900
达尔罕茂明安联合旗	1190151	2087800
海勃湾区	1490872	2515371
海南区	1224085	1787678
乌达区	1201539	1884310
红山区	1717847	3007102

续表

行政单元	GDP	
	2010 年	2015 年
元宝山区	1485137	2408474
松山区	1386403	2491609
阿鲁科尔沁旗	580509	1090063
巴林左旗	672246	1235948
巴林右旗	415967	771298
林西县	373363	765059
克什克腾旗	876119	1471357
翁牛特旗	800272	1446499
喀喇沁旗	630874	706436
宁城县	915714	1677784
敖汉旗	926162	1639872
科尔沁区	4929921	6912805
科尔沁左翼中旗	1005083	1586889
科尔沁左翼后旗	912667	1618737
开鲁县	1224175	2144205
库伦旗	429257	685476
奈曼旗	921122	1502217
扎鲁特旗	1116239	1970938
霍林郭勒市	2019338	2802814
东胜区	6391633	9625600
康巴什新区	—	—
达拉特旗	3386741	4718100
准格尔旗	6711400	11077800
鄂托克前旗	502300	1289900
鄂托克旗	2733900	4357500
杭锦旗	501409	896100
乌审旗	1894911	3989100
伊金霍洛旗	4729700	65989000
海拉尔区	1624152	2878539
扎赉诺尔区	—	—

续表

行政单元	GDP	
	2010 年	2015 年
阿荣旗	900173	1595044
莫力达瓦达斡尔族自治旗	675080	1048109
鄂伦春自治旗	380344	667554
鄂温克族自治旗	651481	1115644
陈巴尔虎旗	527627	909200
新巴尔虎左旗	226035	359071
新巴尔虎右旗	461475	780260
满洲里市	1273119	2257860
牙克石市	1173970	2308754
扎兰屯市	1044306	1815034
额尔古纳市	268578	461181
根河市	265583	415501
临河区	1789072	2870800
五原县	684165	110080
磴口县	379466	508700
乌拉特前旗	965167	1407827
乌拉特中旗	674000	995700
乌拉特后旗	632742	630400
杭锦后旗	908658	1356500
集宁区	1050855	1816327
卓资县	396108	639760
化德县	283994	516852
商都县	367511	599028
兴和县	397331	645801
凉城县	578272	764377
察哈尔右翼前旗	571725	895866
察哈尔右翼中旗	283928	565258
察哈尔右翼后旗	494273	711726
四子王旗	330120	562298
丰镇市	921899	1420483

资料来源：《内蒙古统计年鉴 2016》。

表 5－9　内蒙古自治区 103 个旗县（市、区）2011 年及 2015 年 GDP 数据

单位：万元

行政单元	2011 年	2015 年
二连浩特市	570817	1007308
锡林浩特市	1714793	2101811
阿巴嘎旗	395940	673551
苏尼特左旗	292865	498179
苏尼特右旗	402252	595391
东乌珠穆沁旗	999155	1361953
西乌珠穆沁旗	887428	1153290
太仆寺旗	320100	501190
镶黄旗	383362	527296
正镶白旗	185253	310757
正蓝旗	466185	696799
多伦县	556909	820473
阿拉善左旗	3091999	2526446
阿拉善右旗	333997	275156
额济纳旗	398932	410959

注：以 2010 年为基准年。

资料来源：《内蒙古统计年鉴 2016》。

表 5－10　内蒙古自治区 103 个旗县（市、区）2014 年及 2015 年 GDP 数据

单位：万元

行政单元	2014 年	2015 年
乌兰浩特市	1475701	1618518
阿尔山市	151419	168104
科尔沁右翼前旗	888182	966020
科尔沁右翼中旗	575523	634138
扎赉特旗	840115	898774
突泉县	663594	734116

注：以 2010 年为基准年。

资料来源：《内蒙古统计年鉴 2016》。

将评价数据与对应的全国平均值进行对比分析后得出污染物排放强度变化（见表 5－11）。

表5-11　103个旗县（市、区）2010年及2015年二氧化硫和氮氧化物排放量

单位：吨

行政单元	二氧化硫排放量		氮氧化物排放量	
	2010年	2015年	2010年	2015年
新城区	6013.456	5793.977	3547.405	2546.581
回民区	12985.674	7011.685	10866.961	7317.263
玉泉区	4566.515	8926.634	2121.175	5367.929
赛罕区	18522.193	17780.812	14252.768	15145.024
土默特左旗	8039.475	5560.812	5534.283	7411.888
托克托县	30213.61	17766.830	54180.971	37379.341
和林格尔县	851.718	1636.628	648.051	735.825
清水河县	972.69	728.558	2407.77	5837.782
武川县	647.753	2073.227	4731.146	4540.374
东河区	6415	13206	7201	8522
昆都仑区	94298	80468	44147	34276
青山区	15414	32893	14274	30087
石拐区	824	1055	6	449
白云鄂博矿区	683	1040	295	300
九原区	36476	18041	37452	10886
土默特右旗	8559	13659	1862	6884
固阳县	4908	15124	602	861
达尔罕茂明安联合旗	7140	644	1123	1622
海勃湾区	25061.8	24750.65	18529.92	19257.57
海南区	36582.96	27329.85	33852.81	24422.85
乌达区	38355.23	36676.38	42656.38	30875.41
红山区	38498.941	44251.528	19447.336	15625.34
松山区	14250.71	11400.336	4550.13	3986.37
元宝山区	100251.603	41971.124	50347.129	26417.576
阿鲁科尔沁旗	3741.37	5937.3	1815.37	4219.07
巴林左旗	3744.747	6061.229	1539.473	856.805
巴林右旗	2396.901	1512.76	2016.452	468.33
林西县	3627.062	4126.06	1039.835	833.94
克什克腾旗	4178.726	7215.415	2037.711	2348.71
翁牛特旗	3454.626	3714.376	2024.414	818.477
喀喇沁旗	4569.497	8553.428	4599.608	4577.636

续表

行政单元	二氧化硫排放量		氮氧化物排放量	
	2010 年	2015 年	2010 年	2015 年
宁城县	3616.773	5065.93	3634.815	599.49
敖汉旗	3669.044	4264.514	2074	593.036
科尔沁区	62897.08	36619.555	81173.90	37627.424
科尔沁左翼中旗	2375.71	5283.394	1485.52	910.435
科尔沁左翼后旗	2603.67	4718.483	1658.92	458.543
开鲁县	3277.83	5940.221	911.86	1476.240
库伦旗	4466.52	2600.459	2643.63	1881.413
奈曼旗	7966.71	4914.991	2514.54	2387.619
扎鲁特旗	1918.63	8800.173	2800.75	17098.645
霍林郭勒市	42492.42	46716.796	122461.07	28911.878
东胜区	29197	18855.255	19197	14276.773
康巴什新区	—	—	—	—
达拉特旗	51145	29668.404	65630	37166.519
准格尔旗	40347	36608.511	48281	36727.828
鄂托克前旗	1700	4565.622	1409	1192.502
鄂托克旗	71877	74184.712	46597	60986.664
杭锦旗	1566	10702.486	782	1913.709
乌审旗	5958	18967.755	691	8544.214
伊金霍洛旗	30367	16672.437	11035	15824.915
海拉尔区	11517.730	8942.922	12510.638	11546.823
扎赉诺尔区	—	—	—	—
阿荣旗	13574.468	10539.872	14744.681	13608.755
莫力达瓦达斡尔族自治旗	13574.468	10539.872	14744.681	13608.755
鄂伦春自治旗	11106.383	8623.532	12063.830	11134.436
鄂温克族自治旗	5758.865	4471.461	6255.319	5773.411
陈巴尔虎旗	2468.085	1916.340	2680.851	2474.319
新巴尔虎左旗	1645.390	1277.560	1787.234	1649.546
新巴尔虎右旗	1645.390	1277.560	1787.234	1649.546
满洲里市	13163.121	10220.482	14297.872	13196.369
牙克石市	14397.163	11178.652	15638.298	14433.528
扎兰屯市	17276.596	13414.383	18765.957	17320.234
额尔古纳市	3290.780	2555.121	3574.468	3299.092

续表

行政单元	二氧化硫排放量		氮氧化物排放量	
	2010 年	2015 年	2010 年	2015 年
根河市	6581. 560	5110. 241	7148. 936	6598. 184
临河区	17193	14320	10600	7231
五原县	14044	6692	4800	3298
磴口县	10663	5749	10820	3682
乌拉特前旗	17074	21622	11340	10937
乌拉特中旗	2820	9482	370	1719
乌拉特后旗	9911	9505	650	1469
杭锦后旗	9297	7489	1560	1467
集宁区	13601	14455	14822	7630
卓资县	6262	6288	10548	10925
化德县	2113	3252	1404	1769
商都县	2757	3277	2452	2372
兴和县	2475	4353	2648	1616
凉城县	6919	7432	16163	13382
察哈尔右翼前旗	2186	2588	2138	1614
察哈尔右翼中旗	1769	2256	1377	1728
察哈尔右翼后旗	10201	10725	10248	9677
四子王旗	2266	3106	1716	2065
丰镇市	29470	14658	42894	18992
乌兰浩特市	9182. 8042	10579. 7210	7224. 9506	7823. 5661
阿尔山市	649. 411400	898. 4000	195. 773800	284. 9660
科尔沁右翼前旗	837. 122000	517. 7440	187. 663000	352. 1460
科尔沁右翼中旗	1251. 722400	1335. 9300	3192. 371600	1811. 1390
扎赉特旗	825. 467000	989. 4970	2506. 033000	1134. 6079
突泉县	512. 5770	863. 6180	182. 9080	299. 4050
二连浩特市	2124. 1500	777. 9750	1711. 2500	388. 0880
锡林浩特市	20011. 3650	21643. 2410	19109. 9260	15646. 5840
阿巴嘎旗	1242. 6200	2073. 2030	1944. 5900	1859. 4540
苏尼特左旗	3978. 3330	1043. 5510	560. 8840	514. 8970
苏尼特右旗	2796. 1580	2834. 7470	1358. 9080	1557. 8880
东乌珠穆沁旗	1987. 5400	3696. 3170	1659. 7100	2084. 3160
西乌珠穆沁旗	4483. 8800	10323. 6340	7050. 8570	11648. 9300

续表

行政单元	二氧化硫排放量		氮氧化物排放量	
	2010 年	2015 年	2010 年	2015 年
太仆寺旗	1715.1450	1995.6950	701.5680	1076.7556
镶黄旗	701.2400	786.2220	227.6600	468.2680
正镶白旗	1613.0290	1581.8834	497.2900	471.0748
正蓝旗	28609.3210	15837.6913	48620.8885	19687.8610
多伦县	10996.2190	24086.8050	8155.1985	10971.3950
阿拉善左旗	67972.923	50992.687	38382.909	27371.716
阿拉善右旗	4981.355	2615.135	3194.419	897.58
额济纳旗	2445.722	4117.978	253.69	1901.214

资料来源：《中国城市统计年鉴》。

将评价数据与对应的全国平均值进行对比分析后进行污染物排放强度变化类别划分。计算及类别划分结果如表 5 - 12 所示。

表 5 - 12　　103 个旗县（市、区）污染物排放强度增速及其类别划分

行政单元	二氧化硫增速 S_e	氮氧化物增速 D_e	化学需氧量增速 C_e	氨氮增速 A_e	类别	指向
新城区	-0.1248	-0.1748	-0.2375	0.4879	低强度类	变化趋良
回民区	-0.2071	-0.1713	-0.0447	-0.0186	低强度类	变化趋良
玉泉区	0.0303	0.0849	0.0230	0.3638	高强度类	变化趋差
赛罕区	-0.1333	-0.1155	0.0064	-0.1387	低强度类	变化趋良
土默特左旗	-0.1512	-0.0312	0.1354	-0.1602	低强度类	变化趋良
托克托县	-0.1595	-0.1322	-0.0404	0.0202	低强度类	变化趋良
和林格尔县	0.1015	-0.0085	0.7109	0.3179	高强度类	变化趋差
清水河县	-0.1557	0.0679	-0.2987	—	低强度类	变化趋良
武川县	0.1145	-0.1241	0.8723	1.4451	高强度类	变化趋差
东河区	0.0627	-0.0487	-0.4368	-0.1282	低强度类	变化趋良
昆都仑区	-0.1029	-0.1197	-0.0399	0.4080	高强度类	变化趋差
青山区	0.0581	0.0555	-0.0992	-0.1254	低强度类	变化趋良
石拐区	-0.0640	1.1118	0	0	低强度类	变化趋良
白云鄂博矿区	-0.0468	-0.1207	-0.0627	0	低强度类	变化趋良
九原区	0.1992	0.0782	0.5646	0.5453	高强度类	变化趋差
土默特右旗	-0.0489	0.1252	-0.2829	-0.4638	低强度类	变化趋良

续表

行政单元	二氧化硫增速 S_e	氮氧化物增速 D_e	化学需氧量增速 C_e	氨氮增速 A_e	类别	指向
固阳县	0.1344	-0.0270	0.5909	—	高强度类	变化趋差
达尔罕茂明安联合旗	-0.4476	-0.0381	-0.0513	-0.2239	低强度类	变化趋良
海勃湾区	-0.1016	-0.0924	-0.1225	-0.1086	低强度类	变化趋良
海南区	-0.1255	-0.1316	-0.2415	-0.1937	低强度类	变化趋良
乌达区	-0.0942	-0.1433	-0.1619	-0.1031	低强度类	变化趋良
红山区	-0.0807	-0.1442	-0.1391	-0.2877	低强度类	变化趋良
松山区	-0.1318	-0.1159	0.2747	-0.1221	低强度类	变化趋良
元宝山区	-0.2528	-0.2183	-0.0002	-0.1417	低强度类	变化趋良
阿鲁科尔沁旗	-0.0331	0.0436	0.5949	0.0418	高强度类	变化趋差
巴林左旗	-0.0252	-0.2126	0.2633	-0.0299	低强度类	变化趋良
巴林右旗	-0.1939	-0.3400	0.4570	-0.0770	低强度类	变化趋良
林西县	-0.1110	-0.1711	0.1022	-0.0558	低强度类	变化趋良
克什克腾旗	0.0056	-0.0725	0.4491	-0.0585	高强度类	变化趋差
翁牛特旗	-0.0987	-0.2588	0.3971	0.0859	高强度类	变化趋差
喀喇沁旗	0.1082	-0.0233	0.3724	0.2225	高强度类	变化趋差
宁城县	-0.0523	-0.3822	0.5809	0.1144	高强度类	变化趋差
敖汉旗	-0.0807	-0.3056	0.6958	0.0985	高强度类	变化趋差
科尔沁区	-0.1612	-0.1986	0.1500	-0.0602	低强度类	变化趋良
科尔沁左翼中旗	0.0709	-0.1724	0.2319	0.0362	高强度类	变化趋差
科尔沁左翼后旗	0.0043	-0.3105	0.0602	-0.0832	低强度类	变化趋良
开鲁县	0.0068	-0.0156	0.0291	0.2971	高强度类	变化趋差
库伦旗	-0.1827	-0.1493	0.1131	-0.0674	低强度类	变化趋良
奈曼旗	-0.1767	-0.1025	0.1931	0.1177	高强度类	变化趋差
扎鲁特旗	0.2104	0.2816	0.0124	-0.1500	低强度类	变化趋良
霍林郭勒市	-0.0455	-0.2983	-0.2027	-0.1198	低强度类	变化趋良
东胜区	-0.1558	-0.1316	-0.0829	-0.0686	低强度类	变化趋良
康巴什新区	—	—	—	—	低强度类	变化趋良
达拉特旗	-0.1607	-0.1648	0.0629	-0.1140	低强度类	变化趋良
准格尔旗	-0.1128	-0.1435	-0.0540	-0.0256	低强度类	变化趋良
鄂托克前旗	0.0090	-0.1991	-0.3705	-0.2845	低强度类	变化趋良
鄂托克旗	-0.0832	-0.0386	-0.1960	-0.1511	低强度类	变化趋良

续表

行政单元	二氧化硫增速 S_e	氮氧化物增速 D_e	化学需氧量增速 C_e	氨氮增速 A_e	类别	指向
杭锦旗	0.3077	0.0649	-0.2044	-0.1540	低强度类	变化趋良
乌审旗	0.0862	0.4249	-0.2974	-0.2382	低强度类	变化趋良
伊金霍洛旗	-0.4764	-0.3656	-0.4494	-0.4461	低强度类	变化趋良
海拉尔区	-0.1522	-0.1223	-0.1280	-0.1385	低强度类	变化趋良
扎赉诺尔旗	—	—	—	—	低强度类	变化趋良
阿荣旗	-0.1521	-0.1223	-0.1280	-0.1385	低强度类	变化趋良
莫力达瓦达斡尔族自治旗	-0.1294	-0.0988	-0.1046	-0.1154	低强度类	变化趋良
鄂伦春自治旗	-0.1505	-0.1206	-0.1263	-0.1369	低强度类	变化趋良
鄂温克族自治旗	-0.1463	-0.1163	-0.1220	-0.1326	低强度类	变化趋良
陈巴尔虎旗	-0.1474	-0.1174	-0.1231	-0.1337	低强度类	变化趋良
新巴尔虎左旗	-0.1334	-0.1029	-0.1087	-0.1195	低强度类	变化趋良
新巴尔虎右旗	-0.1441	-0.1140	-0.1198	-0.1304	低强度类	变化趋良
满洲里市	-0.1523	-0.1225	-0.1281	-0.1387	低强度类	变化趋良
牙克石市	-0.1696	-0.1404	-0.1460	-0.1563	低强度类	变化趋良
扎兰屯市	-0.1488	-0.1189	-0.1246	-0.1352	低强度类	变化趋良
额尔古纳市	-0.1468	-0.1168	-0.1225	-0.1331	低强度类	变化趋良
根河市	-0.1307	-0.1002	-0.1060	-0.1168	低强度类	变化趋良
临河区	-0.1229	-0.1572	-0.1076	0.0482	低强度类	变化趋良
五原县	0.2425	0.3369	0.4992	0.2962	高强度类	变化趋差
磴口县	-0.1665	-0.2398	-0.0580	-0.0722	低强度类	变化趋良
乌拉特前旗	-0.0279	-0.0794	-0.1688	-0.1376	低强度类	变化趋良
乌拉特中旗	0.1788	0.2575	0.0024	-0.0813	低强度类	变化趋良
乌拉特后旗	-0.0076	0.1780	0.0433	-0.1067	高强度类	变化趋差
杭锦后旗	-0.1161	-0.0883	-0.1240	-0.1813	低强度类	变化趋良
集宁区	-0.0927	-0.2151	-0.1602	-0.1012	低强度类	变化趋良
卓资县	-0.0907	-0.0850	-0.1287	-0.0884	低强度类	变化趋良
化德县	-0.0330	-0.0709	-0.0591	-0.1473	低强度类	变化趋良
商都县	-0.0612	-0.0991	-0.0066	-0.1001	低强度类	变化趋良
兴和县	0.0159	-0.1779	0.0265	-0.0672	低强度类	变化趋良
凉城县	-0.0406	-0.0893	-0.0321	-0.0939	低强度类	变化趋良

续表

行政单元	二氧化硫增速 S_e	氮氧化物增速 D_e	化学需氧量增速 C_e	氨氮增速 A_e	类别	指向
察哈尔右翼前旗	-0.0545	-0.1359	-0.1025	-0.1220	低强度类	变化趋良
察哈尔右翼中旗	-0.0852	-0.0882	-0.2260	-0.0733	低强度类	变化趋良
察哈尔右翼后旗	-0.0610	-0.0809	-0.0724	-0.1406	低强度类	变化趋良
四子王旗	-0.0425	-0.0671	-0.0934	-0.0925	低强度类	变化趋良
丰镇市	-0.2024	-0.2207	-0.1948	-0.1857	低强度类	变化趋良
乌兰浩特市	0.0505	-0.0127	0.6491	0.3391	高强度类	变化趋差
阿尔山市	0.2791	0.3383	-0.1163	-0.1004	低强度类	变化趋良
科尔沁右翼前旗	-0.4429	0.6902	-0.1831	-0.1237	低强度类	变化趋良
科尔沁右翼中旗	-0.0024	-0.4697	-0.0069	0.1002	高强度类	变化趋差
扎赉特旗	0.0879	-0.5891	-0.2154	-0.1247	低强度类	变化趋良
突泉县	0.5230	0.4797	0.0151	0.0349	高强度类	变化趋差
二连浩特市	-0.3250	-0.4013	-0.6148	-0.5035	低强度类	变化趋良
锡林浩特市	-0.0308	-0.0959	0.0333	0.2744	高强度类	变化趋差
阿巴嘎旗	-0.0048	-0.1341	-0.1390	-0.1784	低强度类	变化趋良
苏尼特左旗	-0.3734	-0.1429	-0.1286	-0.1652	低强度类	变化趋良
苏尼特右旗	-0.0903	-0.0619	0.0699	-0.0143	高强度类	变化趋差
东乌珠穆沁旗	0.0808	-0.0203	-0.1003	-0.0729	高强度类	变化趋差
西乌珠穆沁旗	0.1537	0.0618	-0.1297	-0.1568	低强度类	变化趋良
太仆寺旗	-0.0715	-0.0050	-0.0860	-0.1565	高强度类	变化趋差
镶黄旗	-0.0498	0.1058	-0.0280	-0.1143	高强度类	变化趋差
正镶白旗	-0.1256	-0.1331	-0.1794	-0.2480	低强度类	变化趋良
正蓝旗	-0.2199	-0.2785	-0.0978	-0.1247	低强度类	变化趋良
多伦县	0.1042	-0.0225	-0.0920	-0.1594	高强度类	变化趋差
阿拉善左旗	-0.0211	-0.0335	0.0138	0.0115	高强度类	变化趋差
阿拉善右旗	-0.1065	-0.2358	-0.1919	0.0885	低强度类	变化趋良
额济纳旗	0.1307	0.6423	-0.1226	0.0070	高强度类	变化趋差

资料来源：《全区各盟市环境空气质量报告》。

2. 水污染物强度变化

（1）指标构成与算法。

水污染物（化学需氧量）排放强度变化，计算公式如下：

$$C_e = 5\sqrt{\frac{\frac{C_{2015}}{GDP_{2015}}}{\frac{C_{2010}}{GDP_{2010}}}} - 1 \qquad (5-5)$$

式（5－5）中，C_e 为年均化学需氧量排放强度增速，2010 年为基准年，C_{2010}为基准年行政区域内化学需氧量排放量，GDP_{2010}为基准年 GDP，C_{2015}为基准年后第五年行政区域内化学需氧量排放量，GDP_{2015}为基准年后第五年 GDP。

水污染物（氨氮）排放强度变化，计算公式如下：

$$A_e = 5\sqrt{\frac{\frac{A_{2015}}{GDP_{2015}}}{\frac{A_{2010}}{GDP_{2010}}}} - 1 \qquad (5-6)$$

式（5－6）中，A_e 为年均氨氮排放强度增速，2010 年为基准年，A_{2010}为基准年行政区域内氨氮排放量，GDP_{2010}为基准年 GDP，A_{2015}为基准年后第五年行政区域内氨氮排放量，GDP_{2015}为基准年后第五年 GDP。

（2）评价数据。

全自治区 103 个旗县（市、区）基准年（2010 年）及基准年后第五年（2015 年）的 GDP 如表 5－13 所示，基准年（2010 年）及基准年后第五年（2015 年）的化学需氧量、氨氮排放量如表 5－14 所示。将评价数据与对应的全国平均值进行对比分析后进行污染物排放强度变化类别划分。

表 5－13　103 个旗县（市、区）2010 年与 2015 年 GDP　单位：亿元

行政单元	GDP	
	2010 年	2015 年
新城区	3884080	7288349
回民区	2321449	3999501
玉泉区	1837763	3095032
赛罕区	3140978	6165652
土默特左旗	1511753	2372750
托克托县	1729310	2424539
和林格尔县	1291979	1531266

续表

行政单元	GDP	
	2010年	2015年
清水河县	401469	700855
武川县	449535	836637
东河区	3359932	5105300
昆都仑区	7417253	10894200
青山区	5430318	8737500
石拐区	575887	1026100
白云鄂博矿区	207571	401700
九原区	1694204	3379900
土默特右旗	1689303	3463400
固阳县	722978	1185900
达尔罕茂明安联合旗	1190151	2087800
海勃湾区	1490871	2515371
海南区	1224085	1787678
乌达区	1201539	1884310
红山区	1717847	3007102
松山区	1386403	2491609
元宝山区	1475536	2408474
阿鲁科尔沁旗	580509	1090063
巴林左旗	672246	1235948
巴林右旗	415967	771298
林西县	373363	765059
克什克腾旗	876119	1471357
翁牛特旗	800272	1446499
喀喇沁旗	630874	706436
宁城县	911374	1677784
敖汉旗	926162	1639872
科尔沁区	4929921	6912805
科尔沁左翼中旗	1005083	1586889
科尔沁左翼后旗	912665	1618737
开鲁县	1224175	2144205

续表

行政单元	GDP	
	2010 年	2015 年
库伦旗	429257	685476
奈曼旗	921122	1502217
扎鲁特旗	1116239	1970938
霍林郭勒市	1980861	2802814
东胜区	6391633	9625600
康巴什新区	—	—
达拉特旗	3386741	4718100
准格尔旗	6711362	11077800
鄂托克前旗	502269	128900
鄂托克旗	2733886	4357500
杭锦旗	501409	896100
乌审旗	1894911	3989100
伊金霍洛旗	4729668	6598900
海拉尔区	1624152	2878539
扎赉诺尔区	—	617605
阿荣旗	900173	1595044
莫力达瓦达斡尔族自治旗	675080	1048109
鄂伦春自治旗	380344	667554
鄂温克族自治旗	651481	1115644
陈巴尔虎旗	527627	909200
新巴尔虎左旗	226035	359071
新巴尔虎右旗	461475	780260
满洲里市	1273119	2257860
牙克石市	1173970	2308754
扎兰屯市	1044306	1815034
额尔古纳市	268578	461181
根河市	265583	415501
临河区	1789072	2870800
五原县	684165	1100800
磴口县	379466	508700

续表

行政单元	GDP	
	2010 年	2015 年
乌拉特前旗	965167	1407827
乌拉特中旗	674000	995700
乌拉特后旗	632742	630400
杭锦后旗	908658	1359500
集宁区	1050855	1816327
卓资县	396108	639760
化德县	283994	516852
商都县	367511	599028
兴和县	397330	645801
凉城县	578272	764377
察哈尔右翼前旗	571725	895866
察哈尔右翼中旗	283928	565258
察哈尔右翼后旗	494273	711726
四子王旗	330120	562298
丰镇市	921899	1420483
乌兰浩特市	912160	1618518
阿尔山市	90330	168104
科尔沁右翼前旗	480539	966020
科尔沁右翼中旗	311059	634138
扎赉特旗	484764	878744
突泉县	387447	734116
二连浩特市	475888	1007308
锡林浩特市	1433976	2101811
苏尼特左旗	210684	498179
苏尼特右旗	360513	595391
东乌珠穆沁旗	827748	1361953
西乌珠穆沁旗	859043	1153290
太仆寺旗	272522	201190
镶黄旗	317738	527296
正镶白旗	171869	210757

续表

行政单元	GDP	
	2010 年	2015 年
阿巴嘎旗	341944	671551
正蓝旗	400113	696799
多伦县	462584	820473
阿拉善左旗	2409859	2526446
阿拉善右旗	265600	275156
额济纳旗	315381	410959

资料来源：《内蒙古统计年鉴》。

表 5－14　　103 个旗县（市、区）2010 年及 2015 年化学需氧量和氨氮排放量

单位：吨

行政单元	化学需氧量排放量		氨氮排放量	
	2010 年	2015 年	2010 年	2015 年
新城区	59.289	28.670	0.282	3.859
回民区	396.476	543.431	42.997	67.456
玉泉区	168.797	318.518	8.256	65.607
赛罕区	406.573	824.108	116.924	108.791
土默特左旗	188.753	559.073	84.991	55.722
托克托县	1250.470	1426.430	88.202	136.638
和林格尔县	343.440	5967.955	26.368	124.230
清水河县	7.852	2.325	0	0.051
武川县	31.7802	1360.9098	0.9155	148.8998
东河区	964	83	34	26
昆都仑区	2424	2905	403	3276
青山区	482	460	34	28
石拐区	0	0	0	0
白云鄂博矿区	15	21	0	1
九原区	593	1109	165	290
土默特右旗	54	21	11	1
固阳县	7	117	0	0
达尔罕茂明安联合旗	69	93	1375	679
海勃湾区	4643.84	4077.51	527.86	501.23

续表

行政单元	化学需氧量排放量		氨氮排放量	
	2010 年	2015 年	2010 年	2015 年
海南区	4980. 21	1825. 60	559. 52	278. 40
乌达区	3375. 96	2189. 22	322. 06	293. 21
红山区	5414. 857	4482. 2094	1439. 012	461. 7928
松山区	2361. 812	12889. 0494	1019. 268	862. 1455
元宝山区	4774. 007	8570. 871	729. 5687	610. 9096
阿鲁科尔沁旗	509. 62	9876. 4096	179. 47	413. 6697
巴林左旗	774. 846	4584. 21	207. 481	327. 7112
巴林右旗	468. 332	5702. 3999	175. 212	217. 6835
林西县	1877. 442	6258. 0906	175. 97	270. 5518
克什克腾旗	743. 423	7976. 5664	175. 259	217. 7173
翁牛特旗	1312. 163	12622. 6434	233. 837	638. 0826
喀喇沁旗	769. 925	4197. 6157	153. 923	470. 6109
宁城县	562. 739	10182. 3888	244. 495	769. 9024
敖汉旗	430. 834	10698. 8164	208. 311	590. 1116
科尔沁区	8961. 41	25276. 279	1859. 00	1911. 071
科尔沁左翼中旗	2939. 20	13168. 452	274. 20	517. 228
科尔沁左翼后旗	3020. 48	7174. 796	275. 39	316. 424
开鲁县	4875. 47	9854. 954	68. 10	437. 887
库伦旗	1335. 63	3644. 239	155. 81	175. 502
奈曼旗	2500. 35	9859. 132	199. 99	568. 977
扎鲁特旗	3936. 32	7393. 057	352. 86	276. 370
霍林郭勒市	1431. 33	640. 260	196. 95	144. 437
东胜区	7530. 37	7357. 9885	952. 16	1004. 9361
康巴什新区	—	—	—	—
达拉特旗	5991. 81	11325. 9143	625. 29	475. 4829
准格尔旗	3270. 15	4089. 449	362. 13	525. 0657
鄂托克前旗	2678. 96	679. 7881	186. 82	89. 9781
鄂托克旗	4004. 76	2144. 6644	354. 18	248. 8092
杭锦旗	1753. 07	998. 5773	186. 2	144. 1975
乌审旗	4527. 11	1631. 6986	357. 61	193. 187

续表

行政单元	化学需氧量排放量		氨氮排放量	
	2010 年	2015 年	2010 年	2015 年
伊金霍洛旗	5175.6	3654.7499	494.98	360.1646
海拉尔区	16879.433	15082.270	696.128	585.319
扎赉诺尔区	—	—	—	—
阿荣旗	19893.617	17775.532	820.436	689.840
莫力达瓦达斡尔族自治旗	19893.617	17775.532	820.436	689.840
鄂伦春自治旗	16276.596	14543.617	671.266	564.415
鄂温克族自治旗	8439.716	7541.135	348.064	292.660
陈巴尔虎旗	3617.021	3231.915	149.170	125.426
新巴尔虎左旗	2411.348	2154.610	99.447	83.617
新巴尔虎右旗	2411.348	2154.610	99.447	83.617
满洲里市	19290.780	17236.879	795.574	668.936
牙克石市	21099.291	18852.837	870.160	731.649
扎兰屯市	25319.149	22623.404	1044.191	877.979
额尔古纳市	4822.695	4309.220	198.894	167.234
根河市	9645.390	8618.440	397.787	334.468
临河区	13560	12315	500	1015
五原县	4280	5216	1060	624
磴口县	7230	7191	230	212
乌拉特前旗	10730	6210	730	508
乌拉特中旗	1070	1600	120	116
乌拉特后旗	1120	1379	120	68
杭锦后旗	13120	10106	670	368
集宁区	8251	5956	652	661
卓资县	1419	1151	120	122
化德县	1430	1919	156	128
商都县	1522	2400	209	201
兴和县	2828	5238	196	225
凉城县	4713	5293	213	172
察哈尔右翼前旗	9231	8422	274	224
察哈尔右翼中旗	4402	2434	158	215
察哈尔右翼后旗	2149	2125	203	137

续表

行政单元	化学需氧量排放量		氨氮排放量	
	2010 年	2015 年	2010 年	2015 年
四子王旗	1418	1479	186	195
丰镇市	5632	2938	475	262
乌兰浩特市	1559.9172	2821.4519	30.7510	45.1625
阿尔山市	15.1816	14.8943	0.4558	0.4552
科尔沁右翼前旗	3685.7021	3274.759	38.7439	36.926
科尔沁右翼中旗	105.7882	115.762	0.9965	1.208
扎赉特旗	1923.5627	1614.5188	51.7198	48.4323
突泉县	485.84820	545.614	3.3330	3.816
二连浩特市	12829.2567	498.2638	579.0114	62.0832
锡林浩特市	9132.6720	12759.0833	167.2340	540.7107
苏尼特左旗	4187.0780	4106.6773	66.3260	54.7930
苏尼特右旗	2416.3110	4686.8282	92.1030	128.7070
东乌珠穆沁旗	5631.6350	5029.8111	125.5080	126.3924
西乌珠穆沁旗	9928.2430	7401.8999	120.8390	79.3990
太仆寺旗	7060.8670	7716.7237	206.1770	163.3850
镶黄旗	1802.4157	2213.2596	75.3330	63.7661
正镶白旗	5886.2244	4477.0151	125.9225	67.5587
正蓝旗	13614.8140	13483.1626	165.8240	145.5139
多伦县	9132.6720	9145.8003	167.2340	123.0237
阿拉善左旗	7651.3795	6604.4152	770.152	658.7559
阿拉善右旗	1049.522	368.6709	58.027	67.1054
额济纳旗	556.839	339.9139	56.778	60.1387

资料来源：《全国环境统计公报》。

3. 污染物排放强度变化综合评价

污染物排放强度变化由大气污染物排放强度变化及水污染物排放强度变化集合而成，根据《技术方法（试行）》，二氧化硫、氮氧化物、化学需氧量和氨氮四个指标的排放强度变化中至少三类强度指标均高于全国平均水平，则该地区污染物排放强度变化类别为高强度类，变化趋差；除上述情况外的其他情况，地区污染物排放强度变化类别为低强度类，变化趋良（见表 5 - 15）。

表 5-15 103 个旗县（市、区）污染物排放强度增速及其类别划分

行政单元	二氧化硫增速 S_e	氮氧化物增速 D_e	化学需氧量增速 C_e	氨氮增速 A_e	类别	指向
新城区	-0.1248	-0.1748	-0.2375	0.4879	低强度类	变化趋良
回民区	-0.2071	-0.1713	-0.0447	-0.0186	低强度类	变化趋良
玉泉区	0.0303	0.0849	0.0230	0.3638	高强度类	变化趋差
赛罕区	-0.1333	-0.1155	0.0064	-0.1387	低强度类	变化趋良
土默特左旗	-0.1512	-0.0312	0.1354	-0.1602	低强度类	变化趋良
托克托县	-0.1595	-0.1322	-0.0404	0.0202	低强度类	变化趋良
和林格尔县	0.1015	-0.0085	0.7109	0.3179	高强度类	变化趋差
清水河县	-0.1557	0.0679	-0.2987	—	低强度类	变化趋良
武川县	0.1145	-0.1241	0.8723	1.4451	高强度类	变化趋差
东河区	0.0627	-0.0487	-0.4368	-0.1282	低强度类	变化趋良
昆都仑区	-0.1029	-0.1197	-0.0399	0.4080	高强度类	变化趋差
青山区	0.0581	0.0555	-0.0992	-0.1254	低强度类	变化趋良
石拐区	-0.0640	1.1118	0	0	低强度类	变化趋良
白云鄂博矿区	-0.0468	-0.1207	-0.0627	0	低强度类	变化趋良
九原区	0.1992	0.0782	0.5646	0.5453	高强度类	变化趋差
土默特右旗	-0.0489	0.1252	-0.2829	-0.4638	低强度类	变化趋良
固阳县	0.1344	-0.0270	0.5909	—	高强度类	变化趋差
达尔罕茂明安联合旗	-0.4476	-0.0381	-0.0513	-0.2239	低强度类	变化趋良
海勃湾区	-0.1016	-0.0924	-0.1225	-0.1086	低强度类	变化趋良
海南区	-0.1255	-0.1316	-0.2415	-0.1937	低强度类	变化趋良
乌达区	-0.0942	-0.1433	-0.1619	-0.1031	低强度类	变化趋良
红山区	-0.0807	-0.1442	-0.1391	-0.2877	低强度类	变化趋良
松山区	-0.1318	-0.1159	0.2747	-0.1221	低强度类	变化趋良
元宝山区	-0.2528	-0.2183	-0.0002	-0.1417	低强度类	变化趋良
阿鲁科尔沁旗	-0.0331	0.0436	0.5949	0.0418	高强度类	变化趋差
巴林左旗	-0.0252	-0.2126	0.2633	-0.0299	低强度类	变化趋良
巴林右旗	-0.1939	-0.3400	0.4570	-0.0770	低强度类	变化趋良
林西县	-0.1110	-0.1711	0.1022	-0.0558	低强度类	变化趋良
克什克腾旗	0.0056	-0.0725	0.4491	-0.0585	高强度类	变化趋差
翁牛特旗	-0.0987	-0.2588	0.3971	0.0859	高强度类	变化趋差

续表

行政单元	二氧化硫增速 S_e	氮氧化物增速 D_e	化学需氧量增速 C_e	氨氮增速 A_e	类别	指向
喀喇沁旗	0.1082	-0.0233	0.3724	0.2225	高强度类	变化趋差
宁城县	-0.0523	-0.3822	0.5809	0.1144	高强度类	变化趋差
敖汉旗	-0.0807	-0.3056	0.6958	0.0985	高强度类	变化趋差
科尔沁区	-0.1612	-0.1986	0.1500	-0.0602	低强度类	变化趋良
科尔沁左翼中旗	0.0709	-0.1724	0.2319	0.0362	高强度类	变化趋差
科尔沁左翼后旗	0.0043	-0.3105	0.0602	-0.0832	低强度类	变化趋良
开鲁县	0.0068	-0.0156	0.0291	0.2971	高强度类	变化趋差
库伦旗	-0.1827	-0.1493	0.1131	-0.0674	低强度类	变化趋良
奈曼旗	-0.1767	-0.1025	0.1931	0.1177	高强度类	变化趋差
扎鲁特旗	0.2104	0.2816	0.0124	-0.1500	低强度类	变化趋良
霍林郭勒市	-0.0455	-0.2983	-0.2027	-0.1198	低强度类	变化趋良
东胜区	-0.1558	-0.1316	-0.0829	-0.0686	低强度类	变化趋良
康巴什新区	—	—	—	—	低强度类	变化趋良
达拉特旗	-0.1607	-0.1648	0.0629	-0.1140	低强度类	变化趋良
准格尔旗	-0.1128	-0.1435	-0.0540	-0.0256	低强度类	变化趋良
鄂托克前旗	0.0090	-0.1991	-0.3705	-0.2845	低强度类	变化趋良
鄂托克旗	-0.0832	-0.0386	-0.1960	-0.1511	低强度类	变化趋良
杭锦旗	0.3077	0.0649	-0.2044	-0.1540	低强度类	变化趋良
乌审旗	0.0862	0.4249	-0.2974	-0.2382	低强度类	变化趋良
伊金霍洛旗	-0.4764	-0.3656	-0.4494	-0.4461	低强度类	变化趋良
海拉尔区	-0.1522	-0.1223	-0.1280	-0.1385	低强度类	变化趋良
扎赉诺尔旗	—	—	—	—	低强度类	变化趋良
阿荣旗	-0.1521	-0.1223	-0.1280	-0.1385	低强度类	变化趋良
莫力达瓦达斡尔族自治旗	-0.1294	-0.0988	-0.1046	-0.1154	低强度类	变化趋良
鄂伦春自治旗	-0.1505	-0.1206	-0.1263	-0.1369	低强度类	变化趋良
鄂温克族自治旗	-0.1463	-0.1163	-0.1220	-0.1326	低强度类	变化趋良
陈巴尔虎旗	-0.1474	-0.1174	-0.1231	-0.1337	低强度类	变化趋良
新巴尔虎左旗	-0.1334	-0.1029	-0.1087	-0.1195	低强度类	变化趋良
新巴尔虎右旗	-0.1441	-0.1140	-0.1198	-0.1304	低强度类	变化趋良
满洲里市	-0.1523	-0.1225	-0.1281	-0.1387	低强度类	变化趋良
牙克石市	-0.1696	-0.1404	-0.1460	-0.1563	低强度类	变化趋良

续表

行政单元	二氧化硫增速 S_e	氮氧化物增速 D_e	化学需氧量增速 C_e	氨氮增速 A_e	类别	指向
扎兰屯市	-0.1488	-0.1189	-0.1246	-0.1352	低强度类	变化趋良
额尔古纳市	-0.1468	-0.1168	-0.1225	-0.1331	低强度类	变化趋良
根河市	-0.1307	-0.1002	-0.1060	-0.1168	低强度类	变化趋良
临河区	-0.1229	-0.1572	-0.1076	0.0482	低强度类	变化趋良
五原县	0.2425	0.3369	0.4992	0.2962	高强度类	变化趋差
磴口县	-0.1665	-0.2398	-0.0580	-0.0722	低强度类	变化趋良
乌拉特前旗	-0.0279	-0.0794	-0.1688	-0.1376	低强度类	变化趋良
乌拉特中旗	0.1788	0.2575	0.0024	-0.0813	低强度类	变化趋良
乌拉特后旗	-0.0076	0.1780	0.0433	-0.1067	高强度类	变化趋差
杭锦后旗	-0.1161	-0.0883	-0.1240	-0.1813	低强度类	变化趋良
集宁区	-0.0927	-0.2151	-0.1602	-0.1012	低强度类	变化趋良
卓资县	-0.0907	-0.0850	-0.1287	-0.0884	低强度类	变化趋良
化德县	-0.0330	-0.0709	-0.0591	-0.1473	低强度类	变化趋良
商都县	-0.0612	-0.0991	-0.0066	-0.1001	低强度类	变化趋良
兴和县	0.0159	-0.1779	0.0265	-0.0672	低强度类	变化趋良
凉城县	-0.0406	-0.0893	-0.0321	-0.0939	低强度类	变化趋良
察哈尔右翼前旗	-0.0545	-0.1359	-0.1025	-0.1220	低强度类	变化趋良
察哈尔右翼中旗	-0.0852	-0.0882	-0.2260	-0.0733	低强度类	变化趋良
察哈尔右翼后旗	-0.0610	-0.0809	-0.0724	-0.1406	低强度类	变化趋良
四子王旗	-0.0425	-0.0671	-0.0934	-0.0925	低强度类	变化趋良
丰镇市	-0.2024	-0.2207	-0.1948	-0.1857	低强度类	变化趋良
乌兰浩特市	0.0505	-0.0127	0.6491	0.3391	高强度类	变化趋差
阿尔山市	0.2791	0.3383	-0.1163	-0.1004	低强度类	变化趋良
科尔沁右翼前旗	-0.4429	0.6902	-0.1831	-0.1237	低强度类	变化趋良
科尔沁右翼中旗	-0.0024	-0.4697	-0.0069	0.1002	高强度类	变化趋差
扎赉特旗	0.0879	-0.5891	-0.2154	-0.1247	低强度类	变化趋良
突泉县	0.5230	0.4797	0.0151	0.0349	高强度类	变化趋差
二连浩特市	-0.3250	-0.4013	-0.6148	-0.5035	低强度类	变化趋良
锡林浩特市	-0.0308	-0.0959	0.0333	0.2744	高强度类	变化趋差
阿巴嘎旗	-0.0048	-0.1341	-0.1390	-0.1784	低强度类	变化趋良
苏尼特左旗	-0.3734	-0.1429	-0.1286	-0.1652	低强度类	变化趋良

续表

行政单元	二氧化硫增速 S_e	氮氧化物增速 D_e	化学需氧量增速 C_e	氨氮增速 A_e	类别	指向
苏尼特右旗	-0.0903	-0.0619	0.0699	-0.0143	高强度类	变化趋差
东乌珠穆沁旗	0.0808	-0.0203	-0.1003	-0.0729	高强度类	变化趋差
西乌珠穆沁旗	0.1537	0.0618	-0.1297	-0.1568	低强度类	变化趋良
太仆寺旗	-0.0715	-0.0050	-0.0860	-0.1565	高强度类	变化趋差
镶黄旗	-0.0498	0.1058	-0.0280	-0.1143	高强度类	变化趋差
正镶白旗	-0.1256	-0.1331	-0.1794	-0.2480	低强度类	变化趋良
正蓝旗	-0.2199	-0.2785	-0.0978	-0.1247	低强度类	变化趋良
多伦县	0.1042	-0.0225	-0.0920	-0.1594	高强度类	变化趋差
阿拉善左旗	-0.0211	-0.0335	0.0138	0.0115	高强度类	变化趋差
阿拉善右旗	-0.1065	-0.2358	-0.1919	0.0885	低强度类	变化趋良
额济纳旗	0.1307	0.6423	-0.1226	0.0070	高强度类	变化趋差

资料来源：《全区各盟市环境空气质量报告》。

根据表5-13结果显示，呼和浩特市玉泉区、包头市昆都仑区等28个行政单元的污染物排放强度变化的类别为“高强度类”，指向“变化趋差”；鄂尔多斯市康巴什新区、扎赉诺尔区缺少2010年资料，无法划分其类别；其余75个行政单元的污染物排放强度变化的类别为“低强度类”，指向“变化趋良”，这一结果表明内蒙古自治区的污染物排放强度变化总体上优于全国平均水平。

（三）生态质量变化

1. 评价指标和计算方法

根据《技术方法（试行）》中规定的公式计算林草覆盖率年均增速，并将这一指标与对应的全国平均值进行对比分析后进行生态质量变化类型划分，指标值高于全国平均水平时，其生态质量变化属“高质量类、变化趋良”，反之，则为“低质量类、变化趋差”。

林草覆盖率变化计算公式如下：

$$E_e = 10\sqrt{\frac{E_{2015}}{E_{2005}}} - 1 \tag{5-7}$$

式（5－7）中，E_e 为林草覆盖率年均增速，2005 年为基准年，E_{2005} 为基准年行政区域内林草覆盖率，E_{2015} 为基准年起算第十一年，即 2015 年行政区域林草覆盖率。

2. 评价数据和结果

基准年选择定为 2005 年，林草覆盖率数据采用《全国生态环境十年变化（2000－2010 年）遥感调查与评估》成果中的林地和草地的面积计算。基准年后第十年（现状年）选择 2016 年，林草覆盖率数据采用内蒙古自治区环境监测中心站提供的内蒙古自治区 2016 年生态环境状况评价形成的土地利用解译矢量数据中的林地和草地的面积计算。其计算及类别划分结果如表 5－16 所示。

表 5－16　2005～2015 年生态质量变化类别及指向

盟市名称	旗县（市、区）名称	E_t	E_{t+10}	E_e	类别	指向
呼和浩特市	新城区	480.63	471.12	－0.0020	高质量类	变化趋良
	回民区	128.80	124.69	－0.0032	高质量类	变化趋良
	玉泉区	31.69	25.63	－0.0210	低质量类	变化趋差
	赛罕区	403.33	395.58	－0.0019	高质量类	变化趋良
	土默特左旗	1239.45	1198.73	－0.0033	高质量类	变化趋良
	托克托县	474.38	477.24	0.0006	高质量类	变化趋良
	和林格尔县	1458.43	1536.33	0.0052	高质量类	变化趋良
	清水河县	1996.57	1984.65	－0.0006	高质量类	变化趋良
	武川县	2733.12	2707.59	－0.0009	高质量类	变化趋良
包头市	东河区	238.11	215.52	－0.0099	低质量类	变化趋差
	昆都仑区	152.87	140.87	－0.0081	低质量类	变化趋差
	青山区	180.62	174.43	－0.0035	高质量类	变化趋良
	石拐区	708.60	698.48	－0.0014	高质量类	变化趋良
	白云鄂博矿区	203.42	207.21	0.0018	高质量类	变化趋良
	九原区	321.37	310.54	－0.0034	高质量类	变化趋良
	土默特右旗	956.38	958.61	0.0002	高质量类	变化趋良
	固阳县	2456.80	2440.65	－0.0007	高质量类	变化趋良
	达尔罕茂明安联合旗	14193.62	14034.21	－0.0011	高质量类	变化趋良

续表

盟市名称	旗县（市、区）名称	E_t	E_{t+10}	E_e	类别	指向
乌海市	海勃湾区	218. 38	141. 68	-0. 0423	低质量类	变化趋差
	海南区	635. 23	639. 08	0. 0006	高质量类	变化趋良
	乌达区	51. 34	20. 19	-0. 0891	低质量类	变化趋差
赤峰市	红山区	159. 23	145. 55	-0. 0089	低质量类	变化趋差
	元宝山区	365. 61	341. 70	-0. 0067	低质量类	变化趋差
	松山区	3075. 70	3068. 11	-0. 0002	高质量类	变化趋良
	阿鲁科尔沁旗	9502. 78	8216. 32	-0. 0144	低质量类	变化趋差
	巴林左旗	4248. 25	4210. 89	-0. 0009	高质量类	变化趋良
	巴林右旗	324. 49	7070. 80	-0. 0035	高质量类	变化趋良
	林西县	2490. 57	2414. 89	-0. 0031	高质量类	变化趋良
	克什克腾旗	15684. 62	14887. 21	-0. 0052	低质量类	变化趋差
	翁牛特旗	6418. 74	5881. 04	-0. 0087	低质量类	变化趋差
	喀喇沁旗	1945. 77	1942. 16	-0. 0002	高质量类	变化趋良
	宁城县	2375. 88	2366. 79	-0. 0004	高质量类	变化趋良
	敖汉旗	3298. 02	3618. 20	0. 0093	高质量类	变化趋良
通辽市	科尔沁区	939. 28	852. 09	-0. 0097	低质量类	变化趋差
	科尔沁左翼中旗	3960. 14	3261. 93	-0. 0192	低质量类	变化趋差
	科尔沁左翼后旗	5853. 47	5089. 07	-0. 0139	低质量类	变化趋差
	开鲁县	1670. 39	1563. 84	-0. 0066	低质量类	变化趋差
	库伦旗	1986. 72	2121. 70	0. 0066	高质量类	变化趋良
	奈曼旗	2997. 98	3249. 00	0. 0081	高质量类	变化趋良
	扎鲁特旗	12321. 52	11893. 78	-0. 0035	高质量类	变化趋良
	霍林郭勒市	342. 13	427. 56	0. 0225	高质量类	变化趋良
赤峰市	东胜区	1498. 50	1434. 16	-0. 0044	高质量类	变化趋良
	康巴什新区	234. 13	227. 74	-0. 0028	高质量类	变化趋良
	达拉特旗	4343. 24	4247. 45	-0. 0022	高质量类	变化趋良
	准格尔旗	4932. 29	5120. 52	0. 0038	高质量类	变化趋良
	鄂托克前旗	8337. 20	8480. 06	0. 0017	高质量类	变化趋良
	鄂托克旗	15314. 81	16257. 91	0. 0060	高质量类	变化趋良
	杭锦旗	9367. 75	10081. 22	0. 0074	高质量类	变化趋良
	乌审旗	5582. 61	5802. 81	0. 0039	高质量类	变化趋良
	伊金霍洛旗	4124. 31	4147. 20	0. 0006	高质量类	变化趋良

续表

盟市名称	旗县（市、区）名称	E_t	E_{t+10}	E_e	类别	指向
呼伦贝尔市	海拉尔区	671.42	576.96	-0.0150	低质量类	变化趋差
	阿荣旗	6184.33	5903.56	-0.0046	高质量类	变化趋良
	莫力达瓦达斡尔族自治旗	4491.44	2938.95	-0.0415	低质量类	变化趋差
	鄂伦春自治旗	50549.04	39602.00	-0.0241	低质量类	变化趋差
	鄂温克自治旗	15877.30	15194.95	-0.0044	高质量类	变化趋良
	陈巴尔虎旗	15293.00	13532.37	-0.0122	低质量类	变化趋差
	新巴尔虎左旗	16945.12	15362.34	-0.0098	低质量类	变化趋差
	新巴尔虎右旗	21632.18	20793.41	-0.0039	高质量类	变化趋良
	满洲里市	369.05	236.17	-0.0437	低质量类	变化趋差
	扎赉诺尔区	210.37	187.87	-0.0113	低质量类	变化趋差
	扎兰屯市	13272.35	12072.84	-0.0094	低质量类	变化趋差
	牙克石市	25956.17	20458.28	-0.0235	低质量类	变化趋差
	额尔古纳市	26835.41	24053.49	-0.0109	低质量类	变化趋差
	根河市	19830.19	15860.36	-0.0221	低质量类	变化趋差
巴彦淖尔市	临河区	580.76	334.86	-0.0536	低质量类	变化趋差
	五原县	664.69	351.97	-0.0616	低质量类	变化趋差
	磴口县	405.86	488.78	0.0188	高质量类	变化趋良
	乌拉特前旗	4422.30	4160.92	-0.0061	低质量类	变化趋差
	乌拉特中旗	18318.60	16051.68	-0.0131	低质量类	变化趋差
	乌拉特后旗	9806.87	8894.79	-0.0097	低质量类	变化趋差
	杭锦后旗	422.52	418.86	-0.0009	高质量类	变化趋良
乌兰察布市	集宁区	157.02	121.79	-0.0251	低质量类	变化趋差
	卓资县	1917.88	1922.75	0.0003	高质量类	变化趋良
	化德县	1180.86	1174.58	-0.0005	高质量类	变化趋良
	商都县	1633.42	1674.48	0.0025	高质量类	变化趋良
	兴和县	1541.14	1524.64	-0.0011	高质量类	变化趋良
	凉城县	1840.23	1838.58	-0.0001	高质量类	变化趋良
	察哈尔右翼前旗	1050.42	1034.58	-0.0015	高质量类	变化趋良
	察哈尔右翼中旗	2132.15	2131.72	-0.00002	高质量类	变化趋良
	察哈尔右翼后旗	2286.69	2322.77	0.0016	高质量类	变化趋良
	四子王旗	19144.26	19087.04	-0.0003	高质量类	变化趋良
	丰镇市	1283.49	1265.42	-0.0014	高质量类	变化趋良

续表

盟市名称	旗县（市、区）名称	E_t	E_{t+10}	E_e	类别	指向
兴安盟	乌兰浩特市	1185.23	1178.04	-0.0006	高质量类	变化趋良
	阿尔山市	7134.08	6461.03	-0.0099	低质量类	变化趋差
	科尔沁右翼前旗	13340.52	12604.64	-0.0057	低质量类	变化趋差
	科尔沁右翼中旗	8161.17	7991.46	-0.0021	高质量类	变化趋良
	扎赉特旗	6327.04	5390.23	-0.0159	低质量类	变化趋差
	突泉县	2476.46	2315.12	-0.0067	低质量类	变化趋差
锡林浩特市	二连浩特市	3231.86	3428.67	0.0059	高质量类	变化趋良
	锡林浩特市	13199.98	13144.56	-0.0004	高质量类	变化趋良
	阿巴嘎旗	23849.46	24469.26	0.0026	高质量类	变化趋良
	苏尼特左旗	30650.86	31054.73	0.0013	高质量类	变化趋良
	苏尼特右旗	19389.53	19111.30	-0.0014	高质量类	变化趋良
	东乌珠穆沁旗	38731.86	38778.52	0.0001	高质量类	变化趋良
	西乌珠穆沁旗	19861.28	20019.61	0.0008	高质量类	变化趋良
	太仆寺旗	1626.84	1584.01	-0.0027	高质量类	变化趋良
	镶黄旗	4635.97	4537.96	-0.0021	高质量类	变化趋良
	正镶白旗	4620.18	4765.68	0.0031	高质量类	变化趋良
	正蓝旗	7407.82	7945.50	0.0070	高质量类	变化趋良
	多伦县	2148.32	2273.26	0.0057	高质量类	变化趋良
阿拉善盟	阿拉善左旗	12541.94	8505.32	-0.0381	低质量类	变化趋差
	阿拉善右旗	907.60	2066.14	0.0857	高质量类	变化趋良
	额济纳旗	13524.24	6950.62	-0.0644	低质量类	变化趋差
	全国	4978849.00	4725373.00	-0.0052	—	—

资料来源：《中国国土资源公报》。

从表5-16可以看出，全区67个旗县（市、区）的林草覆盖率年均增速高于全国平均水平，生态质量变化类别为“变化趋良”，36个旗县（市、区）属“变化趋差”，表明内蒙古自治区大部分地区林草覆盖率的增速高于全国平均水平。

二、预警等级划分

根据陆域的资源利用效率变化、污染物排放强度变化、生态质量变化三个类别的匹配关系，得到不同类型的资源环境耗损指数。其中，三项指标中两项或三项指标均变差的区域为资源环境加剧型，两项或三项均有所好转的区域，为资源环境耗损趋缓型。资源环境耗损类型的划分结果如表5－17所示。

表5－17　旗县级行政单元资源环境耗损类型和预警等级划分

序号	盟市名称	旗县（市、区）名称	资源利用效率变化	污染物排放强度变化	生态质量变化	资源环境耗损过程	超载类型	预警等级
1	呼和浩特市	玉泉区	变化趋良	变化趋差	变化趋差	加剧型	临界超载	黄色预警
2		土默特左旗	变化趋良	变化趋良	变化趋差	趋缓型	临界超载	蓝色预警
3		回民区	变化趋良	变化趋良	变化趋差	趋缓型	临界超载	蓝色预警
4		赛罕区	变化趋良	变化趋良	变化趋差	趋缓型	临界超载	蓝色预警
5		新城区	变化趋良	变化趋良	变化趋差	趋缓型	临界超载	蓝色预警
6		武川县	变化趋良	变化趋差	变化趋差	加剧型	临界超载	黄色预警
7		清水河县	变化趋良	变化趋良	变化趋差	趋缓型	超载	橙色预警
8		托克托县	变化趋良	变化趋良	变化趋差	趋缓型	不超载	绿色无警
9		和林格尔县	变化趋差	变化趋差	变化趋差	加剧型	不超载	绿色无警
10	包头市	东河区	变化趋差	变化趋良	变化趋差	加剧型	临界超载	黄色预警
11		九原区	变化趋差	变化趋差	变化趋良	加剧型	临界超载	黄色预警
12		青山区	变化趋良	变化趋良	变化趋差	趋缓型	临界超载	蓝色预警
13		昆都仑区	变化趋差	变化趋良	变化趋差	加剧型	临界超载	黄色预警
14		土默特右旗	变化趋良	变化趋良	变化趋差	趋缓型	临界超载	蓝色预警
15		石拐区	变化趋良	变化趋良	变化趋差	趋缓型	临界超载	蓝色预警
16		固阳县	变化趋良	变化趋差	变化趋差	加剧型	临界超载	黄色预警
17		白云鄂博矿区	变化趋良	变化趋良	变化趋差	趋缓型	临界超载	蓝色预警
18		达尔罕茂明安联合旗	变化趋良	变化趋良	变化趋差	趋缓型	不超载	绿色无警
19	乌海市	海南区	变化趋良	变化趋良	变化趋差	趋缓型	超载	橙色预警
20		乌达区	变化趋良	变化趋良	变化趋差	趋缓型	超载	橙色预警
21		海勃湾区	变化趋良	变化趋良	变化趋差	趋缓型	超载	橙色预警
22	赤峰市	宁城县	变化趋良	变化趋差	变化趋差	加剧型	临界超载	黄色预警
23		喀喇沁旗	变化趋良	变化趋差	变化趋差	加剧型	临界超载	黄色预警
24		红山区	变化趋良	变化趋良	变化趋差	趋缓型	临界超载	蓝色预警
25		元宝山区	变化趋良	变化趋良	变化趋差	趋缓型	临界超载	蓝色预警

续表

序号	盟市名称	旗县（市、区）名称	资源利用效率变化	污染物排放强度变化	生态质量变化	资源环境耗损过程	超载类型	预警等级
26	赤峰市	松山区	变化趋良	变化趋良	变化趋差	趋缓型	临界超载	蓝色预警
27		敖汉旗	变化趋良	变化趋差	变化趋差	加剧型	临界超载	黄色预警
28		翁牛特旗	变化趋良	变化趋差	变化趋差	加剧型	临界超载	黄色预警
29		克什克腾旗	变化趋良	变化趋差	变化趋差	加剧型	临界超载	黄色预警
30		林西县	变化趋良	变化趋良	变化趋差	趋缓型	不超载	绿色无警
31		巴林右旗	变化趋良	变化趋良	变化趋良	趋缓型	不超载	绿色无警
32		巴林左旗	变化趋良	变化趋良	变化趋差	趋缓型	不超载	绿色无警
33		阿鲁科尔沁旗	变化趋良	变化趋差	变化趋差	加剧型	不超载	绿色无警
34	通辽市	库伦旗	变化趋良	变化趋良	变化趋差	趋缓型	临界超载	蓝色预警
35		奈曼旗	变化趋良	变化趋差	变化趋差	加剧型	临界超载	黄色预警
36		科尔沁区	变化趋良	变化趋良	变化趋差	趋缓型	临界超载	蓝色预警
37		扎鲁特旗	变化趋良	变化趋良	变化趋差	趋缓型	临界超载	蓝色预警
38		霍林郭勒市	变化趋良	变化趋良	变化趋差	趋缓型	超载	橙色预警
39		科尔沁左翼后旗	变化趋良	变化趋良	变化趋差	趋缓型	不超载	绿色无警
40		开鲁县	变化趋良	变化趋差	变化趋差	加剧型	不超载	绿色无警
41		科尔沁左翼中旗	变化趋良	变化趋差	变化趋差	加剧型	不超载	绿色无警
42	鄂尔多斯市	鄂托克前旗	变化趋良	变化趋良	变化趋差	趋缓型	临界超载	蓝色预警
43		乌审旗	变化趋良	变化趋良	变化趋差	趋缓型	临界超载	蓝色预警
44		东胜区	变化趋良	变化趋良	变化趋差	趋缓型	临界超载	蓝色预警
45		鄂托克旗	变化趋良	变化趋良	变化趋差	趋缓型	临界超载	蓝色预警
46		达拉特旗	变化趋良	变化趋良	变化趋差	趋缓型	临界超载	蓝色预警
47		杭锦旗	变化趋良	变化趋良	变化趋差	趋缓型	临界超载	蓝色预警
48		康巴什新区	变化趋差	变化趋良	变化趋差	加剧型	临界超载	黄色预警
49		伊金霍洛旗	变化趋差	变化趋良	变化趋差	加剧型	不超载	绿色无警
50		准格尔旗	变化趋差	变化趋良	变化趋差	加剧型	不超载	绿色无警
51	呼伦贝尔市	扎兰屯市	变化趋良	变化趋良	变化趋差	趋缓型	临界超载	蓝色预警
52		阿荣旗	变化趋良	变化趋良	变化趋差	趋缓型	临界超载	蓝色预警
53		鄂温克族自治旗	变化趋良	变化趋良	变化趋差	趋缓型	临界超载	蓝色预警
54		海拉尔区	变化趋良	变化趋良	变化趋差	趋缓型	临界超载	蓝色预警
55		扎赉诺尔区	变化趋差	变化趋良	变化趋差	加剧型	临界超载	黄色预警
56		满洲里市	变化趋良	变化趋良	变化趋差	趋缓型	临界超载	蓝色预警

续表

序号	盟市名称	旗县（市、区）名称	资源利用效率变化	污染物排放强度变化	生态质量变化	资源环境耗损过程	超载类型	预警等级
57	呼伦贝尔市	新巴尔虎左旗	变化趋良	变化趋良	变化趋差	趋缓型	临界超载	蓝色预警
58		莫力达瓦达斡尔族自治旗	变化趋良	变化趋良	变化趋差	趋缓型	临界超载	蓝色预警
59		陈巴尔虎旗	变化趋良	变化趋良	变化趋差	趋缓型	临界超载	蓝色预警
60		牙克石市	变化趋良	变化趋良	变化趋差	趋缓型	临界超载	蓝色预警
61		额尔古纳市	变化趋良	变化趋良	变化趋差	趋缓型	临界超载	蓝色预警
62		新巴尔虎右旗	变化趋良	变化趋良	变化趋差	趋缓型	不超载	绿色无警
63		鄂伦春自治旗	变化趋良	变化趋良	变化趋差	趋缓型	不超载	绿色无警
64		根河市	变化趋良	变化趋良	变化趋差	趋缓型	不超载	绿色无警
65	巴彦淖尔市	杭锦后旗	变化趋良	变化趋良	变化趋差	趋缓型	临界超载	蓝色预警
66		乌拉特前旗	变化趋良	变化趋良	变化趋差	趋缓型	临界超载	蓝色预警
67		五原县	变化趋差	变化趋差	变化趋良	加剧型	临界超载	黄色预警
68		临河区	变化趋良	变化趋良	变化趋差	趋缓型	临界超载	蓝色预警
69		乌拉特后旗	变化趋良	变化趋差	变化趋差	加剧型	临界超载	黄色预警
70		乌拉特中旗	变化趋良	变化趋良	变化趋差	趋缓型	临界超载	蓝色预警
71		磴口县	变化趋良	变化趋良	变化趋差	趋缓型	不超载	绿色无警
72	乌兰察布市	丰镇市	变化趋良	变化趋良	变化趋差	趋缓型	临界超载	蓝色预警
73		察哈尔右翼前旗	变化趋良	变化趋良	变化趋差	趋缓型	临界超载	蓝色预警
74		集宁区	变化趋良	变化趋良	变化趋差	趋缓型	临界超载	蓝色预警
75		卓资县	变化趋良	变化趋良	变化趋差	趋缓型	临界超载	蓝色预警
76		化德县	变化趋良	变化趋良	变化趋差	趋缓型	临界超载	蓝色预警
77		凉城县	变化趋良	变化趋良	变化趋差	趋缓型	超载	橙色预警
78		兴和县	变化趋良	变化趋良	变化趋差	趋缓型	不超载	绿色无警
79		察哈尔右翼中旗	变化趋良	变化趋良	变化趋差	趋缓型	不超载	绿色无警
80		察哈尔右翼后旗	变化趋良	变化趋良	变化趋差	趋缓型	不超载	绿色无警
81		商都县	变化趋良	变化趋良	变化趋差	趋缓型	不超载	绿色无警
82		四子王旗	变化趋差	变化趋良	变化趋差	加剧型	不超载	绿色无警
83	兴安盟	科尔沁右翼中旗	变化趋良	变化趋差	变化趋差	加剧型	临界超载	黄色预警
84		乌兰浩特市	变化趋良	变化趋差	变化趋差	加剧型	临界超载	黄色预警
85		科尔沁右翼前旗	变化趋良	变化趋良	变化趋差	趋缓型	临界超载	蓝色预警
86		阿尔山市	变化趋良	变化趋良	变化趋差	趋缓型	临界超载	蓝色预警
87		突泉县	变化趋良	变化趋差	变化趋差	加剧型	不超载	绿色无警
88		扎赉特旗	变化趋良	变化趋良	变化趋差	趋缓型	不超载	绿色无警

续表

序号	盟市名称	旗县（市、区）名称	资源利用效率变化	污染物排放强度变化	生态质量变化	资源环境耗损过程	超载类型	预警等级
89	锡林郭勒盟	锡林浩特市	变化趋良	变化趋差	变化趋差	加剧型	临界超载	黄色预警
90		西乌珠穆沁旗	变化趋良	变化趋良	变化趋差	趋缓型	临界超载	蓝色预警
91		阿巴嘎旗	变化趋良	变化趋良	变化趋差	趋缓型	临界超载	蓝色预警
92		东乌珠穆沁旗	变化趋良	变化趋差	变化趋差	加剧型	临界超载	黄色预警
93		太仆寺旗	变化趋良	变化趋差	变化趋差	加剧型	不超载	绿色无警
94		多伦县	变化趋良	变化趋差	变化趋差	加剧型	不超载	绿色无警
95		镶黄旗	变化趋良	变化趋差	变化趋差	加剧型	不超载	绿色无警
96		正镶白旗	变化趋良	变化趋良	变化趋差	趋缓型	不超载	绿色无警
97		正蓝旗	变化趋良	变化趋良	变化趋差	趋缓型	不超载	绿色无警
98		苏尼特右旗	变化趋差	变化趋差	变化趋差	加剧型	不超载	绿色无警
99		二连浩特市	变化趋良	变化趋良	变化趋差	趋缓型	不超载	绿色无警
100		苏尼特左旗	变化趋差	变化趋良	变化趋差	加剧型	不超载	绿色无警
101	阿拉善盟	阿拉善左旗	变化趋良	变化趋差	变化趋差	加剧型	临界超载	黄色预警
102		阿拉善右旗	变化趋差	变化趋良	变化趋差	加剧型	不超载	绿色无警
103		额济纳旗	变化趋差	变化趋差	变化趋差	加剧型	不超载	绿色无警

三、预警等级确定

（一）预警等级划分准则

在超载类型和资源环境耗损类型划分结果的基础上，对超载类型进行预警等级划分。将资源环境耗损加剧的超载区域定为红色预警区（极重警），资源环境耗损趋缓的超载区域定为橙色预警区（重警），资源环境耗损加剧的临界超载区域定为黄色预警区（中警），资源环境耗损趋缓的临界超载区域定为蓝色预警区（轻警），不超载的区域为绿色无警区（无警）（见图5-1）。

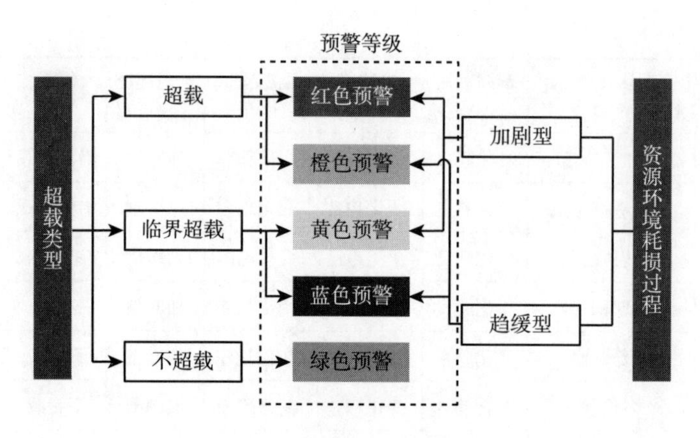

图 5-1 预警等级确定规则

（二）预警等级划分结果

基于上述方法，划定全区预警等级类型分布。其中，内蒙古自治区各旗县（市、区）资源环境超载预警等级涉及橙色预警 6 个、黄色预警 21 个、蓝色预警 43 个、绿色无警 33 个。橙色预警涉及旗县（市、区）分别为乌达区、海勃湾区、海南区、清水河县、凉城县、霍林郭勒市；黄色预警涉及旗县（市、区）分别为玉泉区、武川县、东河区、九原区、昆都仑区、固阳县、宁城县、喀喇沁旗、敖汉旗、翁牛特旗、克什克腾旗、奈曼旗、康巴什新区、扎赉诺尔区、五原县、乌拉特后旗、科尔沁右翼中旗、乌兰浩特市、锡林浩特市、东乌珠穆沁旗、阿拉善左旗；蓝色预警涉及旗县（市、区）分别为土默特左旗、回民区、赛罕区、新城区、青山区、土默特右旗、石拐区、白云鄂博矿区、红山区、元宝山区、松山区、库伦旗、科尔沁区、扎鲁特旗、鄂托克前旗、乌审旗、东胜区、鄂托克旗、达拉特旗、杭锦旗、扎兰屯市、阿荣旗、鄂温克族自治旗、海拉尔区、满洲里市、新巴尔虎左旗、莫力达瓦达斡尔族自治旗、陈巴尔虎旗、牙克石市、额尔古纳市、杭锦后旗、乌拉特前旗、临河区、乌拉特中旗、丰镇市、察哈尔右翼前旗、集宁区、卓资县、化德县、科尔沁右翼前旗、阿尔山市、西乌珠穆沁旗、阿巴嘎旗；绿色无警涉及旗县（市、区）托克托县、和林格尔县、达尔罕茂明安联合旗、林西县、巴林右旗、巴林左旗、阿鲁科尔沁旗、科尔沁左翼后旗、开鲁县、科尔沁左翼中旗、伊金霍洛旗、准格尔旗、新巴尔虎右旗、鄂伦春自治旗、根河市、磴口县、兴和县、察哈尔右翼中旗、察哈尔右翼后旗、商都县、四子王旗、突泉县、扎赉特旗、太仆寺旗、多伦县、镶黄旗、正镶白旗、正蓝旗、苏尼特右旗、二连浩特市、苏尼特左旗、阿拉善右旗、额济纳旗。

第六章

政策预研

第一节　资源环境整治政策预研

资源环境临界超载地区和资源环境损耗过程加剧型地区要全面加强资源环境整治，落实对土地、水、大气等自然环境及各种生态资源的限制性政策和管控措施。临界超载地区要严格落实限制建设用地增长的政策、实行最严格的水资源管理制度、严控治水和大气环境污染、完善修复治理自然生态管理体系，实现临界超载地区资源环境承载能力增强和资源环境损耗过程趋缓变化，促进地区绿色发展。

一、实施严格限制建设用地增长的土地政策

（一）进一步落实建设用地标准控制制度

严格执行限制和禁止供地政策，加强对禁止建设项目建设用地供应的管理工作，完善限制供地项目用地监管制度。严格执行工程建设项目用地控制指标和工业项目建设用地控制指标，完善土地使用标准体系，发挥标准控制在节约用地中的约束作用。严格执行建设项目用地预审制度，严格落实建设用地报批管理，加强土地用途管制，杜绝假借项目圈占土地。

（二）加强城市空间增长边界管制

结合主体功能区规划和土地利用规划等要求，在城镇总体规划中加强

对土地利用的空间管制，明确城市空间增长边界，严格执行基本生态控制线管制机制。严格划定禁止建设区、限制建设区、适宜建设区，以及城市蓝线、绿线、紫线、黄线，明确管控范围和分级管理要求，禁止任何形式的破坏性开发建设，严格保护基本农田、林地、水源保护区等重大生态空间，严守生态红线。在确保环境质量和容量的前提下，建立土地开发强度的上限与下限“双向综合调控”机制。

（三）探索实行城乡建设用地增减挂钩机制

在增减挂钩试点实践中，围绕改革农村土地产权制度、规范集体建设用地流转、构建耕地保护经济补偿机制、建设城乡统一土地市场、完善土地收益分配机制等进行积极探索。探索实施项目区管理模式，通过建新拆旧和土地整理复垦等措施，对零散地块实行归并、对废弃地块实行复垦，解决土地利用形态破碎和零乱问题，在保证项目区内各类土地面积平衡的基础上，最终实现建设用地总量不增加、耕地面积不减少、质量不降低、城乡用地布局更合理。

（四）健全土地资源市场化配置

进一步扩大国有土地有偿使用范围，推进工业用地采取先租后让和租让结合的供应方式，完善土地价租税费体系，发挥价格机制在节约集约用地中的调节作用。充分发挥市场配置土地资源的基础性作用，加快实行经营性基础设施用地有偿使用，增加土地取得成本，抑制粗放用地。

二、实施最严格的水资源管理制度

（一）进一步落实用水总量控制制度

严格实施水资源红线制度，制定严格控制水资源消耗的工作方案，下达全区水资源管理红线控制指标。严格执行建设项目水资源论证制度，加强相关规划和工业园区、重大产业布局的水资源论证工作。严格规范取水许可审批管理，完善取水许可管理登记信息台账，限制不合理用水增长。严格落实地下水管理和保护，加强地下水动态监测，进一步推动地下水监测站网建设，核定并公布地下水禁采和限采区范围，规范机井建设审批管理，实行地下水取用水总量控制和水位控制。加强水资源统一调度，完善水资源调度方案、应急调度预案，重点推进赣江、抚河等流域形成统一的水资源调度体系，积极开展供水水源、城市水系、河湖（库）连通、生态修复、突发事件处理等水资源调度，实现水资源的高效和优化配置。

（二）进一步落实用水效率控制制度

建立健全有利于节约用水的体制机制，充分发挥水价调节作用，完善非农用水价格调节机制和居民生活用水阶梯式水价制度，落实好超计划用水累进加收水资源税政策。强化用水定额管理，严格执行《内蒙古自治区行业用水定额》。全面实施节水“三同时”制度，确保建设项目节水设施“三同时”工作的各项规定落到实处。加快推进节水技术改造，完善和落实节水灌溉的产业支持、技术服务、财政补贴等政策措施，建立节水器具和节水产品市场准入制度。

（三）进一步落实水功能区限制纳污制度

完善水功能区监督管理制度，健全水功能区水质达标评价体系，加强水功能区动态监测和科学管理。严格规范入河（湖）排污口监督管理工作，完善入河（湖）排污口的登记、审批和监督管理办法，进一步加强对入河（湖）排污口的整治。严格执行饮用水源保护制度，完善饮用水水源地核准和安全评估制度，开展饮用水水源地环境风险排查，加强水源地环境应急管理，完善突发事件应急预案，推进饮用水水源一级保护区内的土地依法征收，依法取缔饮用水水源保护区内排污企业和排污口，建立备用水源。推进水生态系统保护与修复工作，重点抓好东江源水生态修复与保护，继续推进“五河源头水资源保护”“城市污水处理”等工程，定期组织开展河湖健康评估，完善生态用水及河流生态评价指标体系，实行全流域生态补偿制度。

（四）建立健全水资源管理和保护制度

建立以“五河”为纽带，干支流、上下游市县政府共同参与的河湖管理制度，加强跨界流域水质及水量断面监测，建立覆盖全区、市、县的水资源监控管理平台，建立和实施跨流域、跨市（县）水质联防联控考核制度和水环境保护奖惩制度。建立流域规划治导线管理制度，落实水域岸线用途管制，合理划分岸线保护区、保留区、限制开发区和开发利用区，严格分区管理。创新河湖管理模式，在全区水域全面实施政府一把手负责的“河长制”，构建全区、市、县、乡、村五级“河长”组织体系和区域、流域、部门协作的联动机制。

（五）科学量测水资源与水环境承载能力

区域经济社会发展要充分考虑水资源和水环境承载能力，严格落实“以水定城、以水定地、以水定人、以水定产”的发展思路，坚持传统与非传统水资源开发相结合的原则，合理开发地表水，严格控制地下水，鼓励使用中水、疏干水，大力推进水结构调整，努力使经济社会发展目标和布局与区域水资源和水环境承载能力相适应。

三、创新环境治理体制机制

（一）建立健全环境污染防治体系，加强污染企业现场监管

严格执行重点污染物排放总量控制制度，提高污染物排放标准，制定重点流域、区域的环境容量及总量控制标准，落实建设项目主要污染物排放总量指标管理办法，实施碳排放强度和总量双控行动。实行严格的污染物源头控制制度，完善覆盖所有固定污染源的企业排放许可制度和企业环境违法黑名单制度，加强排污许可证发放管理。严格对建设项目实行环境影响评价和“三同时”制度，完善污染防治重点防控行业和产能过剩行业的清洁生产审核、评估和验收制度。建立重污染天气应急处置机制，编制重污染天气应急预案。健全跨行政区域的环境治理协调机制，在重点区域、流域健全污染防治、生态保护协调机制和管理机制。

（二）建立环境保护市场化机制

建立健全用能权、用水权、排污权、碳排放权初始分配制度，实行重

点单位温室气体排放报告、核查、核证、配额管理和碳交易制度，加强水权、排污权、碳排放权交易平台建设，完善权利核定、价格形成和市场机制。深化节能环保投融资体制改革，大力推行合同能源和水资源管理、环境污染第三方治理，鼓励民间资本和社会资本进入大气污染防治领域。引导金融机构增加对环境污染防治项目的信贷支持，发展绿色信贷、绿色债券和绿色基金。

（三）全面落实相关财税优惠政策

加大保护和改善生态环境、防治污染和其他公害的财政投入，完善促进环境服务业发展的扶持政策。落实生态保护补偿资金，为适应经济社会发展和保护生态环境的需要，积极开辟新的资金渠道，推行有利于生态环境和资源保护的财政、税收、价格、政府采购等方面的政策和措施。鼓励和支持大气污染防治的科学技术研究，对开展有利于改善环境质量的技术改造、能源替代的企业事业单位和其他生产经营者给予政策扶持和帮助。对涉及民生的“煤改气”项目、黄标车和老旧车辆淘汰、轻型载货车替代低速货车等加大政策支持力度，对重点行业清洁生产示范工程给予引导性资金支持。

四、建立健全自然生态修复治理体系

（一）健全水生态系统保护和修复制度

完善山水林田湖草生态修复，突出水、湿地等生态建设重点，严格落实水生态红线管理制度，加强对水源涵养区、江河源头区、重要湿地以及水生态脆弱和恶化区域的保护，引导、规划和约束各类开发、利用、保护水资源和水生态的行为，严格控制开发占用自然湿地。推进水生态文明城市试点，积极开展水生态文明县、乡（镇）、建设，构建四级联动水生态文明建设体系。推进以流域为单元的综合管理，完善水资源保护与水污染防治协调机制，建立流域防污控污治污机制。建立和完善流域水生态补偿机制，协调生态环境保护和经济利益之间的分配关系。

（二）建立水土流失综合治理机制

严格封禁和落实水土保持“三同时”制度，加强监管，明确责任，暂停天然阔叶树采伐。体现资源有偿使用，完善水土保持生态补偿机制。完善水土保持项目监管机制，更好地调动当地群众参与水土流失治理的积极性。建立健全水土流失防治监督体系，划定水土流失重点保护区、重点监督区，加强江河源头区、重要水源地和水蚀风蚀交错区水土流失预防，以及重点区域、坡耕地和侵蚀沟水土流失治理。落实管护责任制，严禁人为破坏产生新的水土流失。

（三）严格落实林业政策

实行严格的天然林保护制度，健全和落实天然林管护体系，加强管护基础设施建设。加大“五河”中上游特别是源头地区生态公益林保护力度，提高生态公益林补偿标准，严格控制公益林采伐，增强森林资源生态功能。创新林业产权模式，规范林地、林木流转，建立林权流转市场和林权流转登记、森林资源资产评估制度，促进和规范集体林权有序流转。建立森林生态效益补偿基金制度，多渠道筹集公益林补偿基金，逐步提高地方财政对森林生态效益的补偿标准。推进林业投融资体制改革，拓宽林业融资渠道，完善林业贷款财政贴息政策，大力发展对林业的小额贷款，完善林业信贷担保方式，健全林权抵押贷款制度。加快建立政策性森林保险制度，提高农户抵御自然灾害的能力。

（四）完善野生动植物保护制度

建立生物多样性本底调查与评估制度，实施自然保护区升级和珍稀濒危物种繁衍野化工程，加强重点工程建设范围内的野生动植物抢救性迁地保护，加大典型生态系统、物种、基因和景观多样性保护力度，维护种群数量。推进生物多样性优先区域物种资源调查、监测、预警和评价体系建设，实施自然保护区生物廊道建设，打造生物多样性科普教育和研究基地。严禁盲目引入外来物种，严格控制转基因物种环境释放活动。严格执行野生动物保护法和各项野生动物保护法规，采取有力措施制止偷猎行为，实行对濒危动物的重点保护。

第二节　功能区建设政策预研

加强落实功能区建设，因地制宜实施有效的资源环境管控措施。重点开发区域中的临界超载地区，要切实转变发展方式，充分发挥资源环境约束和倒逼功能，从严格控制开发强度、优化产业结构、提升生态环境质量、调节人口集疏过程四个方面着手，全面改善资源环境质量；农产品主产区和重点生态功能区两类限制开发区域中的临界超载地区，要严控因非主体功能开发活动而产生的资源环境超载，建立健全产业准入负面清单管理、生态保护红线管控、生态补偿机制。

一、重点开发区

（一）完善开发强度管控机制

适当扩大建设用地规模，保障基础设施和重点项目用地，引导产业集中建设集群发展，适度增加城市居住用地，合理适度开发未利用土地。设立区域开发强度“红线”，从环境容量出发合理安排和规划开发强度，从区位、自然条件出发确定宏观密度分区，依据用地功能、特殊区位进行容积率修正，避免盲目开发、无序开发。进一步优化和创新开发模式，改善建设用地结构布局，推进建设用地多功能开发、地上地下立体综合开发。鼓励按照产城融合、循环经济和低碳经济的要求改造开发区，支持开展园区循环化改造及低碳园区、低碳城市和低碳社区建设，防止工业、生活污染向限制开发、禁止开发区域扩散。对于国家和自治区批准的重大基础设施项目、重大产业布局项目给予重点保障。进一步完善开发规模和开发边界管理体系、基础建设技术监督体系，探索实施土地开发利用和绩效考核机制，加强区域开发强度全程监管与执法监督，遏制土地过度开发和建设用地低效利用。

（二）进一步落实新兴产业支持政策

运用市场机制、经济手段、法治办法，加大政策引导力度，建立以能耗、环保、质量、安全等为约束条件的推进机制。强化行业规范和准入管理，坚决淘汰落后产能，削减低效产能，严控新增产能。促进企业兼并重组，分类有序、积极稳妥处置产能过剩行业的企业退出问题。建立新兴产业评价和激励体系，鼓励高技术产业、中高端制造业、知识密集型服务业的探索和发展。推进新兴产业发展策源地和技术创新中心建设，打造特色鲜明、创新能力强的新兴产业集群。加快推进重点领域和关键环节改革，进一步完善有利于汇聚技术、资金、人才的政策措施，创造公平竞争的市场环境，全面营造适应新技术、新业态蓬勃涌现的生态环境，加快形成经济社会发展新动能。

（三）完善城市环境治理体系

推进城市绿色发展和生态环境保护，加强城市公园绿地等生态设施建设，逐步恢复自然生态，扩大自然生态空间。实行最严格的环境保护制度，实施更有力的大气、水、土壤污染防治行动计划，形成政府、市场、公众多元共治的环境治理体系。根据环境容量逐步提高产业准入环境标准，限制高耗能、高排放、产能过剩和简单重复建设项目，对无环境容量的区域实行区域限批。完善生态共建机制，深入推进“净空”“净水”“净土”行动，加强水环境、城市群“绿心”和城市群内生态廊道建设，将区域开敞空间与城市绿地系统有机结合，加强生态用地的连通性。进一步完善城市污水、垃圾收集运输处理体系，妥善解决城市黑臭水体和“垃圾围城”问题。

（四）探索建立人口集疏调整机制

实施积极的人口迁入政策，支持重点开发区域吸纳限制开发区域和禁止开发区域人口转移，降低限制开发区域和禁止开发区域的居民个人申请迁入重点开发区域的条件，同时鼓励有稳定就业和住所的外来人口定居落户，加强重点开发区域人口集聚。对承接较多人口转移的重点开发区域给予一定的政策支持。按照基本公共服务常住人口全覆盖的要求，支持加大教育、医疗、保障性住房等基本公共服务设施建设力度，使基本公共服务设施布局、供给规模与吸纳人口规模相适应。完善基础设施建设和管理机制，构建合理的城镇体系和城乡空间布局，全面增强城市综合承载能力。疏解超载区域人口，引导区域内人口均衡分布。优化城市人口管理体系，推动相关部门人口基础数据共享，加强人口流量、流向、生存发展状况的动态监测。

二、农产品主产区

（一）实行最严格的耕地保护制度

严守耕地保护红线，控制非农建设占用耕地。合理引导种植业内部农业机构调整，确保不因农业结构调整而降低耕地保有量。开展耕地轮作休耕制度改革，鼓励开展生态休耕，合理确定补助标准。加大耕地管护力度，按照数量、质量和生态全面管护的要求，依据耕地等级实施差别化管护。加大灾毁耕地防治力度，减少自然灾害损毁的耕地数量，及时复垦灾毁耕地。加强对占用和补充耕地的评价，从数量和产能两方面严格考核耕地占补平衡，确保补充耕地质量。加大公共财政对耕地保护的扶持力度，鼓励农民开展土壤改良，改善基本耕地生产条件，提高耕地质量。

（二）构建农业循环经济政策支持体系

完善农业投入政策、土地承包政策、环境保护政策、社会保障政策内容，充分发挥政策调节作用，适时采取税收、信贷、财政扶持等手段，鼓励农户发展农业循环经济，保障农业循环经济健康快速发展。支持农产品主产区实施资源综合利用重点工程，推广沼气、风能、太阳能等清洁能源，加强农业清洁生产和农作物秸秆等废弃物综合利用，控制农业领域温室气体排放。支持发展具有地域特色的绿色生态产品，培育地理标志品牌。加强农业循环经济的技术创新，加大农业科技人才培养力度，完善农业科技投入和技术推广体系。推进建立农业循环经济发展法制体系，确保农业循环经济发展有法可依、有据可循。

（三）健全强农惠农富农政策

支持发展现代农业，加强粮食综合生产能力建设，建设田间设施齐备、服务体系健全、集中连片的商品粮基地。鼓励依托优势产业和板块基地，发展工产品深加工，引导农产品加工、流通、储运等企业向农产品主产区集聚发展。推进农业产业化示范区建设，加快现代林业科技产业园建设，增强农业综合生产能力。建立财政对农业投入的稳定增长机制，大幅度提高政府土地出让收益、耕地占用税新增收入用于农业的比例，加大财政对农产品主产区的转移支付力度。进一步优化财政支农结构，创新资金投入方式和运行机制，推进各类涉农资金整合和统筹使用。落实农资综合补贴动态调整机制，积极推进农业“三项补贴”合并为农业支持保护补贴试点，健全有机肥使用鼓励政策。加大农业保险支持力度，扩大农业保险覆盖面，切实增强农业防风险能力。加强农业气象服务体系建设，推进农业气候资源开发和高效利用。

三、重点生态功能区

（一）完善自然生态保护制度

落实红线刚性管控，保障生态红线安全，将国家级自然保护区及自治区级自然保护区的全部、国家级风景名胜区、国家森林公园、国家地质公园、世界文化自然遗产、国家湿地公园等区域的生态功能极重要区纳入生态保护红线的管控范围。完善红线监管机制，严格落实生态红线区域管控措施，加大生态红线区域保护考核力度。优化自然保护区空间布局，积极推进自然保护区建设，按照自然地理单元和多物种的栖息地综合保护原则，通过建立生态廊道，增强自然保护区间的连通性，完善自然保护区建设管理的体制机制。着力推进生态保育，增强区域生态服务功能，构筑生态屏障。禁止新建铁路、公路和其他基础设施穿越国家级自然保护区和风景名胜区核心区和缓冲区，尽量避免穿越试验区（列入国家、自治区规划布局的重大基础设施和重要民生工程除外）。严格控制风景名胜区、森林公园、湿地公园内人工景观建设。除文化自然遗产保护、森林草原防火、应急救援外，禁止在自然保护区核心区进行包括旅游、种植和野生动植物繁育在内的开发活动。

（二）建立多元化生态补偿机制

完善重点流域、森林、湿地、矿产资源开发等领域的生态补偿制度，形成有利于生态文明建设的利益导向机制，积极参与长江流域生态环境联防联治，推动建立跨省统一的生态补偿体系。探索建立地区间横向援助机制，生态环境受益地区采取资金补助、定向援助、对口支援等多种形式，对因加强生态环境保护造成的利益损失的地区进行补偿。完善财政转移支付制度，加大自治区财政对国家、自治区重点生态功能区旗县（市、区）的支持力度，积极争取中央财政加大对国家重点生态功能区转移支付力度。建立健全有利于切实保护生态环境的奖惩机制。健全矿产资源有偿使用、矿山环境治理和生态恢复保证金制度，建立矿产资源开发生态补偿长效机制。研究探索产业生态补偿机制，对企业生产过程中产生的资源消耗和环境污染追究相应的生态补偿责任。

（三）完善自然资源管理制度

构建生态环境资产核算框架体系，率先探索编制自然资源资产负债表与考评体系。对河流、湖泊、森林、荒地、滩涂、草原等自然生态空间进行统一确权登记，划定产权主体，创新产权实现形式，建立归属清晰、保护严格、流转顺畅的自然资源资产产权制度。健全自然资源资产管理体制，整合不动产登记职能，统一不动产登记信息平台，构建统一的自然资源监管体制。完善自然资源资产用途管制制度，合理确定并严守资源消耗上限、环境质量底线、生态保护红线。

（四）全面实行产业准入负面清单制度

推进重点生态功能区负面清单全覆盖。根据不同类型生态功能区定位，因地制宜制定限制和禁止发展的产业目录。进一步细化限制、禁止的产业类型，第一产业重点针对农、林、牧、渔业等；第二产业重点针对采矿、制造、建筑、电力、热力、燃气及水的生产和供应业等；第三产业重点针对交通运输和仓储、房地产、水利管理业等。严格限制“两高一资”产业落地，限制进行大规模高强度工业化、城镇化挨罚，不得新建禁止类工业企业和矿产开发企业，原则上不再新建各类产业园区，严禁随意扩大现有产业园区范围。实行更加严格的产业准入环境标准，严格落实新建项目环保准入机制，对建设项目的占地、耗能、耗水、资源回收率、资源综合利用率、工艺装备、“三废”排放和生态保护等执行强制性标准。建立市场退出机制，对不符合重点生态功能区定位的现有产业，通过设备折旧补贴、设备贷款担保、迁移补贴、土地置换等手段，促进产业跨区域转移或关闭，并加强企业迁出前的环境管理以及迁出后企业原址的风险评估。加强监督管理，建立健全负面清单实施情况监督检查和问责惩戒机制，开展负面清单实施成效第三方评估，对实施成效不力的进行通报批评并督促整改，确保负面清单落到实处。

第三节 监测预警长效机制预研

为探索实行资源环境监测预警的长效机制，切实从加强资源环境调查和管控、健全绩效评估机制、完善职责分工体系、健全资源环境超载预警提醒和追责制度、落实多方参与和监督五个方面着手，促进建成完善的资源环境保护体制机制，有效提升资源环境承载力，缓解临界超载地区资源环境状况，促进资源环境损耗过程趋缓变化，实现全区资源环境绿色可持续发展。

一、加强资源环境调查和管控

在资源环境超载地区实行最严格的限制性政策，全面扩大政策实施范围，从土地资源、水资源、大气环境、生态资源各角度实行监控，在人口、工业、农业、服务业、贸易行业各环节进行调节，全面落实节能减排、绿色发展，限制超载。加大基础调查力度和范围，重点开展污染源普查、全国危险废物普查、集中式饮用水水源环境保护状况调查、地下水污染调查、土壤污染状况详查、环境激素类化学品调查、生物多样性综合调查、国家级自然保护区资源环境本底调查、人口基数普查、土地资源利用综合调查、公民生活方式绿色化实践调查。进一步深化全国生态状况变化调查评估、生态风险调查评估、公众生态文明意识调查评估、长江流域生态健康调查评估、环境健康调查、监测和风险评估。加强监管执法力度，实行严格的巡逻稽查制度，加大对环境违法行为的打击力度，铁拳铁规治理环境污染和资源超载，打击恶意违法排污和造假行为。

二、完善绩效评估机制

建立健全符合科学发展观并有利于推进形成主体功能区的绩效评价体系。提高领导干部生态文明建设目标评价考核权重，将资源环境承载能力监测预警评价结论纳入领导干部绩效考核体系，将资源环境承载能力变化状况纳入领导干部自然资源资产离任审计范围，引导形成节约资源和保护环境的政绩观。进一步完善县域经济和社会综合评价考核体系，探索与主体功能区相适应的考核制度和奖惩机制，建立主体功能区绩效评估差异化管理制度，加强重点生态功能区生态功能、可持续发展能力的评估与考核，实行各有侧重的绩效考核评价办法。对红色预警区、绿色无警区及资源环境承载能力预警等级降低或者提高的地区，分别实行对应的综合奖惩措施。对从临界超载恶化为超载的地区，参照红色预警区综合配套措施进行处理；对从不超载恶化为临界超载的地区，参照超载地区水资源、土地资源、环境、生态、海域等单项管控措施酌情进行处理，必要时可参照红色预警区综合配套措施进行处理；对从超载转变为临界超载或者从临界超载转变为不超载的地区，实施不同程度的奖励性措施。强化考核结果运用，把推进形成主体功能区主要目标的完成情况纳入对地方党政领导班子和领导干部的综合考核评价结果。

三、完善资源环境监测管理分工体系

启动和推进资源环境监测监察执法垂直管理机制，理顺权责范围，防止行政干预。建立政府统筹，以发展改革部门为龙头、各部门协调落实，党委执行监督的管理分工制度。各级人民政府负责落实党中央和上级政府资源环境监测相关政策，编制主体功能区规划和实施细则，并依法向上级报告区域资源环境现状和目标完成情况。发展改革部门负责研究和落实开发强度、资源承载能力和生态环境容量等约束性指标，指导和监督主体功能区规划的落实情况，负责组织协调科技、财政、工业和信息化、国土资源、环境保护、住房城乡建设、水利、农业、人口计生、林业、地震、气象等各有关部门，实现各级各部门规划之间的统一。其他各部门各司其职，在职责范围内负责能源结构调整、产业结构调整和产业布局优化及相关监督管理工作，负责依据区域规划加强行业指导，积极支持生态环境建设。各级党委负责监督和统筹工作，严格执行资源环境保护政策以及生态环境和资源保护工作考核评价机制。建立突发资源环境警情应急协同机制，对重要警情协同监测、快速识别、会商预报。

四、探索资源环境超载预警提醒和追责制度

通过书面通知、约谈或者公告等形式，对超载地区、临界超载地区进行预警提醒，督促相关地区转变发展方式，降低资源环境压力，超载地区要根据超载状况和超载成因，因地制宜制定治理规划，明确资源环境达标任务的时间表和路线图。健全资源环境超载应急机制，开展应急监测，组织编制资源环境应急预案，完善预警预报及响应程序、应急处置及保障措施等内容，依据资源环境超载的预警等级，迅速启动应急预案，做好风险控制、应急准备、纠正措施等工作。开展超载地区限制性措施落实情况监督考核和责任追究，对限制性措施落实不力、资源环境持续恶化地区的政府和企业等，建立信用记录，纳入全国信用信息共享平台，依法依规严肃追责。对红色预警区，针对超载因素实施最严格的区域限批，依法暂停办理相关行业领域新建、改建、扩建项目审批手续，明确导致超载产业退出的时间表，实行城镇建设用地减量化；对现有严重破坏资源环境承载能力、违法排污破坏生态资源的企业，依法限制生产、停产整顿，并依法依规采取罚款、责令停业、关闭以及将相关责任人移送行政拘留等措施从严

惩处，构成犯罪的依法追究刑事责任；对监管不力的政府部门负责人及相关责任人，根据情节轻重实施行政处分直至追究刑事责任；对在生态环境和资源方面造成严重破坏负有责任的干部，不得提拔使用或者转任重要职务，视情况给予诫勉、责令公开道歉、组织处理或者党纪政纪处分；当地政府要根据超载因素制定系统性减缓超载程度的行动方案，限期退出红色预警区。建立主要领导负总责的协调机制，实施与生态环境质量监测结果相挂钩的领导干部约谈制度，建立生态环境损害责任终身追究制度。

五、建立多方参与和监督的长效机制

完善生态环境保护宣传教育体系，把环境保护和生态文明建设作为践行社会主义核心价值观的重要内容，大力普及污染防治法律、资源环境法规和科学知识，全面提升全社会生态环境保护意识，倡导文明、节约、绿色的消费方式和生活习惯。健全环境信息公布制度，加大空气环境、水资源、土地资源、生态系统多样性等监测信息发布和公开力度，保障人民群众环境监测数据质量知情权。加强社会监督体系，建立公众参与环境管理决策的有效渠道和合理机制，认真做好环境信访工作，通过召开专题听证会等多种形式，保障公众环境知情权、参与权、监督权和表达权，增强公众参与的积极性。引导新闻媒体加强舆论监督。推进环境典型案例指导示范制度，推动司法机关强化公民环境诉讼权的保障，落实建设举报和投诉通讯和网络平台，建立健全公众举报投诉协调处理机制，细化环境公益诉讼的法律程序，加强对环境公益诉讼的技术支持。探索实行公众参与和奖励机制，举报内容经查证属实、参与过程有重要贡献者应当按照有关规定给予举报人奖励。

第七章

技术支撑平台预研

第一节　项目介绍

一、项目背景

改革开放以来，中国经济社会持续快速发展，但过度依赖高资源消耗、高污染排放的粗放型发展方式，导致环境污染和生态破坏问题突出，资源环境越来越成为经济社会发展的制约瓶颈，严重地影响中国现代化进程。党的十八届三中全会通过的《中共中央关于全面深化改革若干重大问题的决定》提出：建立资源环境承载能力监测预警机制，对水土资源、环境容量和海洋资源超载区域实行限制性措施。可见，建立资源环境承载能力监测预警机制是全面深化改革的一项重大任务。为确保资源环境承载能力监测预警工作的科学性、规范性和可操作性，指导各省、自治区、直辖市形成资源环境承载能力监测预警长效机制，引导各地按照资源环境承载能力谋划经济社会发展，按照党中央、国务院的战略部署，特制定本技术方法。

中共中央办公厅、国务院办公厅印发了《关于建立资源环境承载能力监测预警长效机制的若干意见》。意见中指出要深入贯彻落实党中央、国务院关于深化生态文明体制改革的战略部署，推动实现资源环境承载能力监测预警规范化、常态化、制度化，引导和约束各地严格按照资源环境承载能力谋划经济社会发展。开展资源环境承载能力监测预警工作，并要求按资源环境承载能力等级和预警等级进行综合管控。我国将设置超载、临界超载、不超载三个资源环境承载能力等级，并根据资源环境耗损加剧与趋缓程度，设置从高到低依次为红色、橙色、黄色、蓝色、绿色的预警等级。对红色预警区、绿色无警区及资源环境承载能力预警等级降低或者提高的地区，分别实行对应的综合奖惩措施。对红色预警区，针对超载因素实施最严格的区域限批，依法暂停办理相关行业领域新建、改建、扩建项目审批手续，明确导致超载产业退出的时间表，实行城镇建设用地减量化；对现有严重破坏资源环境承载能力、违法排污破坏生态资源的企业，依法限制生产、停产整顿，并依法依规追究责任；对监管不力的政府部门负责人及相关责任人，根据情节轻重实施行政处分直至追究刑事责任；对在生态环境和资源方面造成严重破坏负有责任的干部，不得提拔任用或者转任重要职务。对绿色无警区，研究建立生态保护补偿机制和发展权补偿制度，鼓励符合主体功能定位的适宜产业发展，加大绿色金融倾斜力度，提高领导干部生态文明建设目标评价考核权重。还对下一步建设监测预警数据库和信息技术平台建立一体化监测预警评价机制、监测预警评价结论统筹应用机制、政府与社会协同监督机制等方面作了具体要求。包括：建立多部门监测站网协同布局机制，实现全国资源环境承载能力监测网络全覆盖；建立资源环境承载能力监测预警政务互动平台，定期向社会发布监测预警信息。同时，还将运用资源环境承载能力监测预警信息技术平台，结合国土资源普查每5年同步组织开展一次全国性资源环境承载能力评价，每年对临界超载地区开展一次评价，实时对超载地区开展评价。

此外，党的十八届五中全会公报文件指出：加快建设主体功能区，发挥主体功能区作为国土空间开发保护基础制度的作用。并推动各地区宜居主体功能定位发展。以主体功能区规划为基础统筹各类空间性规划，推进“多规合一”。习近平总书记主持召开中央全面深化改革领导小组第二十八次会议审议了《省级空间规划试点方案》[①]。会议强调，开展省级空间规划试点，要以主体功能区规划为基础，科学划定城镇、农业、生态空间及生态保护红线、永久基本农田、城镇开发边界，注重开发强度管控和主要控

---

① 习近平主持召开中央全面深化改革领导小组第二十八次会议强调 坚决贯彻全面深化改革决策部署 以自我革命精神推进改革［EB/OL］. 央视网，2016－10－11.

制线落地，统筹各类空间性规划，编制统一的省级空间规划，为实现“多规合一”、建立健全国土地空间开发保护制度积累经验、提供示范。有效整合城市规划、土地利用规划、生态环保规划、林业规划、交通规划、水利规划等各类规划空间信息，科学构建省级“多规合一”空间规划基础信息平台及相关业务系统。

因此，开发资源环境承载力评价信息管理系统，搭建基础数据、目标指标、空间坐标、技术方法、文档规范统一衔接共享的空间规划信息管理平台是非常必要的。该系统平台能够管理多种海量源数据，且满足每5年组织开展一次自治区资源环境承载能力评价时实现自动化运算结果的需求、提高评价效率，为开展下一步的“多规合一”空间规划基础信息平台和相关业务系统研发奠定基础。

二、设计思路

内蒙古自治区幅员辽阔，资源丰富，地形地貌复杂，气候特征复杂多样，区域内的土壤种类多样，“内蒙古自治区资源环境承载能力评价预警系统”的设计是对区域内的土地资源、水资源、环境监测、生态保护和城市建设等方面进行多维度的综合分析，并得出综合评价和专题评价，为政府的决策提供强有力的科学论据支撑。出于对该系统数据的保密性和安全性方面的要求考量，本平台的软件架构采用单机版软件架构。“系统”软件的开发，使用 Microsoft C#. NET、Python 等编程语言，使用 ArcEngine、ArcPy 等 ArcGIS 组件和 FGDB（File Geodatabase）。大型数据库承载多种数据，同时创建本平台所需的空间数据库和属性数据库。

第二节　系统概述

一、系统研发目标

内蒙古自治区资源环境承载能力评价预警系统（以下简称“本系统”）

将通过对多种资源环境相关空间数据和属性数据进行存储、管理、分析、计算得出多个资源环境基础评价和专项评价，再对评价结果与资源环境超载类型划分和资源环境预警等级划分进行资源环境承载能力集成评价，得出内蒙古自治区资源环境承载能力监测预警结果，为决策支持提供有力的科学依据。

本系统将具有扩展性强、安全性高、易用性强、数据计算性能卓越等优点。系统功能上分为数据管理、基础评价计算、专项评价计算、集成评价计算、展示系统等模块。该系统可应对每 5 年为一个周期的资源环境承载力的计算需求，并为自治区下一步开展“多规合一”奠定良好的基础。

二、系统研发原则

本系统在构建此系统时应遵循以下指导思想和原则。

（一）系统设计原则

1. 全面性与代表性相结合

在本系统的整体设计中，遵循软件工程原理指导系统设计，实施、测试和最终分布，做好文档和系统版本管理，达到界面友好、操作简便、功能全面的标准，要求指标体系内容深刻全面具有足够的涵盖面和代表性，使系统更加科学、高效、规范。

2. 定性分析与定量分析结合

选择合适的数据模型和数据结构对空间数据进行描述和组织，资源环境评价指标应尽量选择可以量化的指标，对难以量化的重要指标可以采用定性描述指标，之后进行定量化转化，既要注意系统的整体性、层次性，又要考虑到连续性和稳定性。

3. 科学性与可操作性相结合

本系统以理论分析为基础，根据用户的需求、先进的设计理念和系统结构模式综合确定系统的组织结构，开发过程中要进行严密的单元测试，分布之前要在实际环境中进行综合集成测试。以降低系统开发应用的成本，以延长系统生命周期为目的，使整个系统建立在科学合理分析基础上，在实际应用中必须考虑数据和信息的可获取性，尽可能地多利用现有经过类别的统计数据并进行加工处理。

4. 动态性与静态性相结合

本系统是一个动态性系统，是一个不断变化的动态过程。资源环境的管理不能只局限于过去、现状，要着眼于未来，关注系统在未来时间和空间上的发展潜力和趋势。这要求系统的构建充分考虑动态和静态相结合，要求评价指标及其评价标准充分考虑动态性，既有静态指标，又有动态指标，并把两者统一结合在一起。

5. 开放性原则

本系统针对5年为周期的承载能力评价的需求必须保持其开放性。指标体系的构建过程中应尽量保持指标体系的开放性，以备进一步的完善，即在根据理论和实际研究选择核心指标集的同时，选择具有前瞻性指标体系，同时保持指标体系的开放性。

6. 规范性原则

系统所涉及的源数据多种多样，因此建立一个规范的标准是十分必要的。对数据的分类、编码遵循现有国家标准和行业标准，并根据实际工作的需要，建立各项数据之间、各项数据内部、各分区单元之间具有一定可比性的数据规范。

7. 实用性原则

系统设计要充分考虑资源环境承载能力评价、预警的实际情况，所建立的系统要便于使用者操作；设计系统界面力求简单，便于系统的日常运行和维护操作。建立符合业务流程的应用分析模型，并实现在网络环境下的可视化，选择使用技术先进、能经受用户考验、维护有保障的成熟产品作为开发环境。

8. 安全性原则

加强系统安全和数据库的安全机制，具备良好的稳定性、可靠性，同时也易于维护，有利于提高系统的运行效率和系统安全，保证向用户提供可靠、高效的空间信息服务，保证系统管理工作的顺利进行。系统应根据使用情况，充分考虑对不同类型的用户设置不同的使用权限，防止系统的越权使用和数据丢失。

（二）需求分析

需求分析是软件计划阶段的重要活动，也是软件生存周期中的一个重要环节，该阶段是分析系统在功能上需要"实现什么"，而不是考虑如何去"实现"。需求分析的目标是把用户对待开发软件提出的"要求"或"需要"进行分析与整理，确认后形成描述完整、清晰与规范的文档，确定软件需要实现哪些功能，完成哪些工作。此外，软件的一些非功能性需求（如软件性能、可靠性、响应时间、可扩展性等）、软件设计的约束条件、运行时与其他软件的关系等也是软件需求分析的目标。

需求分析的特点及难点，主要体现在以下几个方面：

（1）确定问题难。主要原因：一是应用领域的复杂性及业务变化，难以具体确定；二是用户需求所涉及的多因素，如运行环境和系统功能、性能、可靠性和接口等。

（2）需求时常变化。软件的需求在整个软件生存周期常会随着时间和业务有所变化。有的用户需求经常变化，一些企业可能正处在体制改革与企业重组的变动期和成长期，其企业需求不成熟、不稳定和不规范，致使需求具有动态性。

（3）交流难以达成共识。需求分析涉及的人事物及相关因素多，与用户、业务专家、需求工程师和项目管理员等进行交流时，不同的背景知识、角色和角度等，使交流共识较难。

（4）获取的需求难以达到完备与一致。由于不同人员对系统的要求认识不尽相同，所以对问题的表述不够准确，各方面的需求还可能存在着矛盾，难以形成完备和一致的定义。

（5）需求难以进行深入的分析与完善。面对需求不全面不准确的分析和理解、客户环境和业务流程的改变、市场趋势的变化等，也会随着分析、设计和实现而不断深入完善，可能在最后重新修订软件需求。分析人员应认识到需求变化的必然性，并采取措施减少需求变更对软件的影响。对必要的变更需求要经过认真评审、跟踪和比较分析后才能实施。

（三）软件框架设计

由于系统使用的数据均为保密级别较高数据，为了避免敏感信息外泄，系统软件将使用单机版架构。

（四）开发环境搭建

基于本系统所涉及的空间数据及系统功能特征，选定的系统开发所需软硬件环境如表7－1所示。

表7－1　　开发环境搭建

类别	项目名称	项目内容
软件环境	编程环境	Microsoft Visual Studio 2012
	开发语言	Microsoft C#、Python
	组件库	ArcEngine 10.2、ArcPy
硬件环境	服务器配置	CPU：16核×2、MEM：32GB、DISK：3TB（RAID5）、NET：双千兆以太网卡、PWR：双电源、2U机架式
	客户端配置	–

1. 开发语言：Microsoft C#. Net

选择成熟的软件开发语言和GIS二次开发平台是对于开发一套GIS软件管理系统来讲尤为重要，它是评价一个成熟的GIS软件系统的重要评价指标之一。本系统的开发采用微软公司发布的一种面向对象的、运行于.Net Framework之上的高级程序设计语言Microsoft Visual Studio. Net C# 2010为开发语言。C#是由C语言和C++语言发展衍生出来的面向对象的编程语言，它的语法类似于Java，支持接口编程，同时综合了VB简单的可视化操作和C++的高运行效率的特点。它在继承C和C++强大功能的同时去掉了一些它们的复杂特性，如不支持宏以及不允许多重继承。C#不仅能够编写基于Windows窗体的程序，也能编写Web的ASP. Net网页程序，目前还支持SilverLight、SharePoint等富客户端程序的编写，因此可以称之为一门“全能”语言。C#编写的程序具有安全、稳定、简单、优雅的语法风格，以其强大的操作能力、创新的语言特性和便捷的面向组件编程的支持成为.NET开发的首选语言。

C#是一种安全的、稳定的、简单的、优雅的，由C和C++衍生出来的面向对象的编程语言。它在继承C和C++强大功能的同时去掉了一些它们的复杂特性。C#综合了VB简单的可视化操作和C++的高运行效率，以其强大的操作能力、优雅的语法风格、创新的语言特性和便捷的面向组件编程的支持成为 . NET 开发的首选语言。

C#是面向对象的编程语言。它使得程序员可以快速地编写各种基于 Microsoft. NET 平台的应用程序，Microsoft. NET 提供了一系列的工具和服务来最大程度地开发利用计算与通信领域。

系统的集成开发环境选择为 Microsoft Visual Studio（简称 VS），是目前最流行的 Windows 平台应用程序的集成开发环境，是美国微软公司的开发工具包系列产品。Microsoft Visual Studio 是美国微软公司的开发工具包系列产品。VS 是一个基本完整的开发工具集，包括了整个软件生命周期中所需要的大部分工具，如 UML 工具、代码管控工具、集成开发环境（IDE）等。VS 所写的目标代码适用于微软支持的所有平台，包括 Microsoft Windows，Windows Mobile，Windows CE，. NET Framework，. NET Compact Framework，Microsoft Silverlight 及 Windows Phone。

Visual Studio 是目前最流行的 Windows 平台应用程序的集成开发环境。本系统开发所使用版本为 Visual Studio 2015 版本，基于 . NET Framework 4. 5. 2。

2. Python 2. 7（工具箱的开发）

Python 语言是一个纯粹的自由软件，源代码和解释器遵循 GPL（GNU General Public License）协议。Python 语法简洁清晰，其特色之一是强制用空白符（white space）作为语句缩进。

Python 语言具有丰富和强大的库，常被昵称为胶水语言，能够把用其他语言制作的各种模块（尤其是 C/C ++ ）很轻松地联结在一起。常见的一种应用情形是，使用 Python 快速生成程序的原型（有时甚至是程序的最终界面），然后对其中有特别要求的部分，用更合适的语言改写，比如 3D 游戏中的图形渲染模块，性能要求特别高，就可以用 C/C ++ 重写，而后封装为 Python 可以调用的扩展类库。需要注意的是在您使用扩展类库时可能需要考虑平台问题，某些可能不提供跨平台的实现。

IEEE 发布的 2017 年编程语言排行榜中 Python 语言已高居首位。

ArcPy 是一个以 Arcgis Scripting 模块为基础并继承了 Arcgis Scripting 功能，进而构建而成的站点包。目的是为以实用高效的方式通过 Python 执行地理数据分析、数据转换、数据管理和地图自动化创建基础。

ArcPy 站点包提供了丰富纯正的 Python 体验，具有代码自动完成功能（输入关键字和点即可获得该关键字所支持的属性和方法的弹出列表；从中选择一个属性或方法即可将其插入），并针对每个函数、模块和类提供了参考文档。

在 Python 中使用 ArcPy 的另一个主要原因是，Python 是一种通用的编程语言。Python 是一种支持动态输入的解释型语言，适用于交互式操作以及为称为脚本的一次性程序快速制作原型，同时其具有编写大型应用程序的强大功能。用 ArcPy 编写的 ArcGIS 应用程序的优势在于，可以使用由来自多个不同领域的 GIS 专业人员和程序员组成的众多 Python 小群体开发的附加模块。

3. ArcEngine 10.2

在 ArcGIS 系列产品中，ArcGIS Desktop、ArcGIS Engine 和 ArcGIS Server 都是基于核心组件库 ArcObjects 搭建。ArcObjects 组件库有 3000 多个对象可供开发人员调用，为开发人员集成了大量的 GIS 功能，可以快速地帮助开发人员进行 GIS 项目的二次开发。由于 ArcGIS Desktop、ArcGIS Engine 和 ArcGISServer 三个产品都是基于 ArcObjects 搭建的应用，那么对于开发人员来说 ArcObjects 的开发经验在这三个产品中是通用的。开发人员可以通过 ArcObjects 来扩展 ArcGIS Desktop，定制 ArcGIS Engine 应用，使用 ArcGISServer 实现企业级的 GIS 应用。

ArcGIS Engine 开发包提供了一系列可以在 ArcGISDesktop 框架之外使用的 GIS 组件，ArcGISEngine 的出现对于需要使用 ArcObjects 的开发人员来说是个福音，因为 ArcGISEngine 发布之前，基于 ArcObjects 的开发只能在庞大的 ArcGIS Desktop 框架下进行。ArcEngine 是独立的嵌入式组件，不依赖 ArcGISDesktop 桌面平台，直接安装 ArcEngine Runtime 和 DeveloperKit 后，即可利用其在不同开发语言环境下开发。

ArcGIS Engine 包含一个构建定制应用的开发包。程序设计者可以在自己的计算机上安装 ArcGIS Engine 开发工具包，在自己熟悉的编程语言和开发环境中工作。ArcGIS Engine 通过在开发环境中添加控件、工具、菜单条和对象库，在应用中嵌入 GIS 功能。例如：一个程序员可以建立一个应用程序，里面包含一个 ArcMap 的专题地图、一些来自 ArcGIS Engine 的地图工具和其他定制的功能。

第三节　系统总体设计

一、系统技术路线

系统由外部环境、管理支持数据仓库、系统技术管理平台和应用系统等几大部分构成，其中应用系统由基础评价、专项评价、集成评价的 11 项评价预警模块和数据库管理模块组成，具体实现的技术路线如图 7－1 所示。

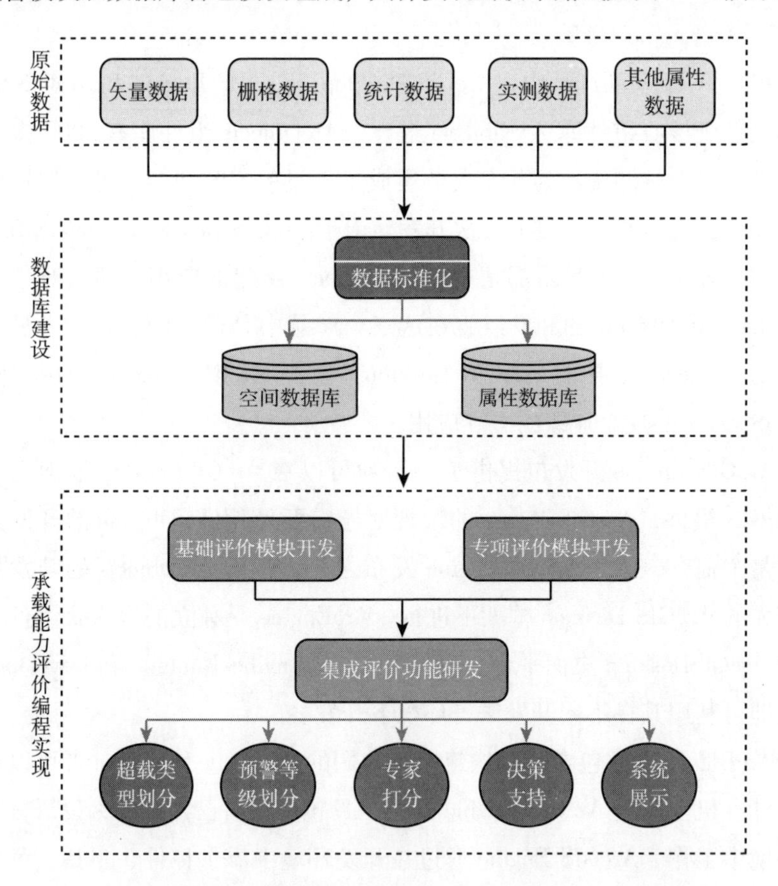

图 7－1　内蒙古自治区资源环境承载能力评价预警系统技术路线

二、系统功能设计

（一）资源环境承载能力评价预警

资源环境承载能力评价预警包括资源环境承载能力基础评价、资源环境承载能力专项评价和资源环境承载能力集成评价三个部分。其中，资源环境承载能力基础评价包含4个主题：（1）土地资源评价；（2）水资源评价；（3）环境容量评价；（4）生态评价。资源环境承载能力专项评价包含4个主题：（1）水气环境黑炭指数；（2）耕地质量变化指数；（3）生态环境功能指数；（4）专项综合评价。资源环境承载能力集成评价包含3个主题：（1）超载类型划分；（2）预警等级划分；（3）预警等级确定。除此之外，还设置一个数据库管理模块，具体模块组成如图7－2所示。

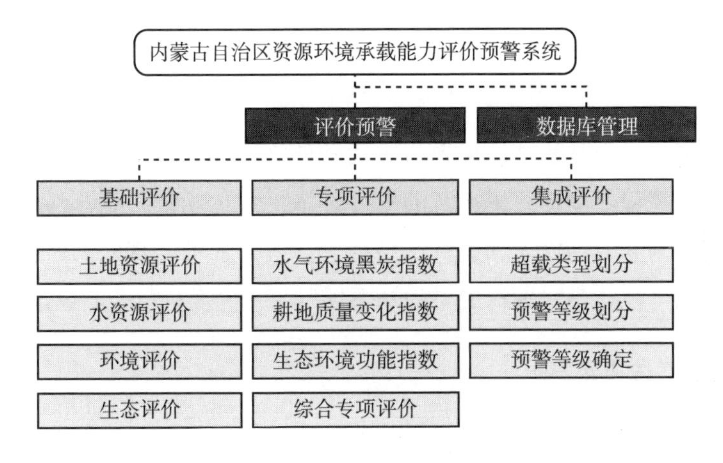

图7－2　模块组成

（二）成果展示系统

展示系统为大屏展示系统，展示内容为资源环境承载能力各项基础评价结果和专项评价结果以及集成评价结果。展示系统属于当前较热门的数据可视化开发内容。数据可视化目前越来越受到关注，主要指技术上较为高级的技术方法，而这些技术方法允许利用图形、图像处理、计算机视觉以及用户界面，通过表达、建模和对立体、表面、属性及动画的显示，对数据加以可视化解释。与立体建模之类的特殊技术方法相比，数据可视化所涵盖的技术方法要广泛得多，将为成因解析和决策支持提供更为直观的展示。

三、系统体系结构

本系统对地理信息、气象数据、土地利用数据、生态数据、环境数据、城市化专题数据、农产品主产区和重点生态功能区数据等进行调度、管理和计算，得出相应的各项集成评价，为自治区的资源环境承载能力提供宏观展示，为决策支撑提供有力保障。本系统提供多种基于 GIS 的查询和分析功能；以地理信息系统为基础，建立数据库子系统、数据库子系统、编程实现各种评价功能等，系统体系分为三个层次：系统用户界面层、系统应用层和系统支撑层。

（一）系统用户界面层

系统用户界面是系统使用者与应用软件之间的人机接口，总的作用是通过建立总控程序构建系统运行的软件环境。具体功能包括制应用软件运行、运行控制参数的输入和运行结果的表达等。此外，展示系统部分采用最新的数据可视化模式进行成果的动态展示。

（二）系统应用层

系统应用层是系统的核心，提供资源环境承载能力评价预警过程中所需的各种信息接收处理、数据管理和分析计算等功能，涉及本系统设计的各个模块、各个环节的多种信息需求和分析功能。

（三）系统支撑层

系统信息支撑层，用于存储和管理资源环境承载能力评价预警过程中，系统应用层各系统共用的所有数据。按数据获取的时间来分，包括实时的和历史的数据；按信息类型可分为列表、文件、图形、图像、文本、程序、音频、视频等。

第四节 系统详细设计

一、详细设计的目标

利用建立完善的内蒙古自治区资源环境数据库和承载力评估模型，在地理信息系统的支持下，对内蒙古自治区的土地资源、水资源、环境容量和生态评价等基础评价和水气环境黑炭指数、耕地质量变化指数和生态环境功能指数进行专项评价的基础上，进行超载集成评价、资源环境损耗过程评价及预警等级划分。而用于展示的子系统能为相关人员快速提供评价结果，以便于对评价结果的了解和推广。内蒙古自治区资源环境承载能力评价预警系统是集上述功能于一体的应用软件，为政府的信息获取和宏观决策带来了极大方便。

二、子系统的设计

（一）基础评价

对内蒙古自治区所有县级行政单元内的土地资源、水资源、环境和生态四项基础要素进行全覆盖评价，分别采用土地资源压力指数、水资源开发利用量、污染物浓度超标指数和生态系统健康度来测定。

1. 土地资源评价

采用土地资源压力指数作为评价指标，该指数由现状建设开发程度与适宜建设开发程度的偏离程度来反映。算法流程如图 7－3 所示。

其中，要素筛选与分级包含：筛选永久基本农田、采空塌陷、生态保护红线、行洪通道、地形坡度、地壳稳定性、突发性地质灾害、地面沉降、蓄滞洪区等影响土地建设开发的构成要素，并根据影响程度对要素进行评价分级。并根据构成要素对土地建设开发的限制程度，确定强限制性因子与较强限制性因子，评价开发限制性评价。在此基础上，运用专家打分等方法，对区域建设开发适宜性的构成要素进行赋值，进一步评价建设开发适宜性。利用建设开发适宜性评价结果和区域现状建设用地面积，得出现状建设开发程度评价结果。并结合测算的适宜建设开发程度阈值，最终获得土地资源压力指数评价。

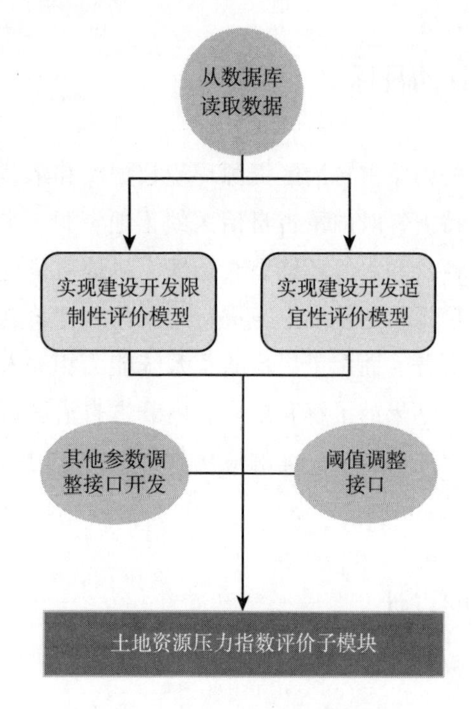

图 7－3　土地资源评价流程

2. 水资源评价

采用满足水功能区水质达标要求的水资源开发利用量（包括用水总量和地下水供水量）作为评价指标，通过对比用水总量、地下水供水量和水质与实行最严格水资源管理制度确立的控制指标，并考虑地下水超采等情况对水资源进行评价，算法流程如图 7－4 所示。

其中，采用水资源公报或省区向国家上报的用水量数据（根据当年降水丰枯程度对农业用水量进行转换）、地下水供水量数据，得到评价口径用水总量和地下水供水量，并考虑水质达标情况，将评价结果划分为水资源超标、临界超标和不超标三种类型。

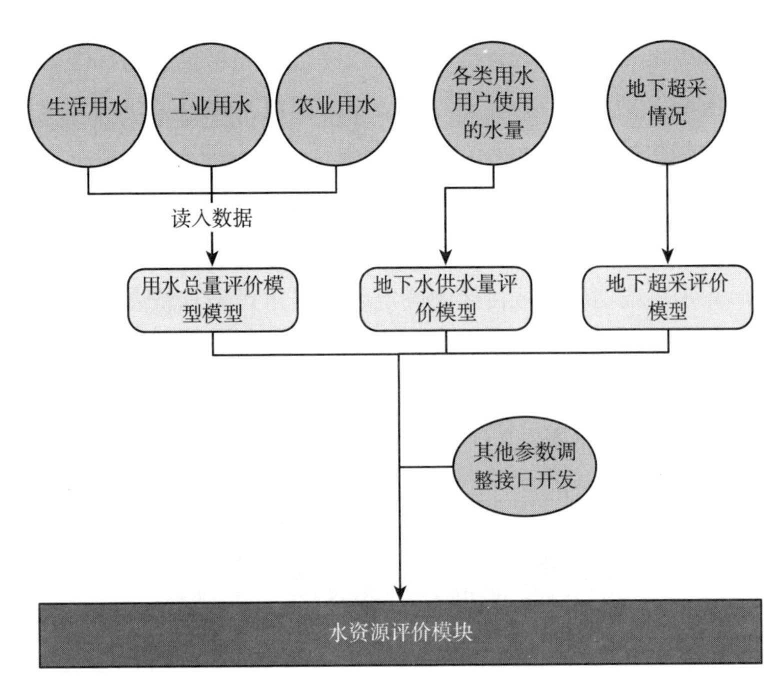

图 7－4　水资源评价流程

3. 环境评价

采用污染物浓度超标指数作为评价指标，通过主要污染物年均浓度监测值与国家现行环境质量标准的对比值反映，由大气、水主要污染物浓度超标指数集成获得。算法流程如图 7－5 所示。

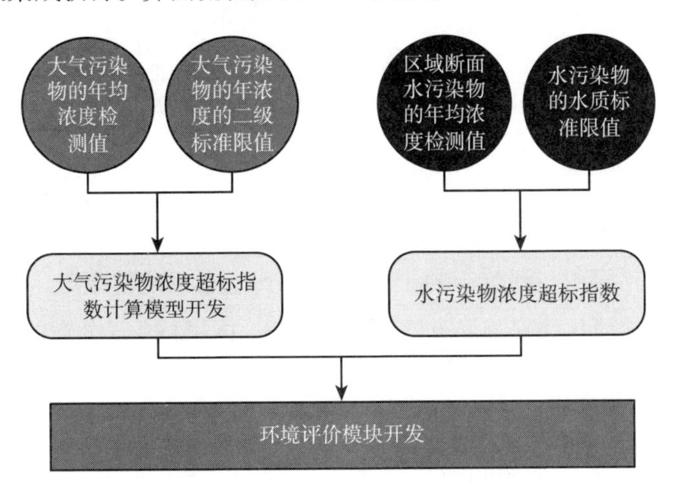

图 7－5　环境评价流程

其中，单项大气污染物浓度超标指数是以各项污染物的标准限值表征环境系统所能承受人类各种社会经济活动的阈值（限值采用《环境空气质量标准》中规定的各类大气污染物浓度限值二级标准）。单项水污染物浓度超标指数是以各控制断面主要污染物年均浓度与该项污染物一定水质目标下水质标准限值的差值作为水污染物超标量。标准限值采用国家2020年各控制单元水环境功能分区目标中确定的各类水污染物浓度的水质标准限值。并基于上述两项最终确定污染物浓度综合超标指数。

4. 生态评价

采用生态系统健康度作为评价指标，通过发生水土流失、土地沙化、盐渍化和石漠化等生态退化的土地面积比例反映。算法流程如图7－6所示。

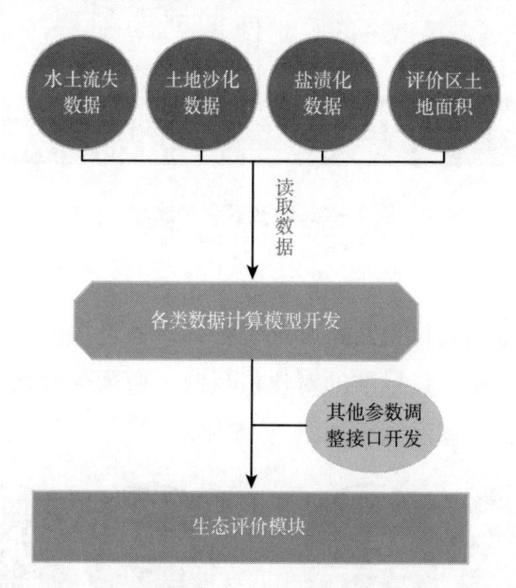

图7－6　生态评价流程

其中，中度及以上退化土地面积，包括中度及以上的水土流失、土地沙化和盐渍化面积与评价区的土地面积得到生态系统健康度。水土流失、土地沙化和盐渍化面积及等级可参考水利部、国家林业局公布的结果。

（二）专项评价

1. 水气环境黑炭指数评价

城市化地区采用水气环境黑灰指数为特征指标，由城市黑臭水体

污染程度和 $PM_{2.5}$超标情况集成获得，并结合优化开发区域和重点开发区域，对城市水和大气环境的不同要求设定差异化阈值。算法流程如图 7－7 所示。

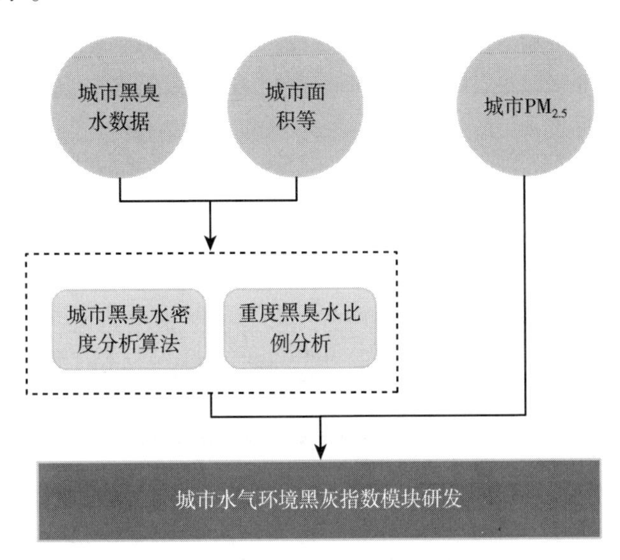

图 7－7 水气环境黑炭指数评价流程

其中，以城市河流黑臭水体污染程度及实测长度为基础数据，与建设用地中的城市和建制镇面积进行比较，计算城市黑臭水体密度、重度黑臭比例。国家规定的 $PM_{2.5}$测度以空气中的浓度值为主要标准，年均浓度值和 24 小时平均浓度值分别以超过 35 微克/立方米和 75 微克/立方米为识别空气污染的标准下限。

2. 耕地质量变化指数评价

耕地质量变化指数评价按照种植业地区和牧业地区分别开展评价。种植业地区采用耕地质量变化指数为特征指标，通过有机质、全氮、有效磷、速效钾、缓效钾和 pH 值六项指标的等级变化反映。牧业地区采用草原草畜平衡指数为特征指标，通过草原实际载畜量与合理载畜量的差值比率反映。算法流程如图 7－8 所示。

其中，根据国家耕地质量监测点数据，分别确定期初年、期末年有机质、全氮、有效磷、速效钾、缓效钾、土壤 pH 所处等级。草原草畜计算中对不同牲畜需统一折算为标准羊单位，折算系数根据《天然草地合理载畜量的计算》确定。

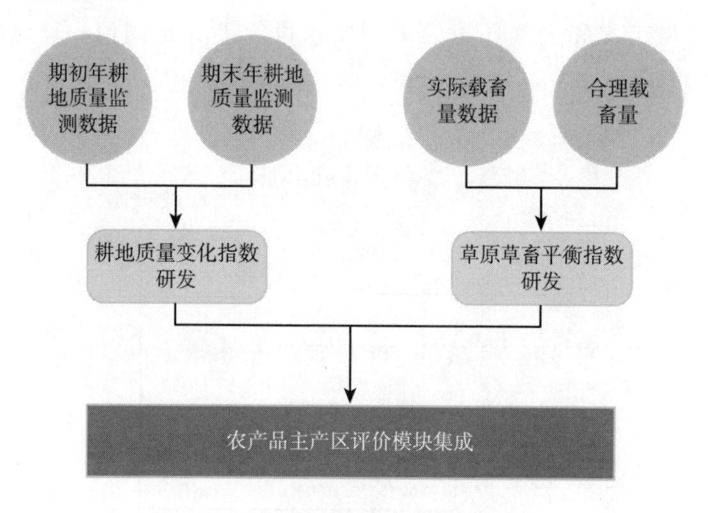

图7-8　耕地质量变化指数评价流程

3. 生态环境功能指数评价

采用水源涵养指数、水土流失指数、土地沙化指数、栖息地质量指数为特征指标，评价生态系统功能等级。算法流程如图7-9所示。

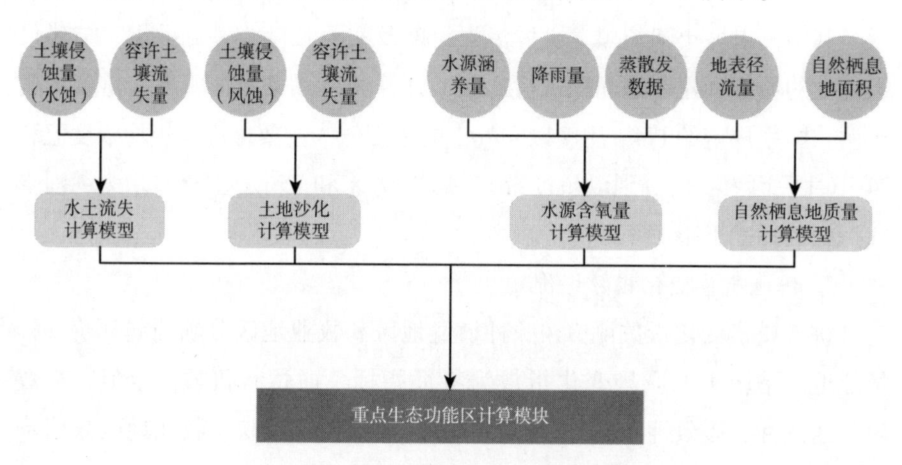

图7-9　生态环境功能指数评价流程

其中，水土流失指数是利用土壤侵蚀量（以水文监测站点有关泥沙含量的监测数据为基础）和容许土壤流失量（根据《中华人民共和国水利行业标准（SL 190-2007）》）评价。土地沙化指数是利用土壤侵蚀量和容许土壤流失量（根据《中华人民共和国水利行业标准（SL 190－2007）》）评价。水源涵养量是采用水量平衡方程来计算，主要与降水量、蒸散发、地表径流量和植被覆盖类型等因素密切相关。自然栖息地质量指数是指自然栖息地面积比例计算，包括森林、灌丛、草地和湿地等自然生态系统的面积占评价区总面积的比例。

4. 综合专项评价

采用水气环境黑炭指数、耕地质量变化指数、生态环境功能指数评价结果上通过权重进行综合专项评价。算法流程如图7－10所示。

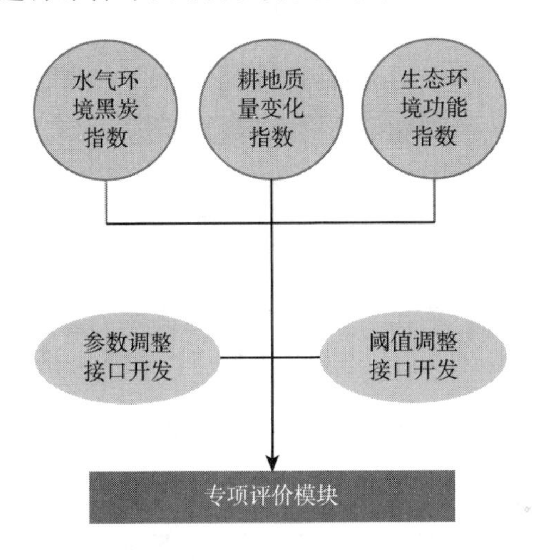

图7－10　专项综合评价流程

（三）集成评价

在基础评价与专项评价的基础上，选择集成指标，并确定超载、临界超载、不超载3种超载类型，并复合评价结果，校验超载类型，最终形成超载类型划分方案如图7－11所示。

其中，集成指标是资源环境超载类型划分的基本依据，包括基础评价和专项评价的8个指标。“短板效应”进行综合集成，集成指标中任意1个超载或2个以上临界超载，确定为超载类型；任意1个临界超载，确定为临界超载类型；其余为不超载类型。

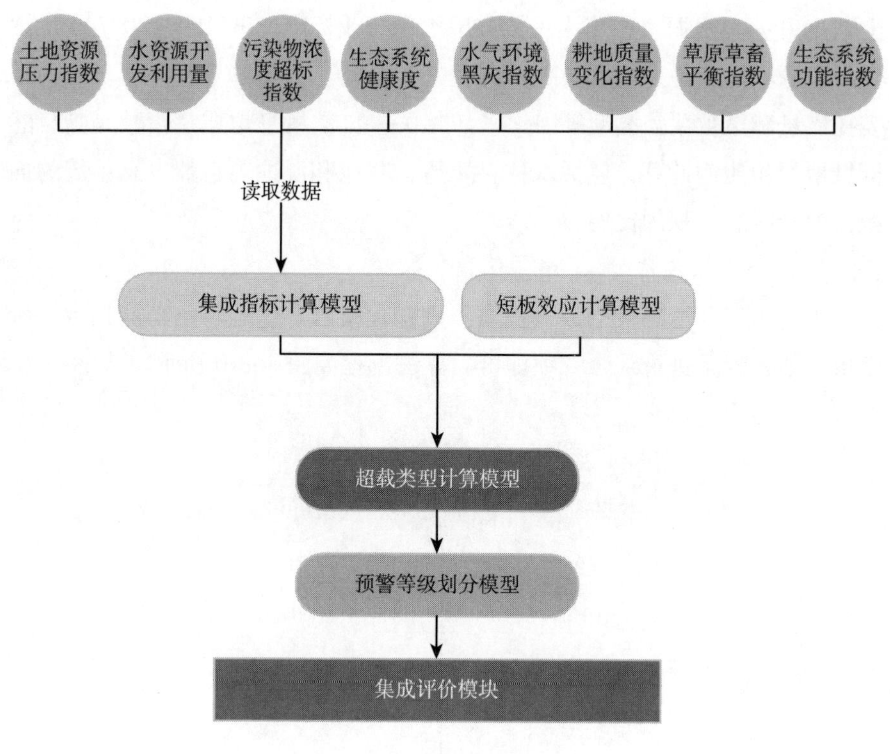

图7－11　集成评价流程

第五节　空间数据库设计

一、空间数据库设计的目的与任务

数据的存储模式、管理方式直接影响本系统执行效率和系统安全等方面。空间数据库设计是本系统设计的核心内容之一。设计具有安全性、可靠性、正确性、完整性、独立性、共享性、低冗余度、可扩展的空间数据库，实现空间数据高效存储管理，支撑本系统的设计与应用。

本系统数据库设计的主要任务为：（1）确定空间数据库的数据模型以及数据结构；（2）提出空间数据库相关功能的实现方案；（3）将设计的空间数据库系统的结构体系进行编码实现；（4）将收集来的空间数据入库，建立空间数据库管理信息系统。

二、空间数据的组织与管理

基于空间数据的特征本系统所使用的空间数量种类多（地面观测数据、遥感卫星数据与数字化后的地图等），因此整个空间数据库未必建立在同一比例尺之上，因为有些空间数据应用会同时需要不同比例尺的空间尺度。

由于数据来自内蒙古自治区多个职能部门，因此有必要对空间数据进行标准化处理，目的是便于计算机存储、编码和检索空间数据，分类体系划分是否合理和规范，直接影响到系统数据的组织以及子系统之间数据的连接、传输和共享，最终影响整个系统产品质量。因此，采用宏观的全国分类系统与详细的专业分类系统相递归的分类方案，即低一级的分类系统必须能归并和综合到高一级的分类系统之中。空间数据编码是将分类的结果用一种易于被计算机和人识别的符号体系表示出来的过程，是人们统一认识、统一观点和相互交换信息的一种技术手段。

编码原则为：（1）编码按国家的规范和标准执行；（2）杜绝多义性；（3）码位不宜过长，以较少的代码提供丰富的信息。此外，还要保障空间元数据的准确性与完整性。它是描述空间数据的数据，描述空间数据集的内容、质量、表示方式、空间参考、管理方式以及数据集的其他信息，是空间数据正确使用的基础，也是空间数据标准化与规范化的保证，在一定程度上为本系统的空间数据的质量提供了保障。

三、数据库的设计

数据库设计的需求分析阶段，进行了用户需求调查、分析空间数据现状和系统分析。以需求分析阶段所提出的数据要求为基础，对系统需求描述信息的分类、聚集和概括，建立抽象的高级数据模型。本系统包含基础地理数据与评价指标相关的空间数据。空间数据库在水平方向上的数据组织按图幅方式进行；在垂直方向上，使用分层方法。为提高系统的灵活性，设计了应用程序接口，使前端客户机通过接口与数据库通信。

图7-12是地理数据在应用时的分层实例，每一层是一个基本图件，同时又储存了一系列属性特征。数据部分是资源环境承载力系统的结果是否准确、运行是否良好的关键。目前各类专题数据存在一系列问题，如数据来源复杂、数据格式和数据类型多样、数据空间信息不统一等诸多问题。因此，首先对数据进行预处理、数据标准化并导入数据库管理系统中进行统一管理是非常必要的。存储数据目前采用文件地理数据库和关系型数据库进行管理。

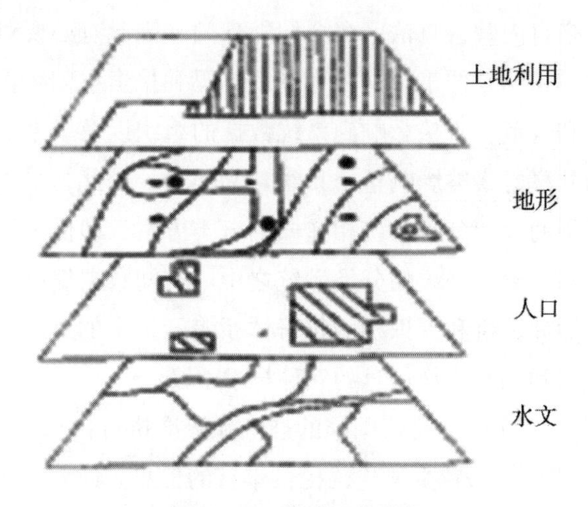

图7-12　集成评价流程

空间数据输入设计包括图形数据的输入和属性数据的输入。其中图形数据涉及地图、遥感图像和实测数据等；数字化方式为扫描数字化（屏幕跟踪）、几何坐标输入和现有数据转换输入。属性数据是有关空间实体的属性信息。输入一般采用表格形式，以ID码实现与图形数据的连接。数据的组织和存放。需考虑的因素为：设计并建立完整的符号库（点状符号；线状符号；面状符号；特殊的符号）和良好的输入界面和数据接口。

空间数据输入设计原则：（1）良好的交互性：如确认输入、确认删除、确认取消等都为用户提供反馈信息和帮助信息；（2）允许用户进行简单的数据编辑；（3）提供恢复功能：允许恢复到错误输入前的正确状态；（4）高效的表格数据输入：要提供缺省值、输入格式、有效性检验等功能，使用户快速而准确地输入数据。

第六节 测试与评价

为了把握好系统的各性能指标，系统的测试与评价是非常必要的。主要表现在以下几个方面：能够对开发出来的产品进行比较准确的功能定位，扩大产品的应用前景，可给用户以全面、总体的认识，了解产品是否真正符合本部门或本系统的工作要求。获知软件是否具有进一步扩展的能力以满足今后该部门发展，有效避免不必要的浪费和重复投资。

一、软件测试

软件测试内容包括：系统运行环境、系统体系结构、系统功能指标和系统的综合性能指标。然而，测评过程中有选择性和侧重性对内容进行测试和评价。对系统运行的软、硬件配置要求测试，如软件运行的配置标准、软件开发工具、软件开发平台和软件支持的网络等。系统体系结构的测试内容为：空间数据模型、空间数据结构、数据的组织方式、应用程序间的通信数据共享、网络体系结构、分布式数据管理和跨平台设计等。

系统功能指标则反映系统对地理数据的采集、编辑、存储、管理、查询检索、分析与处理、输出显示、数据共享和网络数据交换，以及二次开发等功能的支持能力。主要内容包括：空间数据的采集、属性数据的采集、数据的查错、编辑与拓扑生成能力、属性数据的编辑处理、数据的存储功能、数据管理、空间分析、统计与处理功能、可视化表现、处理与制图、网络功能、系统二次开发能力等。

系统的综合性能指标是指通过对系统各个功能指标的测定，用户和开发者已经对系统的性能有了一个较为全面的认识。但并未考虑各个功能之间的相互联系、相互结合的紧密程度。系统的综合性能测试就是针对系统各项功能以及功能之间的接口，系统软、硬件之间结合的紧密程度，以及系统由此而达到的运算速率和处理效果而进行的测试。

二、软件评价

软件是在软件测试的基础上，通过对以下因子进行评价，从而得出对系统整体水平以及系统实施所能取得的效益的认识和评价。技术因子如系统运行效率、安全性、可扩展性、可移植性等；经济因子如软件的可用性、技术支持与服务能力、软件维护与更新、开发管理等；社会因子如系统科学价值、经济效益等。软件评价的基本方法是将运行着的系统与预期目标进行比较，考察是否达到了预期的效果和要求。

参 考 文 献

［1］内蒙古自治区党委关于深入学习贯彻习近平总书记考察内蒙古重要讲话精神的决定［EB/OL］. 共产党员网，2014－05－05.

［2］施雅风，曲耀光. 乌鲁木齐河流域水资源承载力及其合理利用［M］. 北京：科学出版社，1992.

［3］宋子成，孙以萍. 从我国淡水资源看我国现代化后能养育的最高人口数量［J］. 人口与经济，1981（4）：3－7.

［4］王浩，秦大庸，王建华，等. 西北内陆干旱区水资源承载能力研究［J］. 自然资源学报，2004，19（2）：151－160.

［5］习近平参加内蒙古代表团的审议［EB/OL］. 新华网，2018－03－05.

［6］习近平在学习贯彻党的十九大精神研讨班开班式上发表重要讲话［EB/OL］. 新华社，2018－01－05.

［7］习近平主持召开中央全面深化改革领导小组第二十八次会议强调坚决贯彻全面深化改革决策部署 以自我革命精神推进改革［EB/OL］. 央视网，2016－10－11.

［8］姚治君，刘宝勤，高迎春. 基于区域发展目标下的水资源承载能力研究［J］. 水科学进展，2005，16（1）：109－113.

［9］Bishop A. B. Carrying capacity in regional environment management［M］. Washington：Government Printing Office，1974.

［10］Maltus T. R. An essay on the principle of population［M］. London：St. Paul's Church-Yard，1798.

［11］Park R. F.，Burgoss E. W. An introduction to the science of sociology［M］. Chicago：The University of Chicago Press，1921.

[12] Schneider D., Godschalk D. R., Axler N. The carrying capacity concept as a planning tool [M]. Chicago: American Planning Association, 1978.

[13] Verhulst P. F. Notice sur la loi que la population suit dans son accroissement, correspondance mathématique et physique publiée par A [J]. Quetelet, 1838, 10: 113-121.